光盘界面

案例欣赏

案例欣赏

视频文件

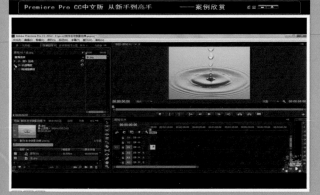

1.flv 2.flv 3.flv 4.flv 5.flv 6.flv 7.flv 8.flv 9.flv

10.flv 11.flv 12.flv 13.flv 14.flv 15.flv 16.flv

素材下载

第2章 →

7.jpg 8.jpg 9.jpg 11.jpg

第3章 →

翡翠 古镇 千年栗子树 水长城

第4章 →

3_lumes.jpg 6_lumes.jpg 8_lumes.jpg 白马情.jpg

第5章 →

1.jpg 2.jpg 汽车.jpg 水.jpg

第6章 →

12.jpg 24.jpg 32.jpg 背景.jpg

第7章 →

1277255394231.jpg 1277255453616.jpg 1277256005227.jpg 1277256024534.jpg

第8章 →

2.jpg 3.jpg 5.jpg 7.jpg

第10章 →

4.jpg 13.jpg 13(3).jpg 13(4).jpg

第11章 →

单颗树.png 地球.png 绿地.jpg 水晶球.png

第13章 →

图大1.jpg 图片1.png 图片2.jpg 图片7.png

第14章 →

1.jpg 2.jpg 3.jpg 4.jpg

倒计时片头

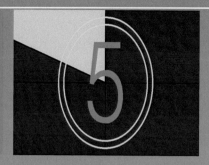
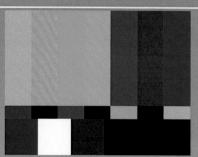

旅游宣传片

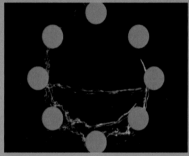

梦幻艺术相册

特 效 字 幕

图片字幕效果

绿色地球宣传片

望远镜效果

穿梭效果

旧电视效果

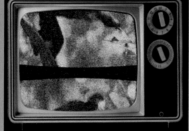

动态图片效果

水墨山水画

从新手到高手

Premiere
Pro CC 中文版
从新手到高手

□ 刘凌霞 王 健 等编著

清华大学出版社
北　京

内 容 简 介

本书由浅入深地介绍了Premiere Pro CC影视后期合成和制作的基础知识和实用技巧，全书共分为14章，内容涵盖了Premiere Pro CC概述、创建和管理项目、管理素材、视频编辑基础、应用过渡效果、创建动画效果、应用视频效果、应用颜色效果、应用合成与遮罩、创建字幕、设置字幕、应用音频效果、音频混合器、输出影片等内容。

本书将枯燥乏味的基础知识与案例相融合，秉承了基础知识与实例相结合的特点。通过本书的学习，使读者不仅可以掌握Premiere Pro CC的知识点，而且还可以将本书中的经典案例应用到实际影视后期制作中。

本书图文并茂、内容丰富、结构清晰、实用性强，配书光盘提供了语音视频教程和素材资源。本书适合Premiere Pro CC初学者、影视后期制作人员、大中院校师生及计算机培训人员使用，同时也是Premiere Pro CC爱好者的必备参考书。

图书在版编目（CIP）数据

Premiere Pro CC中文版从新手到高手/刘凌霞等编著. — 北京：清华大学出版社，2015
(2021.8 重印)
（从新手到高手）
ISBN　978-7-302-40600-6

Ⅰ.①P… Ⅱ.①刘… Ⅲ.①视频编辑软件 Ⅳ.①TN94

中国版本图书馆CIP数据核字（2015）第150189号

责任编辑：冯志强　薛　阳
封面设计：吕单单
责任校对：徐俊伟
责任印制：丛怀宇

出版发行：清华大学出版社
　　　　网　　　址：http://www.tup.com.cn，http://www.wqbook.com
　　　　地　　　址：北京清华大学学研大厦A座　　　邮　　　编：100084
　　　　社 总 机：010-62770175　　　　　邮　　　购：010-83470235
　　　　投稿与读者服务：010-62776969，c-service@tup.tsinghua.edu.cn
　　　　质量反馈：010-62772015，zhiliang@tup.tsinghua.edu.cn
印 装 者：北京建宏印刷有限公司
经　　销：全国新华书店
开　　本：190mm×260mm　　　印　　张：18.5　　彩　插：2　　字　　数：510千字
　　　　　附光盘1张
版　　次：2015年9月第1版　　　印　　次：2021年8月第5次印刷
定　　价：79.00元

产品编号：058293-01

前 言 Preface

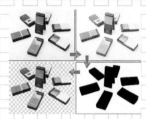

Premiere Pro CC是Adobe公司推出的一款视频后期处理的专业非线性编辑软件，它是一个功能强大的实时视频和音频编辑工具，具有采集、剪辑、调色、美化音频、字幕添加、输出、DVD刻录等功能，被广泛地应用于电影、电视、多媒体、网络视频、动画设计等领域的后期制作中。

本书以Premiere Pro CC中的实用知识点出发，配以大量实例，采用知识点讲解与动手练习相结合的方式，详细介绍了Premiere Pro CC中的基础应用知识与高级使用技巧。每一章都配合了丰富的插图说明，生动具体、浅显易懂，使读者能够迅速上手，轻松掌握功能强大的Premiere Pro CC在影视后期制作中的应用，为工作和学习带来事半功倍的效果。

1．本书内容介绍

全书系统全面地介绍了Premiere Pro CC的应用知识，每章都提供了丰富的实用案例，用来巩固所学知识。本书共分为14章，内容概括如下：

第1章　全面介绍了Premiere Pro CC概述，包括影视编辑基础、Premiere Pro版本介绍、Premiere Pro常用功能、认识Premiere Pro CC、设置Premiere Pro CC首选项等内容。

第2章　全面介绍了创建和管理项目，包括创建项目、打开与保存项目、导入与查看素材、采集视频素材、采集音频素材等内容。

第3章　全面介绍了管理素材，包括显示与查找素材、组织素材、管理元数据、创建颜色素材、创建片头素材、素材打包、素材脱机等内容。

第4章　全面介绍了视频编辑基础，包括使用【时间轴】面板、使用监视器面板、编辑序列素材、使用标记、嵌套序列等内容。

第5章　全面介绍了应用过渡效果，包括使用视频过渡、设置视频过渡、应用划像效果、应用擦除效果、应用滑动效果、应用3D运动效果、应用溶解效果等内容。

第6章　全面介绍了创建动画效果，包括设置关键帧、设置运动效果、设置缩放效果、预设动画效果、预设入画/出画效果等内容。

第7章　全面介绍了应用视频效果，包括使用视频效果、变形视频效果、画面质量视频效果、光照视频效果、时间与视频效果、过渡视频效果等内容。

第8章　全面介绍了应用颜色效果，包括颜色模式概述、图像控制类视频效果、色彩校正类视频效果、调整类视频效果、Lumeteri Looks类视频效果等内容。

第9章　全面介绍了应用合成与遮罩，包括合成概述、添加遮罩、追踪遮罩、无用信号遮罩效果、差异类遮罩效果、颜色类遮罩效果等内容。

第10章　全面介绍了创建字幕，包括创建文本字幕、创建游动字幕、创建滚动字幕、使用字幕模板、应用图形字幕对象等内容。

第11章　全面介绍了设置字幕，包括设置基本属性、设置填充属性、设置描边效果、设置阴

前　言

影与背景效果、设置字幕样式等内容。

　　第12章　全面介绍了应用音频效果，包括音频混合基础、添加音频、编辑音频、声道映射、增益和均衡、应用音频过渡、应用音频效果等内容。

　　第13章　全面介绍了音频混合器，包括音轨混合器、摇动和平衡、设置效果与发送、音频剪辑混合器、自动化控制、创建子混音轨道、混合音频等内容。

　　第14章　全面介绍了输出影片，包括设置影片参数、设置常用视频格式参数、导出为交换文件等内容。

2．本书主要特色

- **系统全面，超值实用**。全书提供了26个练习案例，通过示例分析、设计过程讲解Premiere Pro CC的应用知识。每章穿插大量提示、分析、注意和技巧等栏目，构筑了面向实际的知识体系。采用紧凑的体例和版式，相同的内容下，篇幅缩减了30%以上，实例数量增加了50%。

- **串珠逻辑，收放自如**。统一采用三级标题灵活安排全书内容，摆脱了普通培训教程按部就班讲解的窠臼。每章都配有扩展知识点，便于用户查阅相应的基础知识。内容安排收放自如，方便读者学习图书内容。

- **全程图解，快速上手**。各章内容分为基础知识和实例演示两部分，全部采用图解方式，图像均做了大量的裁切、拼合、加工，信息丰富，效果精美，阅读体验轻松，上手容易。让读者获得强烈的视觉冲击，与同类书在品质上拉开距离。

- **书盘结合，相得益彰**。本书使用Director技术制作了多媒体光盘，提供了本书实例完整素材文件和全程配音教学视频文件，便于读者自学和跟踪练习图书内容。

3．本书使用对象

　　本书从Premiere Pro CC的基础知识入手，全面介绍了Premiere Pro CC面向应用的知识体系。本书制作了多媒体光盘，图文并茂，能有效吸引读者学习。本书适合作为高职高专院校学生学习使用，也可作为计算机办公应用用户深入学习Premiere Pro CC的培训和参考资料。

　　参与本书编写的人员除了封面署名人员之外，还有王翠敏、吕咏、常征、杨光文、冉洪艳、刘红娟、于伟伟、谢华、王海峰、张瑞萍、吴东伟、倪宝童、温玲娟、石玉慧、李志国、唐有明、王咏梅、杨光霞、李乃文、陶丽、王黎、连彩霞、毕小君、王兰兰、牛红惠等人。

编者

目 录 Contents

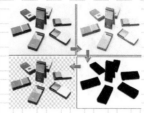

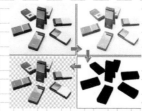

第13章 音频混合器

第14章 输出影片

01

第1章　Premiere Pro CC概述

　　视频技术随着近代数字化技术的快速发展，已由最初的模拟线性编辑发展到目前流行的数字化非线性编辑。而非线性编辑技术不仅可以将捕获到的素材进行剪切、随意组接镜头，而且还可以添加背景音乐、旁白和一些影视特效。Premiere Pro CC是Adobe公司推出的最新版本的非线性编辑软件，是一个功能强大的实时视频和音频编辑工具，被广泛地应用于电影、电视、多媒体、网络视频、动画设计等领域的后期制作中。在本章中，将详细介绍视频编辑基础、Premiere Pro CC版本的工作界面、新增功能、首选项等基础知识。

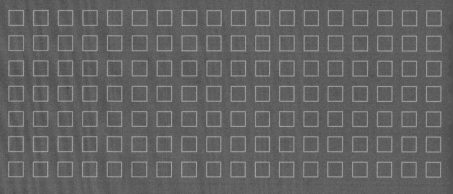

Premiere Pro CC

1.1 视频编辑基础

由于视频编辑过程中的主要工作是对视频镜头的组接，而这些镜头画面所要构成的逻辑思维性必须符合人们的常用逻辑思维，否则将无法展现视频的艺术性和欣赏性。因此，在进行视频编辑和学习视频编辑软件之前，用户还需要先了解一些视频编辑过程中的基础知识。

1.1.1 影视概述

根据视觉暂留原理，当连续的图像变化速度超过每秒24帧（Frame）以上时，人眼将无法辨别单幅的静态画面，所看到的是平滑连续的视觉效果，这种效果被称为视频。而现阶段视频（Video）泛指一切将动态影像静态化后以图像形式加以捕捉、记录、储存、传送、处理，并进行动态重现的技术。在本小节中，将详细介绍视频的一些基础知识，以帮助用户更好地对视频进行编辑。

1. 模拟信号 ▶▶▶▶

模拟信号由连续且不断变化的物理量来表示信息，其电信号的幅度、频率或相位都会随着时间和数值的变化而连续变化，例如电视的图像信号、广播的声音信号等。

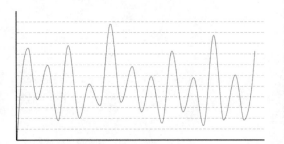

模拟信号不仅具有精确的分辨率，而且还不存在量化误差，它可以尽可能逼近地描述自然界物理量的真实值。另外，模拟信号的处理直接通过模拟电路组建（运算放大器等）来实现，因此具有更加简单的信号处理优点。相对于数字信号来讲则具有更好的信息密度。

虽然模拟信号具有很多优点，但是它经常会受到杂讯的影响。长期以来的应用实践也证明，模拟信号会在复制或传输过程中，不断发生衰减，并混入噪波，从而使其保真度大幅降

低。模拟信号的这一特性，使得信号所受到的任何干扰都会造成信号失真。

> **提示**
>
> 在模拟通信中，为了提高信噪比，需要在信号传输过程中及时对衰减的信号进行放大。这就使得信号在传输时所叠加的噪声（不可避免）也会被同时放大。随着传输距离的增加，噪声累积越来越多，以致传输质量严重恶化。

2. 数字信号 ▶▶▶▶

数字信号是一种自变量和因变量都是离散的信号，它的自变量用整数表示，而因变量则用有限数字中的一个数字来表示。

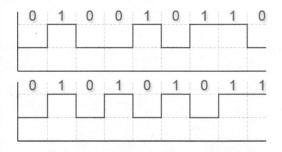

由于数字信号是用两种物理状态来表示0和1，因此具有很强的抵抗材料本身和环境干扰的能力。除此之外，数字信号还具有便于存储、处理和交换，以及安全性高（便于加密）和相应设备易于实现集成化、微型化等优点。

> **提示**
>
> 数字信号在传输过程中也会受到噪声的干扰，当信噪比恶化到一定程度时，只需在适当的距离采用判决再生的方法，即可生成无噪声干扰，且会发送和最初一模一样的数字信号。

3. 帧 ▶▶▶▶

帧是构成视频的最小单位。视频是由一幅幅静态画面所组成的图像序列，而组成视频的每一幅静态图像，便被称之为"帧"。也就是说，帧是视频（包含动画）内的单幅影像画面，相当于电影胶片上的每一格影像，以往我们常常说到的"逐帧播放"指的便是逐幅画面地查看视频。

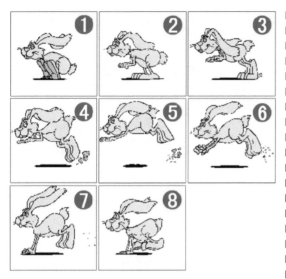

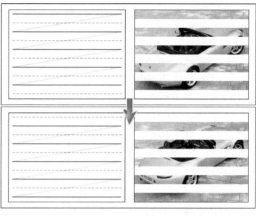

　　上图中是由一幅8帧GIF动画逐帧分解而来。当快速、连续地播放这些图像时（即播放GIF动画文件），我们便可以在屏幕上看到一只不断奔跑的兔子。

　　而在播放视频的过程中，播放效果的流畅程度取决于静态图像在单位时间内的播放数量，即"帧速率"，其单位为fps（帧/秒）。目前，电影画面的帧速率为24fps，而电视画面的帧速率则为30fps或25fps。

注意

要想获得动态的播放效果，显示设备至少应以10fps的速度进行播放。

4．扫描方式 ▶▶▶

　　电视机在工作时，电子枪会不断地快速发射电子。而这些电子在撞击显像管后便会引起显像管内壁的荧光粉发光。在"视觉滞留"现象与电子持续不断撞击显像管的共同作用下，发光的荧光粉便会在人眼视网膜上组成一幅幅图像。

　　而电子枪扫描图像的方法被称为扫描方式，因此扫描方式又指电视机在播放视频画面时所采用的播放方式。该播放方式分为隔行扫描方式与逐行扫描两种方式。

　　其中，隔行扫描是指电子枪首先扫描图像的奇数行（或偶数行），当图像内所有的奇数行（或偶数行）全部扫描完成后，再使用相同方法逐次扫描偶数行（或奇数行）。

　　而逐行扫描则是在显示图像的过程中，采用每行图像依次扫描的方法来播放视频画面。

　　早期由于技术的原因，逐行扫描整幅图像的时间要大于荧光粉从发光至衰减所消耗的时间，因此会造成人眼的视觉闪烁感。在不得已的情况下，只好采用一种折中的方法，即隔行扫描。在视觉滞留现象的帮助下，人眼并不会注意到图像每次只显示一半，因此很好地解决了视频画面的闪烁问题。

　　然而，随着显示技术的不断增强，逐行扫描会引起视觉不适的问题已经解决。此外，由于逐行扫描的显示质量要优于隔行扫描，因此隔行扫描技术已被逐渐淘汰。

5．场 ▶▶▶

　　在采用隔行扫描方式进行播放的显示设备中，每一帧画面都会被拆分开进行显示，而拆分后得到的残缺画面即称为"场"。也就是说，视频画面播放为30fps的显示设备，实质上每秒需要播放60场画面；而对于25fps的显示设备来说，其每秒需要播放50场画面。

　　在这一过程中，一幅画面内被首先显示的场称为"上场"，而紧随其后进行播放的、组成该画面的另一场则称为"下场"。

注意

"场"的概念仅适用于采用隔行扫描方式进行播放的显示设备（如电视机），对于采用胶片进行播放的显像设备（胶片放映机）来说，由于其显像原理与电视机类产品完全不同，因此不会出现任何与"场"相关的内容。

需要指出的是，通常人们会误认为上场画面与下场画面由同一帧拆分而来。事实上，DV摄像机采用的是一种类似于隔行扫描的拍摄方式。也就是说，摄像机每次拍摄到的都是依次采集到的上场或下场画面。例如，在一个每秒采集50场的摄像机中，第123行和125行的采集是在第122行和124行采集完成大约1/50秒后进行。因此，将上场画面和下场画面简单地拼合在一起时，所拍摄物体的运动往往会造成两场画面无法完美拼合。

6. 电视制式 ▶▶▶▶

在制作电视节目之前，要清楚客户的节目在什么地方播出。不同的电视制式在导入和导出素材时的文件设置是不一样的。目前各国的电视制式不尽相同。制式的区分主要在于帧频（场频）、分解率、信号带宽，以及载频、色彩空间的转换关系等的不同。世界上现行的彩色电视制式有三种：NTSC（National Television System Committee）制（简称N制）、PAL（Phase Alternation Line）制和SECAM制。

▶▶ **NTSC彩色电视制式** 它是1952年由美国国家电视标准委员会制定的彩色电视广播标准，它采用正交平衡调幅的技术方式，故也称为正交平衡调幅制。美国、加拿大等大部分西半球国家，以及中国台湾、日本、韩国、菲律宾等国家和地区均采用这种制式。

▶▶ **PAL制式** 它是德国在1962年制定的彩色电视广播标准，采用逐行倒相正交平衡调幅的技术方法，克服了NTSC制相位敏感造成色彩失真的缺点。德国、英国等一些西欧国家，以及中国、新加坡、澳大利亚、新西兰等国家采用这种制式。PAL制式根据不同的参数细节，又可以进一步划分为G、I、D等制式，其中PAL-D制式为我国大陆采用的制式。

▶▶ **SECAM制式** SECAM是法文的缩写，意为顺序传送彩色信号与存储恢复彩色信号制，是由法国在1956年提出，1966年制定的一种新的彩色电视制式。它也克服了NTSC制式相位失真的缺点，但采用时间分隔法来传送两个色差信号。使用SECAM制的国家主要集中在法国、东欧和中东一带。

7. 像素与分辨率 ▶▶▶▶

在电视机、计算机显示器及其他相类似的显示设备中，像素是组成图像的最小单位。而每个像素则由多个（通常为3个）不同颜色（通常为红、绿、蓝）的点组成。

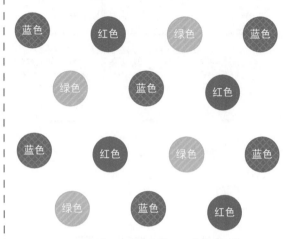

而分辨率则是指屏幕上像素的数量，通常用"水平方向像素数量×垂直方向像素数量"的方式来表示。例如720×480、720×576等。

> **提示**
>
> 显示设备通过调整像素内不同颜色点之间的强弱比例，来控制该像素点的最终颜色。理论上，通过对红、绿、蓝3种不同颜色因子的控制，像素点可显示出任何色彩。

每幅视频画面的分辨率越大、像素数量越多，整个视频的清晰度也就越高。这是因为，一个像素在同一时间内只能显示一种颜色。因此在画面尺寸相同的情况下，拥有较大分辨率（像素数量多）图像的显示效果也就越为细腻，相应的影像也就越为清晰；反之，视频画面便会模糊不清。

在实际应用中，视频画面的分辨率会受到录像设备和播放设备的限制。例如在传统电视机中，视频画面的垂直分辨率表现为每帧图像中水平扫描线的数量，即电子束穿越荧屏的次数。至于水平分辨率，则取决于录像设备、播放设备和显示设备。例如，老式VHS格式录像带的水平分辨率为250线，而DVD的水平分辨率则为500线。

8. 帧宽高比与像素宽高比 ▶▶▶▶

帧宽高比即视频画面的长宽比例。目前电视画面的宽高比通常为4：3，电影则为16：9。至于像素宽高比，则是指视频画面内每个像素的长宽比。具体比例由视频所采用的视频标准所决定。

但是，由于不同显示设备在播放视频画面时的像素宽高比也有所差别，因此当某一显示设备在播放与其像素宽高比不同的视频时，就必须对图像进行校正操作。否则，视频画面的播放效果便会较原效果产生一定的变形。

提示

一般来说，计算机显示器使用正方形像素来显示图像，而电视机等视频播放设备则使用矩形像素进行显示。

1.1.2　线性编辑

线性编辑技术是一种早期的、传统的编辑手法，它属于磁带编辑方式中的一种，主要以一维时间轴为基础并按照时间顺序从头至尾进行编辑的一种制作方式。

由于传统的磁带和电影胶片是由录像机通过机械运动将24fps的视频信号顺序记录在磁带中，因此在线性编辑过程中用户无法删除、缩短或加长其中的某一段内容，只能以插入编辑的方式对某一段进行等长度替换。

线性编辑技术要求编辑人员必须按照时间顺序依次编辑，也就是先编辑第一个镜头，最后编辑结尾的镜头。由于线性编辑技术的特殊要求，编辑人员对编辑带的任何一点改动，都会影响到从改变点至结尾点的所有部分，只能重新编辑或进行复制。因此，编辑人员必须对一系列镜头的组接做出可行性计划和精确的构思，防止编辑后的再次更改。

1. 线性编辑的优点 ▷▷▷▷

线性编辑技术作为传统的一种编辑手法，存在保护素材、降低成本、迅速准确地查找编辑点、自由编辑声音和图像等优点。

▷▷ **保护素材**　线性编辑技术可以很好地保护影片中的原素材，可以保证原素材重复使用。

▷▷ **降低成本**　由于线性编辑技术属于磁带编辑方式，并不损伤磁带，且能随意刻录和抹掉磁带内容，因此可以反复使用同一磁带，具有降低成本的优点。

▷▷ **迅速准确地查找编辑点**　线性编辑技术可以迅速且准确地查找到最恰当的编辑点，以方便编辑人员预览、检查、观看和修改编辑效果。

▷▷ **自由编辑声音和图像**　线性编辑技术既可

以使声音和图像完全吻合在一起，又可以分别对声音和图像进行单独修改。

2. 线性编辑的缺点 ▶▶▶▶

线性编辑除了具有上述优点之外，还具有以下缺点，在很大程度上降低了编辑人员的创造性。

▶▶ 无法自由搜索素材 由于线性编辑技术是以磁带为记录载体，并以一维时间轴为基础按照顺序搜索素材，既不能跳跃搜索也不能随机搜索某一段；因此在选择素材时比较浪费时间，既影响了编辑效率又磨损磁头和机械伺服系统。

▶▶ 模拟信号衰减严重 由于传统的编辑方式是以复制的方式进行的，而模拟信号会随着复制次数的增加而衰减，从而增加了图像的劣化程度。

▶▶ 操作的局限性 线性编辑技术一般只能按照编辑顺序进行记录，无法对素材进行随意地插入和删除，也就是无法改变影片的长度，只能替换同等长度的部分内容。

▶▶ 设备和调试复杂 线性编辑技术需要多种设备和多种系统，而各种设备各自具有独特的作用和性能参数，当它们彼此相连时不仅会造成视频信号的衰减，而且因其操作过程比较复杂，还需要众多操作人员，从而增加了编辑成本。

1.1.3 非线性编辑

非线性编辑是相对于线性编辑而言的。狭义上的非线性编辑是指无须在存储介质上重新排列素材，并可以随意剪切、复制和粘贴素材。而广义上的非线性编辑是指使用计算机随意编辑视频，以及在编辑过程中实现动画、淡入淡出、蒙版等处理效果。

与线性编辑相比，非线性编辑的特点主要集中体现在以下方面。

1. 浏览素材 ▶▶▶▶

在查看素材时，不仅可以瞬间开始播放，还可以使用不同速度进行播放，或实现逐幅播放、反向播放等。

2. 编辑点定位 ▶▶▶▶

在确定编辑点时，用户既可以手动操作进行粗略定位，也可以使用时码精确定位编辑点。由于不再需要花费大量时间来搜索磁带，因此大大地提高了编辑效率。

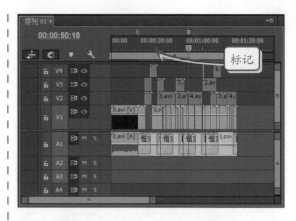

3. 调整素材长度 ▶▶▶▶

非线性编辑允许用户随时调整素材长度，并可通过时码标记实现精确编辑。此外，非线性编辑方式还吸取了电影剪接时简便直观的优点，允许用户参考编辑点前后的画面，以便直接进行手工剪辑。

4. 随意组接素材 ▶▶▶▶

在非线性编辑系统中，各段素材间的相互位置可随意调整。因此，用户可以在任何时候删除节目中的一个或多个片段，或向节目中的任意位置插入一段新的素材。

5. 复制和重复使用素材 ▶▶▶▶

在非线性编辑系统中，由于用到的所有素材全都以数字格式进行存储，因此在复制素材时不会引起画面质量的下降。此外，同一段素材可以在一个或多个节目中反复使用，而且无论使用多少次，都不会影响画面质量。

6. 便捷的效果制作功能 ▶▶▶▶

在非线性编辑系统中制作特技时，通常可以在调整特技参数的同时观察特技对画面的影响。

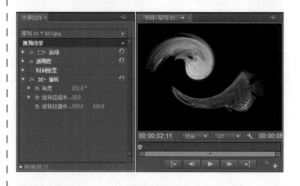

此外，根据节目需求，人们可随时扩充和升级软件的效果模块，从而方便地增加新的特技功能。

7．声音编辑 >>>>

基于计算机的非线性编辑系统能够方便地从CD唱盘、MIDI文件中采集音频素材。而且，在使用编辑软件进行多轨声音的合成时，也不会受到总音轨数量的限制。

8．动画制作与合成 >>>>

由于非线性编辑系统的出现，动画的逐帧录制设备已被淘汰。而且，非线性编辑系统除了可以实时录制动画以外，还能够通过抠像的方法实现动画与实拍画面的合成，从而极大地丰富了影视节目制作手段。

1.1.4　常用数字视频格式

视频编码技术的不断发展，使得视频文件的格式种类也变得极为丰富。一般情况下，经常使用的数字视频格式包括下列6种格式。

1．MPEG/MPG/DAT >>>>

MPEG/MPG/DAT类型的视频文件都是由MPEG编码技术压缩而成的视频文件，被广泛应用于VCD/DVD和HDTV的视频编辑与处理等方面。其中，VCD内的视频文件由MPEG1编码技术压缩而成（刻录软件会自动将MPEG1编码的视频文件转换为DAT格式），DVD内的视频文件则由MPEG2压缩而成。

2．AVI >>>>

AVI是由微软公司所研发的视频格式。其优点是允许影像的视频部分和音频部分交错在一起同步播放，调用方便、图像质量好，缺点

是文件体积过于庞大。

3．MOV >>>>

这是由Apple公司所研发的一种视频格式，是基于QuickTime音视频软件的配套格式。在MOV格式刚刚出现时，该格式的视频文件仅能够在Apple公司所生产的Mac机上进行播放。此后，Apple公司推出了基于Windows操作系统的QuickTime软件，MOV格式也逐渐成为使用较为频繁的视频文件格式。

4．RM/RMVB >>>>

RM/RMVB是按照Real Networks公司所制定的音频/视频压缩规范而创建的视频文件格式。其中，RM格式的视频文件只适于本地播放，而RMVB除了能够进行本地播放外，还可通过互联网进行流式播放，从而使用户只需进行极短时间的缓冲，便可不间断地长时间欣赏影视节目。

5．WMV >>>>

WMV是一种可在互联网上实时传播的视频文件类型，其主要优点在于：可扩充的媒体类型、本地或网络回放、可伸缩的媒体类型、流的优先级化、多语言支持、扩展性等。

6．ASF >>>>

ASF（Advanced Streaming Format，高级流格式）是Microsoft为了和现在的Real Networks竞争而开发出来的一种可直接在网上观看视频节目的文件压缩格式。ASF使用了MPEG4压缩算法，其压缩率和图像的质量都很不错。

1.1.5　常用数字音频格式

在影视作品中，除了使用影视素材外，还需要大量的音频文件，来增加影视作品的听觉效果。一般情况下，经常使用的数字音频格式包括下列4种格式。

1．WAV >>>>

WAV音频文件也称为波形文件，是Windows本身存放数字声音的标准格式。WAV音频文件是目前最具通用性的一种数字声音文件格式，几乎所有的音频处理软件都支持WAV

格式。由于该格式文件存放的是没有经过压缩处理，而直接对声音信号进行采样得到的音频数据，所以WAV音频文件的音质在各种音频文件中是最好的，同时它的体积也是最大的。1分钟CD音质的WAV音频文件大约有10MB。由于WAV音频文件的体积过于庞大，所以不适合于在网络上进行传播。

2．MP3 ▶▶▶▶

MP3（MPEG-AudioLayer3）是一种采用了有损压缩算法的音频文件格式。由于MP3在采用心理声学编码技术的同时结合了人们的听觉原理，因此剔除了将某些人耳分辨不出的音频信号，从而实现了高达1：12或1：14的压缩比。

此外，MP3还可以根据不同需要采用不同的采样率进行编码，如96kb/s、112kb/s、128kb/s等。其中，使用128kb/s采样率所获得MP3的音质非常接近于CD音质，但其大小仅为CD音乐的1/10，因此成为目前最为流行的一种音乐文件。

3．WMA ▶▶▶▶

WMA是微软公司为了与Real Networks公司的RA以及MP3竞争而研发的新一代数字音频压缩技术，其全称为Windows Media Audio。特点是同时兼顾了高保真度和网络传输需求。从压缩比来看，WMA比MP3更优秀，同样音质WMA文件的大小是MP3的一半或更少，而相同大小的WMA文件又比RA的质量要好。总体来说，WMA音频文件既适合在网络上用于数字音频的实时播放，同时也适用于在本地计算机上进行音乐回放。

4．MIDI ▶▶▶▶

严格来说，MIDI并不是一种数字音频文件格式，而是电子乐器与计算机之间进行通信的一种通信标准。在MIDI文件中，不同乐器的音色都被事先采集下来，每种音色都有一个唯一的编号，当所有参数都编码完毕后，就得到了MIDI音色表。在播放时，计算机软件即可通过参照MIDI音色表的方式将MIDI文件数据还原为电子音乐。

1.2　Premiere Pro简介

Premiere Pro是由Adobe公司所开发的一款非线性视频编辑软件，具有采集、剪辑、调色、美化音频、字幕添加、输出、DVD刻录等功能，是目前影视编辑领域内应用最为广泛的视频编辑与处理软件。

1.2.1　Premiere Pro版本介绍

Premiere Pro是一款常用于视频组合和拼接的非线性视频编辑软件，具有较好的兼容性，可以与Adobe公司推出的其他软件相互协作。目前这款软件广泛应用于广告制作和电视节目制作中，其常用版本包括CS4、CS5、CS6、CC以及CC 2014，其最新版本为Adobe Premiere Pro CC 2014。

Premiere Pro的版本系列比较繁多，在此将详细介绍一些具有重要功能和转折意义的版本功能。

版本	功　　能
Premiere Pro 2.0	历史性的版本飞跃，不仅奠定了Premiere的软件构架和全部主要功能；而且还第一次提出了Pro（专业版）的概念，从此Premiere多了"Pro"的后缀，并且一直沿用至今
Premiere Pro CS3	该版本首次加入了Creative Suite（缩写CS）Adobe软件套装，其版本号名称被更换为（CSx），并整合了动态链接
Premiere Pro CS5	该版本为首个原生64位程序，具有大内存多核心极致发挥、水银加速引擎（仅限NVIDA显卡）、支持加速特效无渲染实时播放等特点
Premiere Pro CS6	该版本为原生64位程序，其软件界面被重新规划，去繁从简，删掉了大量的按钮和工具栏

续表

版 本	功 能
Premiere Pro CC	该版本为原生64位程序，具有创意云CreativeCloud、内置动态链接、水银加速引擎、支持AMD显卡、支持原生官方简体中文语言等特点

1.2.2 Premiere Pro常用功能

Premiere Pro作为一款应用广泛的视频编辑软件，具有从前期素材采集到后期素材编辑与效果制作等一系列功能。其中，最常用的功能包括剪辑与编辑素材、制作效果、添加过渡、创建与编辑字幕等。

1．剪辑与编辑素材 ▶▶▶

Premiere Pro拥有多种素材编辑工具，让用户能够轻松剪除视频素材中的多余部分，并对素材的播放速度、排列顺序等内容进行调整。

2．制作效果 ▶▶▶

Premiere Pro预置有多种不同效果、不同风格的音、视频效果滤镜。在为素材应用这些效果滤镜后，视频素材实现曝光、扭曲画面、立体相册等众多效果。

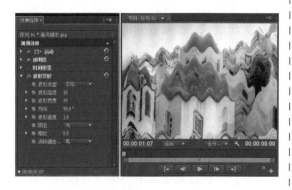

3．编辑、处理音频素材 ▶▶▶

声音也是现代影视节目中的一个重要组成部分，为此Premiere Pro也为用户提供了强大的音频素材编辑与处理功能。在Premiere Pro中，用户不仅可以直接修剪音频素材，还可制作出淡入淡出、回声等不同的音响效果。

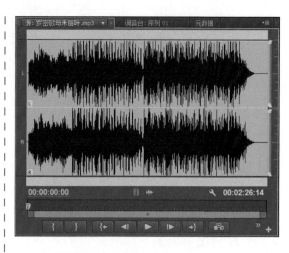

4．为相邻素材添加过渡 ▶▶▶

Premiere Pro拥有闪白、黑场、淡入淡出等多种不同类型、不同样式的视频过渡效果，能够让各种样式的镜头实现自然过渡。

注意

在实际编辑视频素材的过程中，在两个素材片段间应用过渡时必须谨慎，以免给观众造成突兀的感觉。

5．创建与编辑字幕 ▶▶▶

Premiere Pro拥有多种创建和编辑字幕的工具，灵活运用这些工具能够创建出各种效果的静态字幕和动态字幕，从而使影片内容更加丰富。

件，如AVI、MOV等格式的数字视频。或者，将素材输出为GIF、TIFF、TGA等格式的静态图片后，再借助其他软件做进一步的处理。

6. 影片输出 》》》》

当整部影片编辑完成后，Premiere Pro可以将编辑后的众多素材输出为多种格式的媒体文

1.3　认识Premiere Pro CC

Premiere Pro CC是Adobe公司推出最新版本的非线性编辑软件。当用户了解影视后期制作基础知识之后，便需要认识一下Premiere Pro CC的工作界面、新增功能以及工作空间等基础知识。

1.3.1　Premiere Pro CC的工作界面

Premiere Pro CC相对于旧版本软件来讲，不仅增加了启动界面的优美感，而且在其工作界面中也进行了一些细微的改进。

1. 欢迎界面 》》》》

当用户启用Premiere Pro CC时，会出现一个欢迎界面，以帮助用户进行相应的操作。包括打开最近项目、新建项目、了解、设置同步等操作。

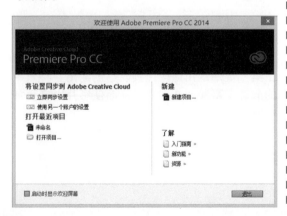

2. 工作界面 》》》》

关闭欢迎界面或在欢迎界面中执行某项操作之后，便可以进入到工作界面中。Premiere Pro CC所提供的工作界面是一种可伸缩、自由定制的界面。用户可以根据工作习惯自由设置界面。其默认的暗黑色界面颜色使整个界面显得更加紧凑。

默认情况下，工作界面是由菜单栏、工具栏、【源】监视器面板、【时间轴】面板、【节目】面板以及各类其他面板等模块组成。其中，Premiere Pro CC工作界面中各面板的具体功能，如下所述。

》》 【项目】面板　该面板主要分为三个部分，分别为素材属性区、素材列表和工具按钮。其主要作用是管理当前编辑项目内的各种素材资源，此外还可在素材属性区域内查看素材属性并快速预览部分素材的内容。

》》 【时间轴】面板　该面板是人们在对音、

视频素材进行编辑操作时的主要场所之一，共由视频轨道、音频轨道和一些工具按钮组成。

▶▶ **【节目】面板** 该面板用于在用户编辑影片时预览操作结果，该面板共由监视器窗格、当前时间指示器和影片控制按钮所组成。

▶▶ **【源】监视器面板** 该面板用于显示某个文件，以及在该面板中剪辑、播放该文件。

▶▶ **【音频仪表】面板** 该面板用于显示播放【时间轴】面板中视频片段中的音频波动效果。

▶▶ **工具栏** 主要用于对时间轴上的素材进行剪辑、添加或移除关键帧等操作。

1.3.2 Premiere Pro CC新增功能

作为Premiere Pro系列软件中的最新版本，Adobe公司在Premiere Pro CC中增加、增强了许多新的功能和改变，这些变化不仅让Premiere Pro变得更为强大，还增强了Premiere Pro的易用性。

1．用户界面改进 ▶▶▶▶

Premiere Pro现在提供了HiDPI支持，增强了高分辨率用户界面的显示体验。在【源】监视器面板中的素材视频文件，可以通过单击面板中的按钮来实现视频与音频之间的切换。

而最新版的Premiere Pro的【时间轴】面板已经重新设计，可进行自定义，可以选择要显示的内容并立即访问控件。除此之外，还可以通过音量和声像、录制以及音频计量轨道控件更加快速而有效地完成工作。

2．Premiere Pro中的After Effects工作流 ▶▶▶▶

最新版的Premiere Pro CC中增加了After Effects文本模板和蒙版，以帮助用户实现更多特效。

运用蒙版功能，可以定义图像中需要模糊、覆盖或突出显示的特定区域。例如，可以通过模糊效果或马赛克效果来遮挡人物的脸部。除此之外，运用蒙版还可以校正特定颜色，或者使用反转蒙版功能，将蒙版区域排除在所应用的颜色校正区域之外。

而运用文本模板功能，则可以快速、便捷地编辑动画字幕和下沿字幕图片。

对于新增的After Effects文本模板和蒙版功能，用户可以直接在Premiere Pro中对After Effects合成的文本图层进行编辑，而无须返回到After Effects中。

3．主剪辑效果 ▶▶▶▶

最新版的Premiere Pro CC中新增了主剪辑效果，当用户将效果应用到主剪辑时，其效果会自动扩散到序列中使用的该主剪辑的所有实例中；而当用户对效果进行任何后续调整时，其调整效果都会自动扩散到序列中使用该主剪辑的所有实例中。

4．同步设置 ▶▶▶▶

Premiere Pro CC新增了同步设置功能，该功能可以将用户所配置的文件以及通过Adobe

Creative Cloud使首选项同步，从而实现多台计算机之间设置的同步性。

在使用同步设置功能时，用户需要先设置一个Adobe Creative Cloud账户，通过该账号上载同步设置到Creative Cloud账户中，然后将上载的同步设置下载到其他计算机中使用即可。

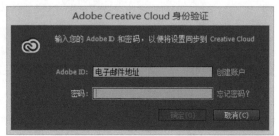

另外，Premiere Pro CC会在用户的计算机中创建用户配置文件，并将配置文件关联到用户所登录的Creative Cloud账户中，以保证计算机和Creative Cloud账户之间的设置的同步性。

5．重复帧检测 ▶▶▶▶

Premiere Pro CC可以通过显示重复的帧标记识别同一序列中在时间轴上使用多次的剪辑。重复帧标记是一个彩色条纹指示器，跨越每个重复帧的剪辑的底部。

Premiere Pro CC会自动为每个存在重复剪辑的主剪辑分配一种颜色。最多分配10种不同的颜色。在10种颜色均被使用之后，将重复使用第10种颜色。

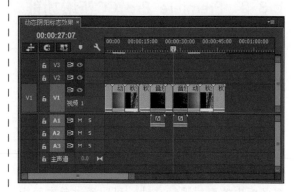

6．增强图形性能和原生格式支持 ▶▶▶

新版本的Premiere Pro CC支持RED GPU颜

色转换。运用该功能可以将RED格式的剪辑通过GPU（OpenCL和CUDA）进行颜色转换，以获取更好的回放性能。

除了支持RED GPU颜色转换功能之外，新版本的Premiere Pro CC还支持Intel Iris架构的Mercury OpenCL处理。

另外，Premiere Pro CC还新增了用于ARRI AMIRA相机的内置支持功能。当用户将该类型的源文件作为主剪辑导入到项目时，系统可以自动为其应用相应的颜色LUT。

7. 新增导出格式 ▶▶▶▶

新版本的Premiere Pro CC除了原有的导出格式之外，还新增了用于广播行业标准的AS11格式，以及Quvis Wraptor Digital Cinema Package（DCP）格式。

除此之外，Premiere Pro CC还可以将立体声音导出为Dolby Digital和Dolby Digital Plus格式。

8. 音频增强功能 ▶▶▶▶

Premiere Pro CC为音频编辑提供了更多的编辑控件。首先是【时间轴】面板中音频轨道头自定义中的各种音频功能按钮。通过这些功能按钮能够更加快速地简单控制音频片段。

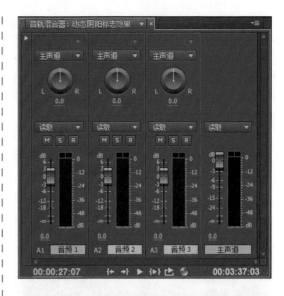

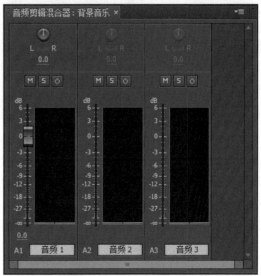

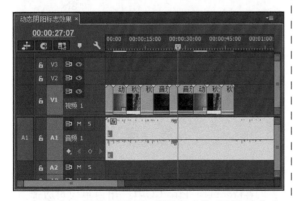

其次，是将原来的【调音台】面板重命名为【音轨混合器】面板。这是为了有助于区分新增的音频剪辑混合器。

而【音频剪辑混合器】面板，则会根据聚焦不同的面板，监控和调整不同面板中音频片段剪辑的音量和声像。如【时间轴】面板与【源】监视器面板。

1.3.3 自定义工作空间

在对Premiere有了一定认识后，便可以使用Premiere来编辑、制作影片剪辑了。但是，为了提高Premiere使用的工作效率，在正式开始编辑影片剪辑前还应当对Premiere Pro CC的界面布局进行一些调整，使其更加符合用户的操作习惯。

1. 配置工作环境 ▶▶▶▶

Premiere Pro CC为用户预置了编辑、元数据记录、效果、组件、音频等7种不同的工作区布局方案。用户只需执行【窗口】|【工作区】命令，在其级联菜单中选择相应选项即可。

其中，"编辑"工作区布局方案是Premiere Pro CC默认使用的工作区布局方案。其特点在于该布局方案为用户进行项目管理、查看源素材和节目播放效果、编辑时间轴等多项工作进行了布局优化。使用户在进行此类操作时能够快速找到所需面板或工具。

而习惯旧版本操作的用户，则可以执行【窗口】|【工作区】|【编辑（CS5.5）】命令，来显示旧版本的布局位置。

执行【窗口】|【工作区】|【元数据记录】命令，则可以显示"元数据记录"工作区布局方案。该布局方案是将以【项目】面板和【元数据】面板为主，以方便用户管理素材。

执行【窗口】|【工作区】|【效果】命令，则可以显示"效果"工作区布局方案。"效果"工作区布局方案侧重于对素材进行效果类的处理，因此在工作界面中以【效果

控件】面板、【节目】面板和【时间轴】面板为主。

执行【窗口】|【工作区】|【颜色校正】命令，则可以显示"颜色校正"工作区布局方案。"颜色校正"工作区布局方案多在调整影片色彩时使用，在整个工作环境中，由【效果控件】面板和3个不同的监视器面板所组成。

2. 设置快捷键 >>>>

在Premiere Pro CC中，用户不仅可以通过对其参数的设置来自定义操作界面、视频的采集以及缓存设置等，还可以通过自定义快捷键的方式来简化编辑操作。

执行【编辑】|【自定义快捷键】命令，系统将会弹出【键盘快捷键】对话框。在该对话框中，默认显示Premiere Pro CC内的所有菜单及操作快捷键选项。

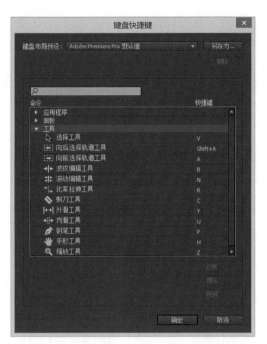

在【应用程序】列表中选择某一菜单命令，单击【快捷键】列表中对应的快捷键，按下键盘上的任意键或组合键，便可以重新设置该命令的快捷键。

但是，在重新设置快捷键时，如果所设置

的快捷键与其他菜单命令中的快捷键一样，则会显示冲突提示。此时，用户需要重复之前的键盘快捷键设置操作，直到所设置的键盘快捷键不会出现冲突为止。

1.4 设置Premiere Pro CC首选项

安装并运行Premiere Pro CC软件时，系统将以默认的设置运行该软件。为适应用户制作需求，也为了使所制作的作品更能满足各种特技要求，用户还需要在Premiere Pro CC软件中，通过执行【编辑】|【首选项】命令，来设置各类首选项。

1.4.1 常用类

常用类首选项是一些基本的、经常使用的选项设置，包括常规、自动保存、捕捉等首选项内容。

1. 【常规】首选项 >>>>

执行【编辑】|【首选项】|【常规】命令，在弹出的【首选项】对话框中，将直接显示【常规】选项卡中的内容，用户对其进行相应的设置即可。

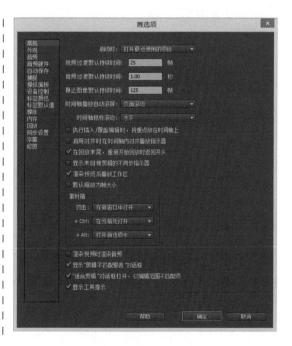

在【常规】选项卡中，主要包括下列选项：

>> **启动时** 用于设置软件启动时所显示的画面，包括【打开最近使用的项目】和【欢迎界面】两个选项。

>> **视频过渡默认持续时间** 用来设置视频在过渡时的延时，可直接在文本框中输入时间值。

>> **音频过渡默认持续时间** 用来设置音频在过渡时的延时，可直接在文本框中输入时间值。

>> **静止图像默认持续时间** 用来设置导入静态图片素材时默认的播放长度，可直接在文本框中输入时间值。

>> **时间轴播放自动滚屏** 用于设置时间轴回放时的播放方式，包括【不滚动】、【页面滚动】和【平滑滚动】3个选项。其中，【页面滚动】表示将播放指示器移到屏幕外后会出现时间轴的每个新视图，而【平滑滚动】则表示播放指示器始终保持在屏幕的中间，而剪辑和时间标尺会发生移动。

>> **时间轴鼠标滚动** 用于设置时间轴中的鼠标操作方式，包括【水平】和【垂直】两个选项。

>> **执行插入/覆盖编辑时，将重点放在时间轴上** 启用该复选框，当用户将序列作为嵌套或个别剪辑插入并覆盖时，需要在【时间轴】面板中执行该命令并进行操作。

>> **启用对齐时在时间轴内对齐播放指示器** 启用该复选框，表示当用户单击【时间轴】面板中的【对齐】按钮时，将在【时间轴】面板中对齐播放指示器。

>> **在回放末尾，重新开始回放时返回开头** 启用该复选框，表示当影片播放到末尾时，将自动返回到开头处继续播放。

>> **显示未链接剪辑的不同步指示器** 启用该复选框，将显示不同步且未链接剪辑的指示器。

>> **渲染预览后播放工作区** 启用该复选框，表示用户在渲染项目工作区域之后会自动播放项目。

>> **默认缩放为帧大小** 启用该复选框，表示项目的大小将以帧大小进行显示。

>> **素材箱** 用于设置素材箱的操作方式，表示双击某素材箱，以及按住Ctrl或Shift键并双击素材箱时，其素材可以在新窗口中打开、在当前处打开或直接打开新选项卡。

>> **渲染视频时渲染音频** 启用该复选框，表示在渲染视频观看效果时，同时渲染音频。

>> **显示"剪辑不匹配警告"对话框** 启用该复选框，当剪辑出现不匹配情况时，系统将自动弹出警告提示框。

>> **"适合剪辑"对话框打开，以编辑范围不匹配项** 启用该复选框，表示将打开【适合剪辑】对话框，用来编辑范围不匹配的项。

>> **显示工具提示** 启用该复选框，在屏幕中将鼠标移动到工具按钮上，将会显示该工具的提示信息。

2. 【自动保存】首选项 >>>>

在【首选项】对话框中，激活左侧的【自动保存】选项卡。在展开的列表中启用【自动保存项目】复选框，系统将根据所设置的保存间隔，自动保存当前所操作的项目。只要启用该复选框，其下方的【自动保存时间间隔】和【最大项目版本】选项才变为可用状态。

其中，【自动保存时间间隔】选项用来设置自动保存的时间间隔，其值介于1~1440之间。而【最大项目版本】选项用于设置自动保存文件的最大个数，其值介于1~999之间。

另外，当用户启用【将备份项目保存到Creative Cloud】复选框，表示将该项目的备份文件同步保存到Creative Cloud中。

3. 【捕捉】首选项 >>>>

在【首选项】对话框中，激活左侧列表中的【捕捉】选项卡。在展开的列表中设置用于控制Premiere Pro直接从磁带盒或摄像机传输视频和音频的方式的选项。

在【捕捉】选项卡中，主要包括下列选项：

▶▶ **丢帧时中止捕捉** 启用该复选框，表示在捕捉过程中，如果产生丢帧现象，系统将自动停止捕捉。

▶▶ **报告丢帧** 启用该选项，表示在捕捉过程中如果产生丢帧现象，系统则会弹出信息提示框，显示捕获素材所产生的丢帧情况。

▶▶ **仅在未成功完成时生成批处理日志文件** 启用该复选框，表示系统只有在捕捉失败时，才会生成批处理日志文件。

▶▶ **使用设备控制时间码** 启用该复选框，表示在捕捉时将使用捕捉设备的帧速率。

1.4.2 外观类

外观类首选项主要用来设置软件界面的外观亮度、标签颜色，以及标签默认值等选项。

1. 【外观】首选项 ▶▶▶▶

在【首选项】对话框中，激活左侧列表中的【外观】选项卡。拖动【亮度】选项中的滑块，可以调整界面的整体亮度。另外，调整亮度之后，用户可通过单击【默认】按钮，将所调整的亮度值恢复到默认设置。

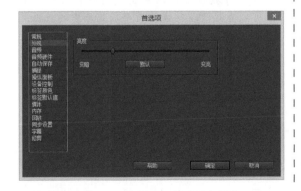

2. 【标签颜色】首选项 ▶▶▶▶

在【首选项】对话框中，激活左侧列表中的【标签颜色】选项卡。在展开的列表中可以单击色块，在弹出的【标签颜色】对话框中设置标签的默认颜色。

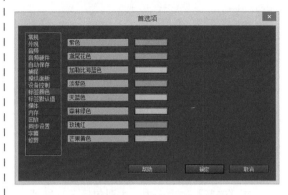

3. 【标签默认值】首选项 ▶▶▶▶

在【首选项】对话框中，激活左侧列表中的【标签默认值】选项卡。在展开的列表中单击相应选项右侧的下三角按钮，在其下列列表框中选择相应的选项，即可设置标签默认值。

1.4.3 媒体和音频类

媒体和音频类首选项主要用来设置影片的音频选项和媒体选项，以确保项目音频和媒体的正常运行。

1. 【音频】首选项 ▶▶▶▶

在【首选项】对话框中，激活左侧列表中的【音频】选项卡，在展开的列表中设置相应的选项即可。

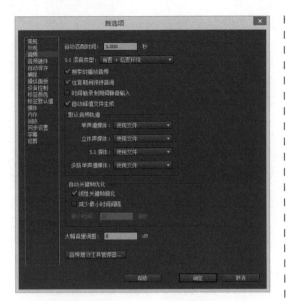

在【音频】选项卡中，主要包括下列选项：

>> **自动匹配时间** 该选项用于设置音频素材开始播放时间，用户可直接在文本框中输入时间值。

>> **5.1混音类型** 该选项用于设置5.1环绕立体声的类型，包括【仅前置】、【前置+后置环绕】、【前置+重低音】和【前置+后置环绕+重低音】4种类型。

>> **搜索时播放音频** 启用该复选框，表示在时间线上拖动当前时间指示器时，系统将播放音频。

>> **往复期间保持音调** 启用该复选框，表示在时间线上来回拖动指示器，将保存音频的音调。

>> **时间轴录制期间静音输入** 启用该复选框，在时间线上拖动当前时间指示器时，不会播放录制的音频。

>> **自动峰值文件生成** 启用该复选框，表示将生成自动峰值文件。

>> **默认音频轨道** 该选项组用于定义在剪辑添加到序列之后用于显示剪辑音频声道的轨道类型。

>> **自动关键帧优化** 该选项组用于设置关键帧的优化方式，其中启用【线性关键帧细化】复选框表示仅在与开始和结束关键帧没有线性关系的点创建关键帧；启用【减少最小时间间隔】复选框表示仅在大于指定值的间隔处创建关键帧，其值介于1~2000之间。

>> **大幅音量调整** 该选项用于设置音频的音量。

>> **音频增效工具管理器** 单击该按钮可以在弹出的【音频增效工具管理器】对话框中管理音频增效工具。

2. 【媒体】首选项 >>>>

在【首选项】对话框中，激活左侧列表中的【媒体】选项卡，在展开的列表中设置相应的选项即可。

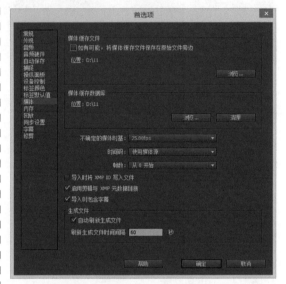

在【媒体】选项卡中，主要包括下列选项：

>> **媒体缓冲文件** 用于设置媒体缓冲文件的存放位置，启用【如有可能，将媒体缓存文件保存在原始文件旁边】复选框，表示媒体缓存文件与原始文件存放在同一位置；而单击【浏览】按钮，则可以在弹出的对话框中设置缓存文件的保存位置。

>> **媒体缓冲数据库** 单击【浏览】按钮，可在弹出的对话框中设置媒体缓存数据库文件的存放位置；而单击【清理】按钮，则可以直接清理掉媒体缓存数据库中的数据。

>> **不确定的媒体时基** 用于指定所导入静止图像序列的帧速率。

>> **时间码** 用于设置所导入剪辑的时间码的类型，包括【使用媒体源】和【从00:00:00:00开始】。

>> **帧数** 用于设置导入剪辑的帧计数方式，包括【从0开始】、【从1开始】和【时间码转换】3种方式。

>> **导入时将XMP ID写入文件** 启用该复选框，

表示在导入时将ID信息写入XMP元数据字段。

▶▶ **启用剪辑与XMP元数据链接** 启用该复选框，表示将剪辑元数据链接到XMP元数据。

▶▶ **导入时包含字幕** 启用该复选框，表示在导入媒体时会将媒体中所包含的字幕一起导入。

▶▶ **生成文件** 启用【自动刷新生成文件】复选框，可在文件生成期间自动刷新，并可在【刷新生成文件时间间隔】文本框中输入刷新频率值。

1.4.4 操作类

操作类首选项主要用于设置影视中的字幕、修剪、回放等具有操作性质的首选项。

1．【字幕】首选项 ▶▶▶▶

在【首选项】对话框中，单击左侧列表中的【字幕】选项卡，在展开的列表中分别设置【样式色板】和【字体浏览器】选项即可。

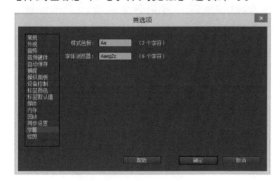

2．【修剪】首选项 ▶▶▶▶

在【首选项】对话框中，单击左侧列表中的【修剪】选项卡，在展开的列表中设置【大修剪偏移】选项的偏移数值，及偏移的音频时间值即可。

3．【回放】首选项 ▶▶▶▶

在【首选项】对话框中，单击左侧列表中的【回放】选项卡，在展开的列表中设置【预卷】、【过卷】和【前进/后退多帧】选项的参数值即可。

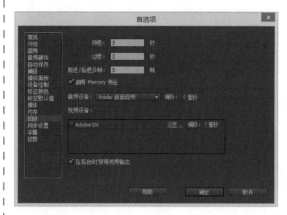

另外，用户可在【音频设备】选项中设置默认播放器，包括【Adobe桌面音频】和【Adobe DV】两个选项。除此之外，用户还可以通过启用【视频设备】列表框中的设备名称，来使用已安装的第三方设备。

而当用户启用【在后台时禁用视频输出】复选框，则表示软件在后台运行时，禁用视频输出。

1.4.5 硬件和同步设置类

硬件和同步首选项主要用于设置制作项目时所需要的内存、音频硬件，以及新增加的同步设置功能。

1．【音频硬件】首选项 ▶▶▶▶

在【首选项】对话框中，激活左侧列表中的【音频硬件】选项卡，在展开的列表中指定计算机硬盘设备和设置，包括ASIO设置、Adobe桌面音频、输出映射格式等。

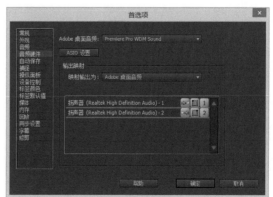

2. 【内存】首选项 ▶▶▶

在【首选项】对话框中，激活左侧列表中的【内存】选项卡，在展开的列表设置相应的选项即可。

在该选项卡中，主要显示了当前计算机中所安装的内存大小，以及为其他应用程序保留的RAM和为Adobe相应软件所保留的RAM可用内存值。同时，用户可通过单击【优化渲染为】下三角按钮，在其下拉列表框中选择【内存】选项，最大程度地提高可用内容；而当渲染不再需要内存优化时，则可以将该选项更改为【性能】。

3. 【同步设置】首选项 ▶▶▶

在【首选项】对话框中，激活左侧列表中的【同步设置】选项卡，在展开的列表中设置有关同步设置中的相应选项。

在【同步设置】选项卡中，主要包括下列选项：

▶▶ **当前** 用于显示当前使用者的名称。

▶▶ **上次同步** 用于显示上次同步信息。

▶▶ **首选项/设置** 启用该复选框，表示将首选项和设置同步到Creative Cloud。

▶▶ **工作区布局** 启用该复选框，表示将工作区布局同步到Creative Cloud。

▶▶ **键盘快捷键** 启用该复选框，表示将键盘快捷键设置同步到Creative Cloud。

▶▶ **在同步时** 该选项主要用于设置同步状态，包括【询问我的首选项】、【始终上载设置】、【始终下载设置】3个选项。

▶▶ **当应用程序退出时自动清除设置** 启用该复选框，表示当退出应用程序时，系统将自动清除同步设置。

第2章 创建和管理项目

项目是导入素材、采集素材、存储素材和编辑影片的载体，而创建和管理项目则是影片制作的首要步骤。在使用Premiere编辑影片之前，用户还需要创建一个项目，以用来承载影片编辑所需要的图像、视频、声音等素材。本章将详细介绍影片素材的采集和导入，以及项目的创建和管理等基础知识，以协助用户更加有效、快速地进行影片编辑和创作。

Premiere Pro CC

2.1 创建项目

Premiere中的项目可以理解为编辑视频文件所形成的框架。由于影片的编辑和创作中的所有操作都是围绕项目进行的，因此创建项目是影片编辑和制作的必要工作。

2.1.1 新建项目

在Premiere中，用户可以通过欢迎界面和菜单命令两种方法来新建项目。

1. 欢迎界面新建法 >>>>

启动Premiere时，系统会自动弹出欢迎界面。在该界面中，系统提供了【将设置同步到Adobe Creative Cloud】、【打开最近项目】、【新建】和【了解】4个选项组。用户只需在【新建】选项组中选择【新建项目】选项即可创建一个新项目。

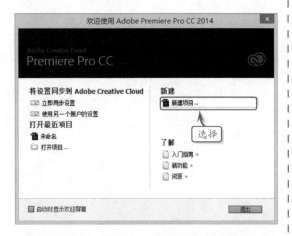

提示

在欢迎界面中，单击【退出】按钮，即可退出Premiere软件启动程序。

2. 菜单新建法 >>>>

当用户在使用Premiere的过程中需要新建一个项目时，则需要执行【文件】|【新建】|【项目】命令，来新建一个空白项目。

技巧

用户也可以使用Ctrl+Alt+N快捷键，快速创建新项目。

2.1.2 设置项目信息

无论用户使用哪种项目创建方法，在创建项目之后系统都会自动弹出【新建项目】对话框，以帮助用户对项目的配置信息进行一系列设置，使其满足用户在编辑视频时的工作基本环境。

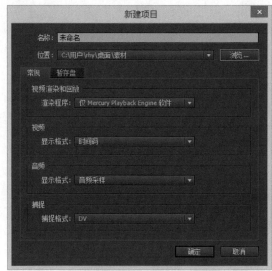

在【新建项目】对话框中，用户可以在【名称】文本框中输入项目名称。另外，单击【浏览】按钮，在弹出的【请选择新项目的目标路径】对话框中，选择新项目的保存文件夹，然后单击【选择文件夹】按钮，设置新项目的保存位置。

　　设置完新项目名称和保存位置之后，用户便可以详细地设置【常规】和【暂存盘】选项卡中的各个选项了。

1. 设置【常规】选项卡 ▶▶▶▶

　　【新建项目】对话框中的【常规】选项卡主要用于设置视频渲染和回放、视频格式、音频格式和捕捉格式等选项，其每种选项的具体含义如下。

▶▶ **视频渲染和回放**　该选项组主要用来指定是否启用Mercury Playback Engine软件或硬件功能。用户可单击【渲染程序】下三角按钮，在其下拉列表框中选择具体选项。

▶▶ **视频**　该选项组主要用来设置影片的视频格式，用户可单击【显示格式】下三角按钮，在其下拉列表框中选择【时间码】、【英尺+帧16毫米】、【英尺+帧35毫米】或【帧】选项。

▶▶ **音频**　该选项组主要用来设置影片的音频格式，用户可单击【显示格式】下三角按钮，在其下拉列表框中选择【音频采样】或【毫秒】选项。

▶▶ **捕捉**　该选项组主要用来设置素材捕捉格式，用户可单击【捕捉格式】下三角按钮，在其下拉列表框中选择DV或HDV选项。

2. 设置【暂存盘】选项卡 ▶▶▶▶

　　【新建项目】对话框中的激活【暂存盘】选项卡用来设置采集到的音/视频素材、视频预览文件和音频预览文件，以及项目自动保存位置。

　　在该选项卡中，用户只需单击各选项对应的【浏览】按钮，即可在弹出的【选择文件夹】对话框中，设置文件的保存位置。

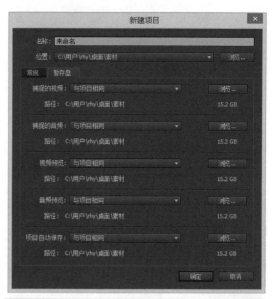

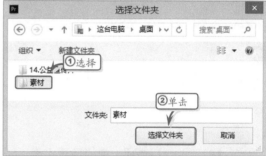

> **提示**
>
> 在【暂存盘】选项卡中，由于各个临时文件夹的位置都被记录在项目中，因此为了确保项目的正常运行，在完成项目设置后禁止再次更改临时文件夹的名称与保存位置。

2.1.3　新建序列

　　序列是Premiere项目中的重要组成元素，项目内的所有素材，以及为素材所应用的动画、特效和自定义设置都会装载在"序列"内。

　　Premiere内的"序列"是单独操作的，创建项目后，执行【文件】|【新建】|【序列】命令，即可弹出【新建序列】对话框。在该对话框中主要包括序列预设、设置、轨道3部分内容。

1. 序列预设 ▶▶▶▶

　　在【新建序列】对话框中，激活【序列预设】选项卡，该选项卡中分门别类地列出了众多序列预置方案，在选择某种预置方案后，可在右侧文本框内查看相应的方案描述信息与部分参数。

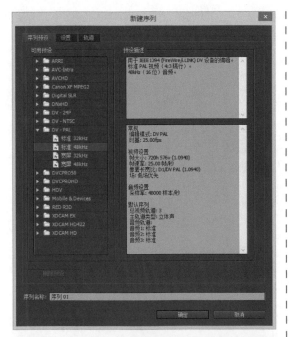

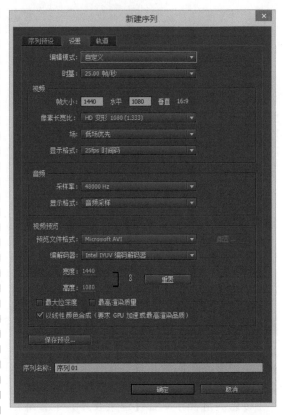

提示

在【新建序列】对话框中，可在【序列名称】文本框中自定义序列名称。

2. 设置 ▶▶▶▶

当【序列预设】选项卡中的预置方案无法满足用户需求时，则可以通过【设置】和【轨道】选项卡来自定义序列信息。

在【新建序列】对话框中，激活【设置】选项卡，可以设置序列的编辑模式、时基，以及视频画面和音频所采用的标准等配置信息。

在【设置】选项卡中，主要包括下列选项或选项组。

▶▶ **编辑模式** 用于设定新序列所要依据的序列预置方案类型，即新序列的配置方案的设置是以所选预置方案为基础进行的。

▶▶ **时基** 用于设置序列所应用的帧速率标准，在设置时应根据目标播出设备的规则进行调整。

▶▶ **视频** 用于调整与视频画面有关的各项参数，其中的【帧大小】选项用于设置视频画面的大小；【像素长宽比】选项用于设置单个像素的长宽比；【场】选项用于设置场顺序，或在每个帧中绘制第一个场；【显示格式】选项用于设置时间码的显示格式，包括【25fps时间码】；【英尺+帧16毫米】、【英尺+帧35毫米】、【帧】4个选项。

▶▶ **音频** 用于设置影片的音频信息，其中【采样率】选项用于设置控制序列内的音频文件采样率，【显示格式】选项则用于设置音频时间显示是使用【音频采用】还是【毫秒】。

▶▶ **视频预览** 在该选项组中，【预览文件格式】选项用于控制Premiere将以哪种文件格式来生成相应序列的预览文件。当采用Microsoft AVI作为预览文件格式时，还可在【编解码器】下拉列表框中挑选生成预览文件时采用的编码方式。此外，在启用【最大位深度】和【最高渲染质量】复选框后，还可提高预览文件的质量。

▶▶ **保存预设** 单击该按钮，可在弹出的【保存设置】对话框中设置保存名称，以及保存序列设置信息。

3. 轨道 ▶▶▶▶

在【新建序列】对话框中，激活【轨道】选项卡，可以设置新序列的视频轨道数量和音轨的数量和类型。

其中，【视频】选项组主要用于设置视频的轨道数，该数值介于1~99之间。而【音频】选项组中的【主】选项，主要用来设置主音轨的默认声道类型，包括【立体声】、【5.1】、【多声道】和【单声道】4个选项。只有将【主】选项设置为【多声道】时，【声道数】选项才变为可用状态。

用户也可以通过单击■按钮，来添加轨道数量，并在列表框中设置轨道名称、轨道类型等。

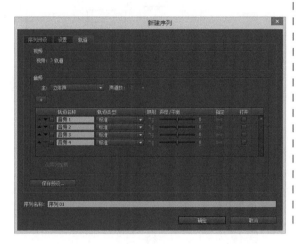

在【新建序列】对话框中，设置完所有的选项之后，单击【确定】按钮即可创建新序列。此时，在【项目】面板中，将显示新创建的序列。另外，在该面板中，单击右下角的【新建项】按钮，在弹出的菜单中选择【序列】选项，即可新建序列。

2.2 打开与保存项目

在编辑影片时，经常会遇到一个项目需要进行多次编辑的情况；此时，为了保护劳动成果，还需要将未完成的项目进行存储，以便于用户下次使用。在本节中，将详细介绍打开已有影片项目和保存影片项目的基础知识和操作方法。

2.2.1 打开项目

Premiere为用户提供了多种项目文件的打开方式，包括打开项目、打开最近使用的项目、在Bridge中浏览等方式。

1. 打开项目 ⟫⟫⟫

当用户需要打开本地计算机中所存储的项目文件时，只需执行【文件】|【打开项目】命令，在弹出的【打开项目】对话框中，选择相

应的项目文件，单击【打开】按钮即可。

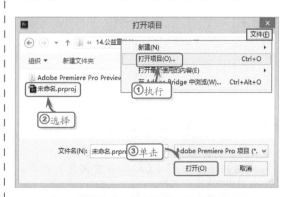

2. 打开最近使用的项目 ▶▶▶

用户除了可以打开本地计算机中的项目文件之外，还可以通过执行【文件】|【打开最近使用的内容】命令，在展开的级联菜单中选择具体项目，即可打开最近使用的项目文件。

另外，用户也可以在欢迎界面中，通过选择【打开最近项目】选项组中的项目名称，来打开最近使用的项目。

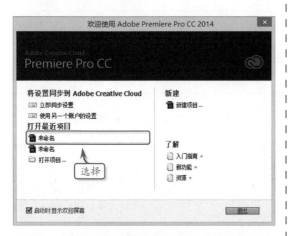

提示

如果用户计算机中安装了 Adobe Bridge 软件，则可以通过执行【文件】|【在 Bridge 中浏览】命令，来打开 Bridge 中的文件。

2.2.2 保存项目

创建并编辑项目文件之后，为防止项目内容丢失，还需要保存和备份项目。

1. 保存项目 ▶▶▶

保存项目是将新建项目或重新编辑的项目保存在本地计算机中。对于新建项目则需要执行【文件】|【另保存】命令，在弹出的【保存项目】对话框中，设置保存名称和位置，然后单击【保存】按钮即可。

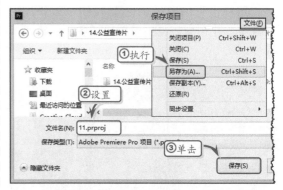

如果用户需要将项目保存到默认位置，则可以直接执行【文件】|【保存】命令，系统会自动保存文件为【首选项】对话框中所设置的默认位置中。

2. 保存为副本 ▶▶▶

如果需要将当前项目文件保存为一个副本，作为编辑操作时的一个版本，则可以执行【文件】|【保存副本】命令，在弹出的【保存项目】对话框中，设置保存名称和位置，单击【保存】按钮即可。

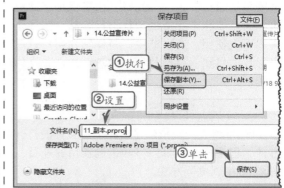

从功能上来看，保存项目副本和项目文件另存为的功能完全一致，都是在源项目的基础上创建新的项目副本。两者之间的差别在于，使用【保存副本】命令生成项目副本后，

Premiere中的当前项目仍然是源项目；而在使用【另存为】命令生成项目副本后，Premiere会自动关闭源项目。此时工作区中打开的是刚刚生成的项目副本。

2.3 导入与查看素材

众所周知，丰富的外部素材是编辑影片的基本元素。在使用Premiere编辑影片之前，还需要导入一些外部素材来丰富影片题材，例如导入视频、音频、图像等。

2.3.1 导入素材

Premiere调整了自身对不同格式素材文件的兼容性，从而使得支持的素材类型更为广泛。

1. 导入单个素材 >>>>

在Premiere中，执行【文件】|【导入】命令，在弹出的【导入】对话框中，选择需要导入的素材文件，单击【打开】按钮即可。

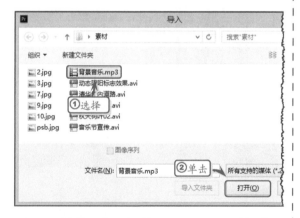

2. 导入序列素材 >>>>

当用户需要导入序列素材时，则需要执行【文件】|【导入】命令，在弹出的【导入】对话框中，选择需要导入的素材，并启用【图像序列】复选框，单击【打开】按钮，便可一次性导入整个序列的图像。

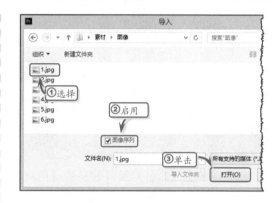

3. 导入素材文件夹 >>>>

当用户需要将某一文件夹中的所有素材全部导入至项目内，则可执行【文件】|【导入】命令，在弹出的【导入】对话框中，选择素材文件夹，并单击【导入文件夹】按钮。

2.3.2 查看素材

Premiere中的不同格式的素材文件，具有不同的查看方式。例如，在查看视频时，可以使用"悬停划动"功能，详细地查看视频素材。

1. 查看静止素材 ▶▶▶▶

Premiere提供了"列表"与"图标"两种不同的素材显示方式。默认情况下，素材将采用"列表视图"的方式进行显示。在该显示方式中，可以查看素材名称、帧速率、媒体开始、媒体结束等众多素材信息。

此时，单击【项目】面板底部的【图标视图】按钮 后，即可切换至"图标视图"模式。该模式主要以缩略图的方式来显示素材，以方便用户查看素材的具体内容。

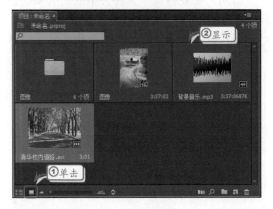

2. 查看视频 ▶▶▶▶

在Premiere中，视频文件不仅能够进行静态查看，还能够进行动态查看。在【项目】面板中的视频文件不被选中的情况下，将鼠标指向该视频文件，在该视频文件缩略图范围内滑动，即可发现视频被播放。该功能便是Premiere中的"悬停划动"功能。

用户可通过单击【项目】面板菜单按钮，在弹出菜单中取消选择【悬停划动】选项（快捷键Shift+H），即可禁用该功能。

2.4 采集素材

在Premiere中除了可以导入计算机中已有的外部素材之外，还可以通过采集卡导入视频和音频素材。

2.4.1 采集视频素材

视频采集是将模拟摄像机、录像机、LD视盘机、电视机输出的视频信号，通过专用的模拟或者数字转换设备，转换为二进制数字信息后存储于计算机的过程。在这一过程中，采集卡是必不可少的硬件设备。

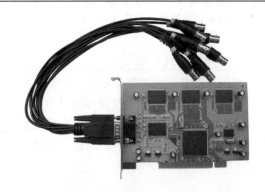

在Premiere中，可以通过1394卡或具有1394接口的采集卡来采集信号和输出影片。对视频质量要求不高的用户，也可以通过USB接口，从摄像机、手机和数码相机上接收视频。

正确配置硬件之后，启动Premiere，执行【文件】|【捕捉】命令（快捷键F5），打开【捕捉】面板。

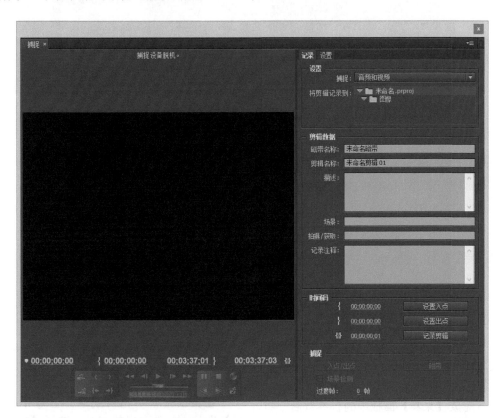

1. 【采集】面板 >>>

在【采集】面板中，左侧为视频预览区域，预览区域的下方则是采集视频时的设备控制按钮。利用这些按钮，可控制视频的播放与暂停，并设置视频素材的入点和出点。

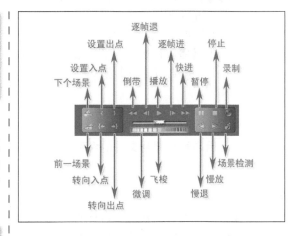

【采集】面板的右侧为采集参数控制区，各设置选项分别位于【记录】和【设置】选项卡中。在【记录】选项卡内，用户可对素材的采集类型、采集格式，以及素材标识数据等内

容进行设置。在【设置】选项卡中，用户可以针对不同类型的素材，分别设置其存储位置和采集方式等内容。

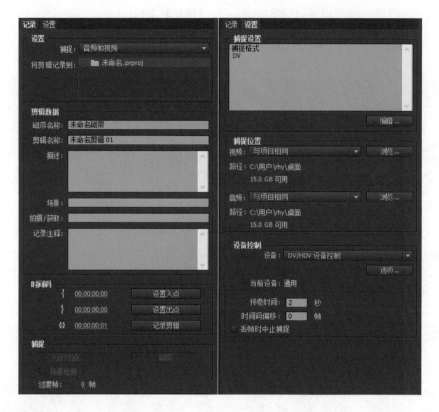

2. 采集视频素材 ▶▶▶▶

设置完成【采集】面板中的各参数后，将计算机与摄像机连接在一起。稍等片刻，【采集】面板中的选项将被激活，且"采集设备脱机"的信息也将变成"停止"信息。

然后单击【播放】按钮，当视频画面播放至适当位置时，单击【录制】按钮，即可开始采集视频素材。

采集完成后，单击【录制】按钮，Premiere将自动弹出【保存已采集素材】对话框。在该对话框中，用户可对素材文件的名称、描述信息、场景等内容进行调整。

2.4.2 采集音频素材

采集音频素材只需拥有一台计算机、一块声卡和一个麦克风即可完成操作，其录制过程比较简单，方法也比较多。

1. 设置录音参数 ▶▶▶▶

计算机录制音频素材时，需要先将麦克风与计算机连接在一起，并对部分录音参数进行

调整。

在桌面上，右击系统通知区域中的【音量】图标 🔊，在弹出的菜单中选择【打开音量合成器】选项，单击【系统声音】按钮 🖳，弹出【声音】对话框。

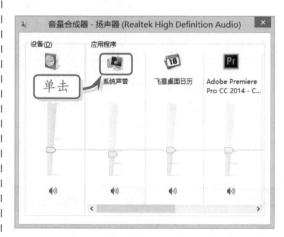

在【声音】对话框中，激活【录制】选项卡。在列表框中选择【麦克风】选项，并单击【属性】按钮。

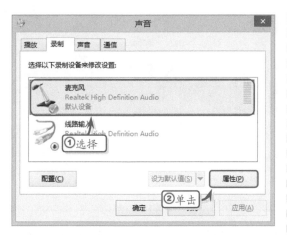

在弹出的【麦克风 属性】对话框中，激活【级别】选项卡，调整【麦克风加强】选项，并单击【确定】按钮。

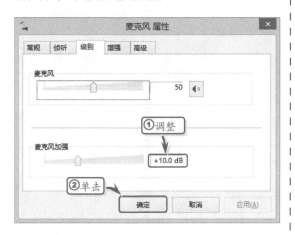

2. 录制声音 >>>>

完成对录音前的硬件和软件的设置后，单击【开始】按钮，执行【程序】|【附件】|【录音机】命令，打开【录音机】程序界面。

在【录音机】界面中，单击【开始录制】按钮后，计算机便记录从麦克风处获取的音频信息。

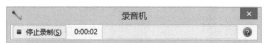

单击【停止录制】按钮，即可弹出【另存为】对话框，设置音频文件的保存名称和位置，单击【保存】按钮即可。

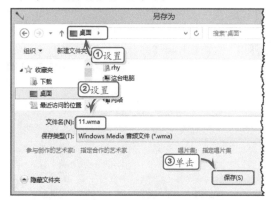

最后，将保存的音频文件导入Premiere的【项目】面板即可。

2.5 图片展示

图片展示是由一组静态图片组成，按照先后顺序以幻灯片的方式显示项目中的图片。但是，在展示图片之前，还需要先创建影片项目，以装载图片素材。在本练习中，将通过制作图片展示效果，来详细介绍新建Premiere项目和导入图片的操作方法。

练习要点

- 新建项目
- 新建序列
- 导入素材
- 设置关键帧
- 应用快速模糊效果
- 应用阴影/高光效果
- 设置动画效果
- 播放影片

操作步骤：

STEP|01 创建项目。启动Premiere，在弹出的【欢迎使用Adobe Premiere Pro CC 2014】界面中，选择【新建项目】选项。

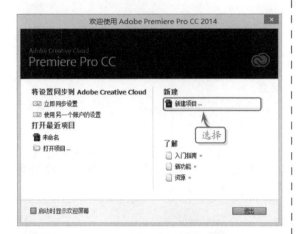

STEP|02 在弹出的【新建项目】对话框中，设置新项目名称、位置和常规选项，并单击【确定】按钮。

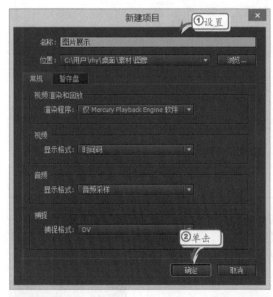

STEP|03 导入素材。执行【文件】|【导入】命令，在弹出的【导入】对话框中，选择所需导入的图片素材，单击【打开】按钮即可。

提示

用户也可以直接双击【节目】面板，在弹出的【导入】对话框中，选择导入文件。

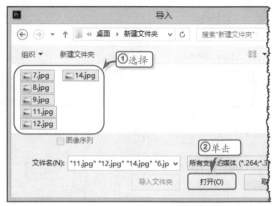

STEP|04 添加素材。在【项目】面板中，选择第一个素材，按住Shift键的同时选择最后一个素材。

STEP|05 拖动【项目】面板中选中的素材至【时间轴】面板中的V1轨道中，松开鼠标即可将素材添加到【时间轴】面板中。

STEP|06 修改序列名称。在【项目】面板中，单击序列名称，在激活的文本框中输入新的名称即可。

STEP|07 添加划像效果。在【效果】面板中，展开【视频过渡】下的【划像】效果组，将【圆划像】效果拖到【时间轴】面板中第1和第2个素材中间，松开鼠标即可。

STEP|08 将【菱形划像】效果拖到【时间轴】面板中第2和第3个素材中间，松开鼠标即可。使用同样方法，为其他图片素材添加划像效果。

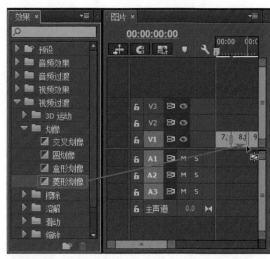

STEP|09 添加音乐素材。双击【项目】面板，在弹出的【导入】对话框中，选择音乐素材，并单击【打开】按钮。

STEP|10 将【项目】面板中的音乐素材拖到【时间轴】面板中的A1轨道中，松开鼠标即可。

STEP|11 播放影片。在【节目】面板中，单击【播放-停止切换（Space）】按钮，播放影片以预览最终效果。

STEP|12 保存项目。执行【文件】|【另存为】命令，在弹出的对话框中设置保存位置，单击【保存】按钮。

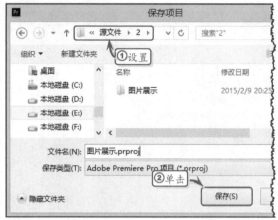

2.6 制作汽车行驶效果

　　Premiere是一个功能强大的实时视频和音频编辑的非线性编辑工具，不仅可以展示静止图片和动态视频，而且还可以运用内置的视频效果和关键帧功能，创建具有模糊效果的动态运行图片。在本练习中，将运用其视频效果和关键帧功能，来制作一个行驶中的汽车效果。

练习要点
- 新建项目
- 新建序列
- 导入素材
- 设置关键帧
- 应用快速模糊效果
- 应用阴影/高光效果
- 设置动画效果
- 播放影片

操作步骤：

STEP|01 新建项目。启动Premiere，在弹出的【欢迎使用Adobe Premiere Pro CC 2014】界面中，选择【新建项目】选项。

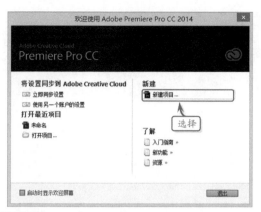

STEP|02 在弹出的【新建项目】对话框中，设置新项目名称、位置和常规选项，并单击【确定】按钮。

STEP|03 新建序列。执行【文件】|【新建】|【序列】命令，弹出【新建序列】对话框。在【序列预设】选项卡中的【序列名称】文本框中输入序列名称。

STEP|04 激活【设置】选项卡，将【编辑模式】设置为【自定义】，并设置【帧大小】选项，单击【确定】按钮。

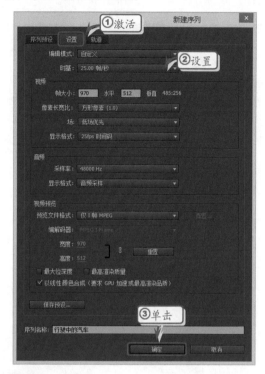

STEP|05 导入素材。双击【项目】面板，在弹出的【导入】对话框中选择素材文件，单击【打开】按钮。

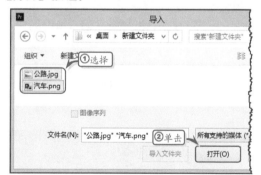

STEP|06 制作公路模糊效果。将【项目】面板中的"公路"素材添加到【时间轴】面板中的V1轨道中，并选中该素材。

STEP|07 在【效果】面板中，展开【视频效果】下的【模糊与锐化】效果组，双击【快速模糊】效果，将其添加到所选素材中。

STEP|08 在【效果控件】面板中，将【模糊度】设置为"50"，并将【模糊维度】设置为【水平】。

STEP|09 制作汽车行驶效果。将【项目】面板中的"汽车"素材添加到【时间轴】面板中，并选中该素材。

STEP|10 在【效果控件】面板中，展开【运动】效果组。单击【位置】左侧的【切换动画】按钮，并调整素材的具体位置。

STEP|11 单击【缩放】左侧的【切换动画】按钮，并将其参数值设置为"79.8"。同时，将【旋转】效果参数设置为"−1.4°"。

STEP|12 在【效果控件】面板中，将"当前时间指示器"移到末尾处，同时设置【位置】和【缩放】效果的参数值。

STEP|13 添加汽车阴影。在【时间轴】面板中选中"汽车"素材，然后在【效果】面板中展开【视频效果】下的【调整】效果组，双击【阴影/高光】效果，将该效果添加到所选素材中。

STEP|14 在【效果控件】面板中，禁用【自动数量】复选框，并分别设置【阴影数量】、【高光数量】和【与原始图像混合】效果参数。

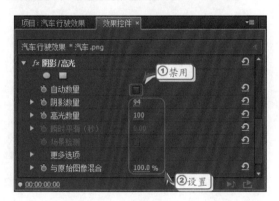

STEP|15 在【节目】面板中，单击【播放-停止切换（Space）】按钮，预览播放效果。

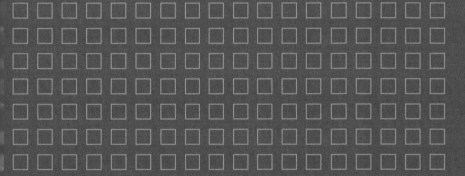

第3章　管理素材

使用Premiere编辑和创作影片时需要无数种视频、图片和音频素材。由于导入【项目】面板中的各个素材的名称和类型不同。因此其排列方式也往往是杂乱无章的。从而为用户查找和使用素材带来一定的困难度。此时，需要运用Premiere中的一些基础功能，对【项目】面板中的素材进行统一归类和设置。在本章中，将详细介绍管理素材的基础知识和实用技巧。

Premiere Pro CC

3.1　显示与查找素材

在Premiere中，除了可以通过设置【项目】面板中的视图方式来查看素材之外，还可以通过自动匹配序列和查找功能，快速查找和使用相应的素材。

3.1.1　自动匹配序列

Premiere中的自动匹配到序列功能，不仅可以方便、快捷地将所选素材添加至序列中，还能够在各素材之间添加一种默认的过渡效果。

在【项目】面板中选择相应的素材，单击【自动匹配序列】按钮即可。

此时，系统将自动弹出【序列自动化】对话框，调整匹配顺序与转场过渡的应用设置后，单击【确定】按钮，即可自动按照设置将所选素材添加至序列中。

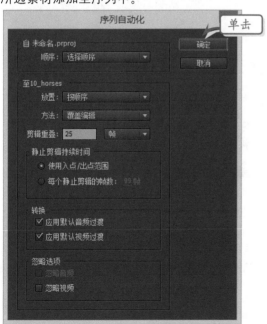

在【序列自动化】对话框中，各选项所用参数的不同，会使得素材匹配至序列后的结果也不尽相同。其中，【序列自动化】对话框内各选项的具体作用，如下所述。

1．顺序 ▶▶▶▶

在【顺序】选项中，包括【排序】和【选择顺序】两种顺序类型。其中，【排序】类型表示按照【项目】面板中的排列顺序在序列中放置素材；而【选择顺序】类型，则表示按照在【项目】面板中选择素材的顺序将其放置在序列中。

2．至序列 ▶▶▶▶

在【至序列】选项组中，主要包括下列一些选项和选项组。

▶▶ **放置**　该选项用于设置素材在序列中的位置，包括【按顺序】和【在未编号标记】两种位置。

▶▶ **方法**　该选项用于设置素材添加到序列的方式，包括【覆盖编辑】和【插入编辑】两种方式。

▶▶ **剪辑重叠**　该选项用于设置过渡效果的帧数量或者时长。

▶▶ **静止剪辑持续时间**　该选项组主要用于设置剪辑的持续时间，是使用【入点/出点】范围还是使用每个静止剪辑的帧数。

▶▶ **转换**　该选项组主要用来设置素材的转换效果，是使用默认的音频过渡方式，还是使用默认的视频过渡方式。

▶▶ **忽略选项**　该选项组主要用来设置素材内的音频或视频内容。启用【忽略音频】复选框，则不会显示素材内的音频内容；启用【忽略视频】复选框，则不会显示素材内的视频内容。

3.1.2 查找素材

对于一些大型的影片来讲，其素材会随着制作进度的推进而不断增加。对于繁多的素材来讲，用户可以使用"查找"功能，快速且准确地查找相应的素材。

1. 简单查找 ▶▶▶▶

在查找素材时，为了便于识别素材名称，可以将【项目】面板中的素材显示方式，更改为"列表视图"方式。然后，在【项目】面板中的【搜索】文本框中，输入部分或全部素材名称。此时，所有包含用户所输入关键字的素材都将显示在【项目】面板内。

2. 高级查找 ▶▶▶▶

当通过素材名称无法快速查找到匹配的素材时，可通过场景、磁带信息或标签内容等信息来查找相应素材。

在【项目】面板中单击【查找】按钮，在弹出的【查找】对话框中，分别在【列】和【操作】栏内设置查找条件，并在【查找目标】栏中输入关键字，单击【查找】按钮即可。

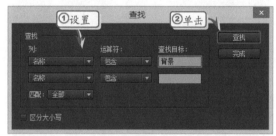

3.2 组织素材

用户将素材导入到项目之后，还需要根据不同影片的编辑需求来组织素材，包括归类素材、编辑素材和解释素材。

3.2.1 归类素材

Premiere中的素材大体可以分为视频、音频和图像几种类型。用户可以将不同类型的素材放置在同一素材箱中，以方便查找和使用。

1. 创建素材箱 ▶▶▶▶

在【项目】面板中，单击【新建素材箱】按钮，此时系统会自动创建一个名为"素材箱"的素材箱。创建素材箱之后，其名称处于可编辑状态，此时可通过直接输入文字的方式更改素材箱名称。

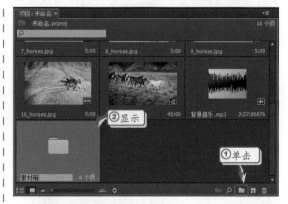

新建并命名素材箱之后，在【项目】面板中将部分素材拖曳至素材箱内，即可将该素材添加到素材箱内，以方便用户通过该素材箱管理这些素材。为素材箱添加素材之后，双击素材箱图标，即可以单独的面板来显示素材箱。

2．创建嵌套素材箱 >>>>

嵌套素材箱是在已有的素材箱里再次创建一个素材箱，以通过嵌套的方式来管理分类更为复杂的素材。

首先，用户需要双击已创建的素材箱，以单独的面板打开该素材箱。然后，在该素材箱面板中单击【新建素材箱】按钮，即可创建一个嵌套素材箱了。

提示

在【项目】面板中选择一个或多个素材箱，单击【清除】按钮，或按下 Delete 键，即可删除所选素材箱。

3.2.2　编辑素材

当用户将素材导入到【项目】面板之后，为了便于管理各种素材，还需要对素材进行重命名、替换素材、删除素材等一系列的编辑操作，以方便用户更加准确、方便地使用各类素材。

1．重命名素材 >>>>

默认情况下，素材被导入【项目】面板后，会依据自身的名称进行显示。为了便于用户对其进行查找和分类，还需要对素材进行重命名操作。

选择素材，右击执行【重命名】命令。此时，素材名称处于激活状态，直接输入新的名称即可。

提示

在【项目】面板中，单击素材名称之后，其素材名称便处于激活状态，直接输入新名称即可。

2．替换素材 >>>>

替换素材是在保持原有素材所有格式和特效的情况下，更换为另外一种素材，适用于已对素材进行相应设计而不想丢弃设计而更换素材的行为。

在【项目】面板中，选择一个素材，右击执行【替换素材】命令。然后，在弹出的对话框中，选择替换素材，单击【选择】按钮即可。

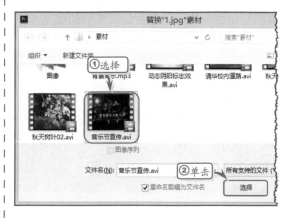

3．删除素材 »»»

用户在编辑制作过程中，对一些不需要的素材或多余项目都可进行删除处理。用户只需在【项目】面板中选择需要删除的素材，单击【清除】按钮。如果所要删除的素材已被添加到序列中，那么系统则会弹出警告对话框，提示用户删除该素材的同时序列中的相应素材会随着用户的清除操作而丢失，如果仍要删除，单击【是】按钮，否则单击【否】按钮。

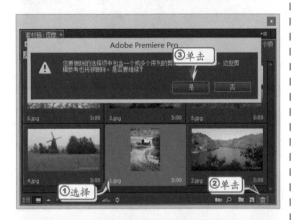

4．查看素材属性 »»»

素材属性是指包括素材尺寸、持续时间、画面分辨率、音频标识等信息在内的一系列数据。其中，不同类型的素材所显示的属性内容也不尽相同。

在【项目】面板中，将视图切换为"列表视图"模式，然后调整面板及各列的宽度，即可查看相关的属性信息。

除此之外，用户也可以选择某个视频类素材，右击执行【属性】命令，在弹出的【属性】面板中，查看所选素材的实际保存路径、类型、文件大小、图像大小、帧速率、总持续时间、像素长宽比、创建者等信息。

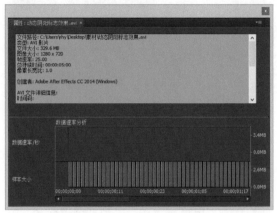

而当用户选择某个图像类素材，右击执行【属性】命令时，在弹出的【属性】面板中将会显示文件路径、类型、文件大小、图像大小和像素长宽比等信息。

而对于音频类素材，选择并右击后，执行【属性】命令时，在弹出的【属性】面板中将会显示文件路径、类型、文件大小、源音频格式、项目音频格式、总持续时间等信息。

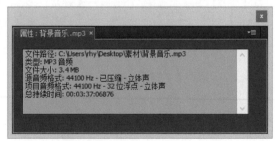

3.3　管理元数据

元数据又称为中介数据、中继数据，是一种描述数据的数据。主要描述数据属性的信息，用来支持存储位置、历史数据、资源查找、文件记录等功能。在许多领域内都有其具体的定义和应用。在Premiere中，元数据存在于影视节目制作流程的各个环节中。例如，前期拍摄阶段会产生镜头名称、拍摄地点、景别等元数据；而后期编辑阶段则会产生镜头列表、编辑点和过渡等元数据。

3.3.1　编辑元数据

在某种意义上讲，元数据是一种电子式目录，包含了数据的内容和特色。用户可以对目录中的内容进行编辑操作。

1．查看元数据 ►►►►

在【项目】面板中选择一个素材，执行【窗口】|【元数据】命令，打开【元数据】面板。在该面板中可以查看该素材的元数据信息。

2．编辑数据 ►►►►

对于作用为描述素材信息的元数据来说，绝大多数的元数据项都无法更改。但是，为了让用户能够更好地管理素材，Premiere允许用户修改素材的部分元数据（如素材来源、描述信息、拍摄场景等）。例如，在视频素材中，用户则可以在【磁带名称】、【说明】、【注释】等文本框中，直接输入描述性文本。

3.3.2　设置显示内容

默认情况下，【元数据】面板内显示的只是部分元数据信息。用户可单击【元数据】面板按钮，在展开的下拉菜单中执行【元数据显示】命令。

然后，在弹出的【元数据显示】对话框中，通过启用或禁用列表框中的复选框，来设置【元数据】面板中所需显示元数据的类别。

3.3.3 自定义元数据

在Premiere中，除了可以设置元数据的显示内容之外，还可以自定义元数据，包括添加属性、新建架构、保存设置等内容。

1. 添加属性 ▶▶▶▶

在【元数据显示】对话框中，单击【添加属性】按钮，在弹出的【添加属性】对话框中设置属性名称和属性类型。

在【添加属性】对话框中，单击【确定】按钮后，即可添加一个新的元数据条目。在【元数据显示】对话框中，展开相关属性，即可查看新建属性条目。

提示

对于新建条目，用户可通过单击其后的【删除】按钮，删除该条目。

2. 新建架构 ▶▶▶▶

在【元数据显示】对话框中，单击【新建架构】按钮。在弹出的【新建架构】对话框中，输入架构名称，并单击【确定】按钮。

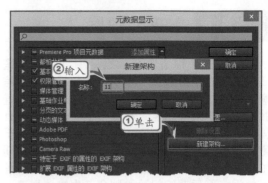

此时，在【元数据显示】对话框中，将显示新创建的架构。用户可以通过单击其后的【添加属性】按钮，为架构添加相应的属性。

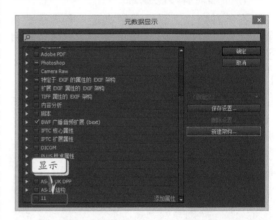

3. 保存设置 ▶▶▶▶

编辑完元数据之后，在【元数据显示】对话框中，单击【保存设置】按钮。然后，在弹出的【保存设置】对话框中输入保存名称，单击【确定】按钮即可保存元数据的设置。

提示

保存设置之后，在【元数据显示】对话框中，单击【删除设置】按钮，即可删除所保存的设置。

3.4 创建素材

在Premiere中，不仅可以导入或捕获素材，而且还可以根据设计需求，运用【新建项】功能创建一些素材。例如，创建颜色素材、创建片头素材等。

3.4.1 创建颜色素材

颜色素材包括【黑场视频】和【颜色遮罩】两种类型，其具体创建方法如下所述。

1．创建黑场视频素材 >>>>

黑场视频素材通常用于两个素材或者场景之间，具有提示或概括下一场景将播放的内容的效果。

在【项目】面板中，单击【新建项】按钮，在展开的菜单中选择【黑场视频】选项。

然后，在弹出的【新建黑场视频】对话框中，设置视频基本参数，单击【确定】按钮即可。

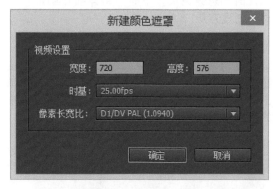

2．创建颜色遮罩 >>>>

在【项目】面板中，单击【新建项】按钮，在展开的菜单中选择【颜色遮罩】选项。在弹出的【新建颜色遮罩】对话框中，设置视频的基本参数，并单击【确定】按钮。

此时，系统会自动弹出【拾色器】对话框，指定遮罩的具体颜色，单击【确定】按钮。

在弹出的【选择名称】对话框中，输入素材名称，单击【确定】按钮，即可在【项目】面板中显示所创建的素材。

> **提示**
>
> 用户可通过双击【项目】面板中的"颜色遮罩"素材，来修改遮罩颜色。

3.4.2 创建片头素材

片头素材是影片播放前所出现的一个镜头开场。该镜头开场包括日常所观看到影片中的倒计时和彩条镜头。下面，将详细介绍片头素材的创建方法。

1. 创建彩条 ▶▶▶▶

在【项目】面板中，单击【新建项】按钮，在展开的菜单中选择【彩条】选项。在弹出的【新建彩条】对话框中，设置视频和音频的基本参数，并单击【确定】按钮。

此时，在【项目】面板中将显示所创建的彩条素材，将该素材添加到【时间轴】面板中，将会在【节目】面板中显示素材。

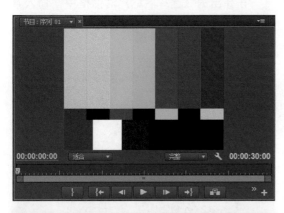

提示

使用该方法，用户还可以创建【HD彩条】素材，它与【彩条】素材所显示的内容大体相同。

2. 创建通用倒计时片头 ▶▶▶▶

在【项目】面板中，单击【新建项】按钮，在展开的菜单中选择【通用倒计时片头】选项。在弹出的【新建通用倒计时片头】对话框中，设置视频和音频参数，并单击【确定】按钮。

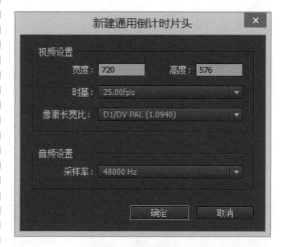

此时，将弹出【通过倒计时设置】对话框，设置视频和音频详细参数，单击【确定】按钮即可。

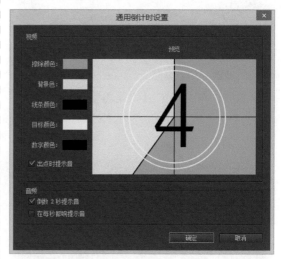

其中，在【通用倒计时设置】对话框中，主要包括下列一些选项。

▶▶ **擦除颜色** 用于设置旋转擦除色。播放倒计时影片时，指示线不停地围绕圆心转动，指示线旋转之后的颜色就为擦除颜色。

▶▶ **背景色** 用于设置指示线转换方向之前的颜色。

▶▶ **线条颜色** 用于设置固定十字以及指示线的颜色。

▶▶ **目标颜色** 用于设置固定圆形的准星颜色。

▶▶ **数字颜色** 用于设置倒计时影片中数字的颜色。

▶▶ **出点时提示音** 启用该复选框，表示在倒计时结束时发出提示音。

▶▶ **倒数2秒提示音** 启用该复选框，表示倒计时在显示数字2的时候发出声音。

▶▶ **在每秒都响提示音** 启用该复选框，表示在每一秒开始的时候都会发出提示声音。

3.5 素材打包及脱机文件

素材打包是指将项目所用到的素材全部归纳于同一文件夹内，以便进行统一的管理；而脱机文件则是指项目内的当前不可用素材文件。下面，将详细介绍素材打包的操作方法，以及遇到脱机文件时所需要采用的补救措施。

3.5.1 素材打包

在Premiere项目中，执行【项目】|【项目管理】命令。在弹出的【项目管理器】对话框中，从【源】区域内选择所要保留的序列，并在【生成项目】选项组内设置项目文件归档方式，并单击【确定】按钮。

3.5.2 脱机文件

脱机文件是指项目内的当前不可用素材文件。其产生原因多是由于项目所引用素材文件已经被删除或移动。当项目中出现脱机文件时，如果在【项目】面板中选择该素材文件，【素材源】或【节目】面板内便将显示该素材的媒体脱机信息。

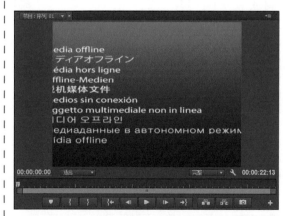

稍等片刻后，即可在【路径】选项所示文件夹中，找到一个采用"已修剪_"加项目名为名称的文件夹，其内部既包含当前项目的项目文件，又包含所用素材文件的副本。

而在打开包含脱机文件的项目时，Premiere会在弹出的【链接媒体】对话框内要求用户重定位脱机文件。此时，如果用户能够指出脱机素材新的文件存储位置，则项目便会解决该素材文件的媒体脱机问题。

链接媒体

缺少这些剪辑的媒体：

剪辑名称	文件名	文件路径	媒体开始	磁带名称
4.jpg	4.jpg	C:\用户\rhy\桌面\素材	00:00:00:00	

匹配文件属性

☑ 文件名 ☐ 媒体开始 ☐ 描述
☑ 文件扩展名 ☐ 磁带名称 ☐ 剪辑 ID

☑ 对齐时间码
☑ 自动重新链接其他媒体 ☐ 保留解释素材设置
☑ 使用媒体浏览器查找文件

已处理 0 个，共 1 个剪辑

全部脱机　　脱机　　取消　　查找

在【链接媒体】对话框中，用户可选择查找或跳过该素材，或者将该素材创建为脱机文件。其中，对话框中的部分选项作用如下表所示。

名称	功能
自动重新链接其他媒体	Premiere Pro可自动查找并链接脱机媒体。默认情况下，【链接媒体】对话框中的【自动重新链接其他媒体】选项处于启用状态
对齐时间码	默认情况下，该选项也处于启用状态，以将媒体文件的源时间码与要链接的剪辑的时间码对齐
使用媒体浏览器查找文件	打开带有缺失媒体文件的项目时，利用【链接媒体】对话框，可直观地查看链接丢失的文件，并快速查找和链接文件
查找	单击该按钮，将弹出【搜索结果】对话框，用户可通过该对话框重新定位脱机素材
脱机	将需要查找的文件创建为脱机文件
全部脱机	单击该按钮，即可将项目中所有需要重定位的媒体素材创建为脱机文件

在Premiere中，可以自动查找并链接脱机媒体。默认情况下，【链接媒体】对话框中的【自动重新链接其他媒体】选项处于启用状态。但是Premiere Pro尝试在尽可能减少用户输入的情况下重新链接脱机媒体。如果Premiere Pro在打开项目时可以自动地重新链接所有缺失文件，则不会显示【链接媒体】对话框。

当系统无法自动链接媒体时，则需要在【链接媒体】对话框中单击【查找】按钮。然后，在弹出的对话框中设置查找目录，并单击【确定】按钮。

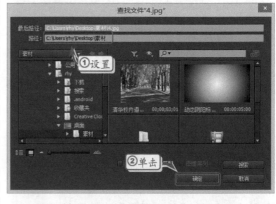

默认情况下，【查找文件】对话框会使用媒体浏览器用户界面显示文件目录列表。

3.6 制作倒计时片头

当用户自创或使用DV视频拍摄一些影片时，往往希望在影片的开头添加一段炫目的倒计时片头，以增加影片的完整性和夺目性。在本练习中，将详细介绍运用Premiere软件制作倒计时片头的操作方法和实用技巧。

练习要点

● 新建项目
● 导入素材
● 新建通用倒计时
  片头
● 新建彩条
● 设置时间轴

操作步骤:

STEP|01 创建项目。启动Premiere,在弹出的【欢迎使用Adobe Premiere Pro CC 2014】界面中,选择【新建项目】选项。

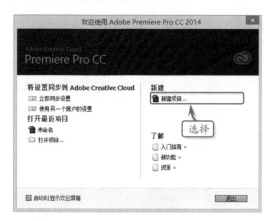

STEP|02 在弹出的【新建项目】对话框中,设置新项目名称、位置和常规选项,并单击【确定】按钮。

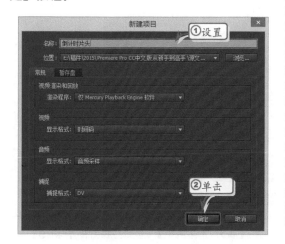

STEP|03 导入素材。双击【项目】面板,在弹出的【导入】对话框中,选择导入素材,单击【打开】按钮。

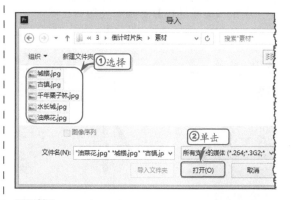

STEP|04 制作倒计时片头。在【项目】面板中,单击【新建项】按钮,在展开的菜单中选择【通用倒计时片头】选项。

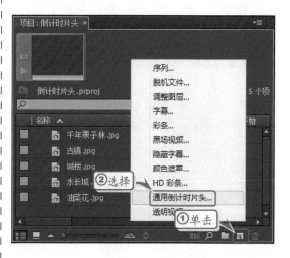

STEP|05 在弹出的【新建通用倒计时片头】对话框中，保持默认设置，单击【确定】按钮。

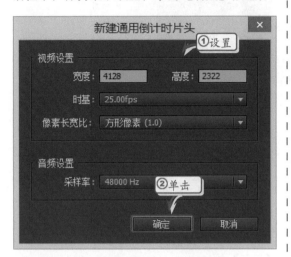

STEP|06 在弹出的【通用倒计时设置】对话框中，单击【擦除颜色】选项右侧的颜色块。

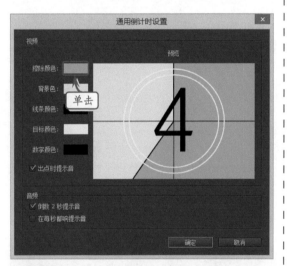

STEP|07 在弹出的【拾色器】对话框中，将颜色值设置为#A60000，然后单击【确定】按钮。

STEP|08 使用同样的方法，分别将【目标颜色】和【数字颜色】选项中的颜色设置为"#E1F315"和"#109DE6"，并单击【确定】按钮。

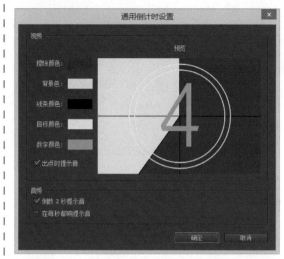

STEP|09 添加素材。将【项目】面板中的"通用倒计时片头"素材拖到【时间轴】面板中，松开鼠标即可。

STEP|10 选中【项目】面板中的所有图片素材，将其拖到【时间轴】面板中的V1轨道中。

STEP|11 设置时间轴。在【时间轴】面板中单击【时间轴显示设置】按钮，在展开的菜单中选择【展开所有轨道】选项，展开所有轨道。

STEP|12 创建彩条。在【项目】面板中,单击【新建项】按钮,在展开的菜单中选择【彩条】选项。

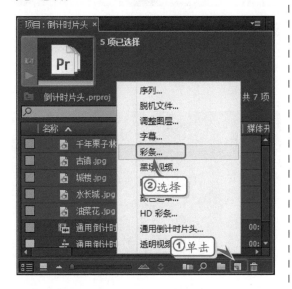

STEP|13 在弹出的【新建彩条】对话框中,保持默认设置,单击【确定】按钮,创建一个彩条。

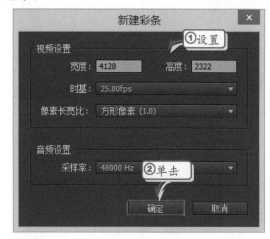

STEP|14 将【项目】面板中新建的彩条素材拖到【时间轴】面板中V1轨道末尾处即可。

3.7 制作影片快慢镜头

　　Premiere具有强大的素材编辑功能,运用其复制素材、裁剪素材,以及设置持续时间、播放速度等功能,可以帮助用户轻松实现制作影片快慢镜头的目的。在本练习中,将详细介绍使用Premiere制作快慢镜头和画中画效果的操作方法。

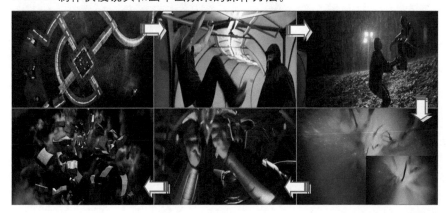

练习要点

- 新建项目
- 导入素材
- 分割素材
- 复制素材
- 取消音视频链接
- 设置缩放参数
- 设置位置参数
- 设置速度/持续时间

操作步骤:

STEP|01 创建项目。启动Premiere，在弹出的【欢迎使用Adobe Premiere Pro CC 2014】界面中，选择【新建项目】选项。

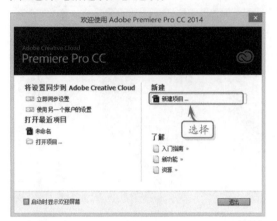

STEP|02 在弹出的【新建项目】对话框中，设置新项目名称、位置和常规选项，并单击【确定】按钮。

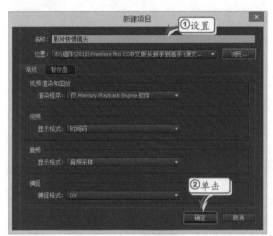

STEP|03 导入素材。双击【项目】面板空白区域，在弹出的【导入】对话框中，选择导入素材，单击【打开】按钮。

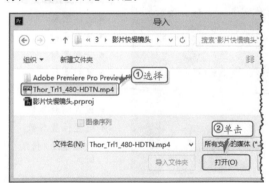

STEP|04 将【项目】面板中所导入的素材，直接拖到【时间轴】面板中即可。

STEP|05 裁剪素材。在【时间轴】面板中，将【当前时间指示器】调整至00:00:05:03位置处，使用【工具】面板中的【剃刀工具】分割素材。

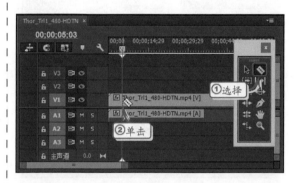

STEP|06 删除分割素材。在【时间线】面板中，使用【选择工具】选中左侧分割素材，按下Delete键删除分割素材。

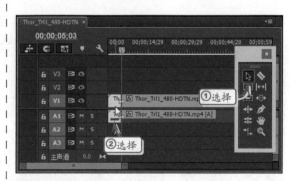

STEP|07 取消链接。左移右侧剩余素材，右击素材执行【取消链接】命令，取消视频和音频之间的链接关系。

STEP|08 制作慢镜头。将【当前时间指示器】
调整至00:00:24:02位置处，使用【工具】面板
中的【剃刀工具】分割素材。

STEP|09 同时将【当前时间指示器】调整至
00:00:29:04位置处，使用【工具】面板中的
【剃刀工具】分割素材。

STEP|10 使用【选择工具】选择剪切素材的中
间部分，右击执行【速度/持续时间】命令。

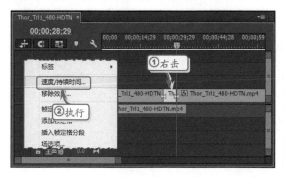

STEP|11 在弹出的【剪辑速度/持续时间】对
话框中，将【速度】选项设置为"30%"，并
单击【确定】按钮。

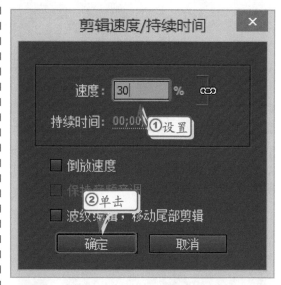

STEP|12 制作快镜头。将【当前时间指示器】
调整至00:00:48:00位置处，使用【工具】面板
中的【剃刀工具】分割素材。

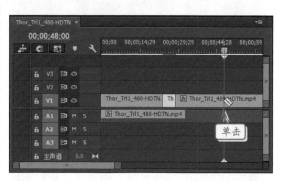

STEP|13 同时将【当前时间指示器】调整至
00:00:52:02位置处，使用【工具】面板中的
【剃刀工具】分割素材。

STEP|14 使用【选择工具】选择剪切素材的中

间部分. 右击执行【速度/持续时间】命令.

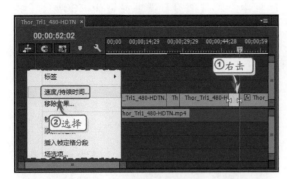

STEP|15 在弹出的【剪辑速度/持续时间】对话框中. 将【速度】选项设置为"200%". 并单击【确定】按钮.

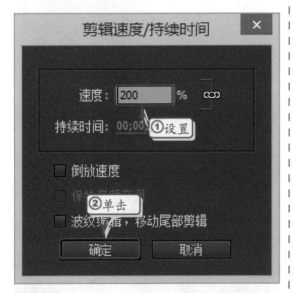

STEP|16 制作画中画. 将【当前时间指示器】调整至00:01:04:29位置处. 使用【工具】面板中的【剃刀工具】分割素材.

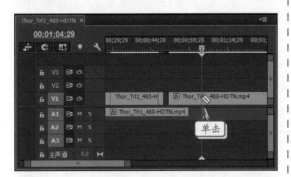

STEP|17 同时将【当前时间指示器】调整至00:01:26:21位置处. 使用【工具】面板中的【剃刀工具】分割素材.

STEP|18 使用【选择工具】选择剪切素材的中间部分. 右击执行【复制】命令. 复制该素材片段.

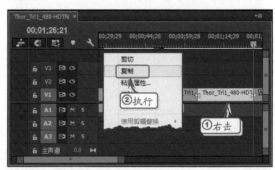

STEP|19 将【当前时间指示器】调整至空白处. 按下Ctrl+V组合键. 粘贴素材片段.

STEP|20 将【当前时间指示器】调整至复制素片原素材片段的左侧剪切处. 同时拖动末尾处的素材片段至V2轨道该位置中.

STEP|21 选择V2轨道中的素材片段，在【效果控件】面板中，展开【运动】效果组，将【缩放】选项参数设置为"50%"，并调整其【位置】参数。

STEP|22 播放视频。在【节目】面板中，单击【播放-停止切换（Space）】按钮，观看影片的最终效果。

第4章 视频编辑基础

视频素材是通过摄影机等录像设备所记录下的影像. 而视频编辑则是将视频素材进行加工再改造. 并将其按照一定的时间、空间等顺序连贯起来的制作过程. 它是影片制作过程中必不可少的一个环节. 在Premiere中. 对视频素材的编辑共分为分割、排序、修剪等多种操作. 此外还可利用编辑工具对素材进行一些较为复杂的编辑操作. 使其符合影片要求的素材. 并最终完成整部影片的剪辑与制作.

在本章中. 除了介绍编辑影片素材所使用的各种选项和面板之外. 还将对剪辑素材、装配序列和视频编辑工具的应用等内容进行讲解. 使其能够更好地学习Premiere编辑影片素材的各种方法与技巧.

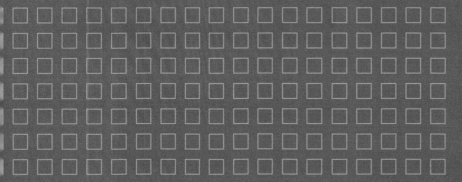

Premiere Pro CC

4.1 使用【时间轴】面板

在编辑视频时，其首要工作是将所有的素材添加到【时间轴】面板中，以便可以排列、播放和编辑一系列素材所组成的影片。除了排列和播放之外，用户还可以在【时间轴】面板中编辑轨道。

4.1.1 了解【时间轴】面板

Premiere Pro中的【时间轴】面板已经重新设计并可进行自定义，可以通过音量和声像、录制以及音频计量轨道控件更加快速而有效地完成工作。而时间轴标尺上的各种控制选项决定了查看影片素材的方式，以及影片渲染和导出的区域。

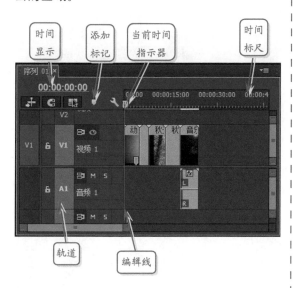

1.时间标尺 >>>>

时间标尺是一种可视化时间间隔显示工具。默认情况下，Premiere按照每秒所播放画面的数量来划分时间轴，从而对应于项目的帧速率。不过，如果当前正在编辑的是音频素材，则应在【时间轴】面板的关联菜单内选择【显示音频时间单位】命令后，将标尺更改为按照毫秒或音频采样率等音频单位进行显示。

提示

执行【文件】|【项目设置】|【常规】命令后，即可在弹出对话框内的【音频】选项组中，设置时间标尺在显示音频素材时的单位。

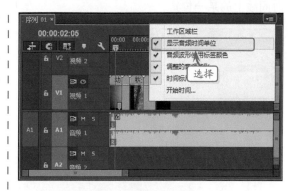

2.当前时间指示器 >>>>

【当前时间指示器】（CTI）是一个土黄色的三角形图标，其作用是标识当前所查看的视频帧，以及该帧在当前序列中的位置。在时间标尺中，我们既可以采用直接拖动"当前时间指示器"的方法来查看视频内容，也可在单击时间标尺后，将"当前时间指示器"移至鼠标单击处的某个视频帧。

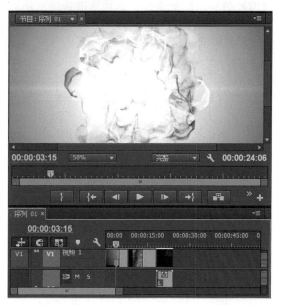

3.时间显示 >>>>

时间显示与【当前时间指示器】相互关联，当用户移动时间标尺上的【当前时间指示器】时，时间显示区域中的内容也会随之发生变化。

另外，在单击时间显示区域后，还可右击"时间显示"，在展开的菜单中选择不同的时间单位，根据时间显示单位的不同，输入相应数值，从而将【当前时间指示器】精确移动至时间线上的某一位置。

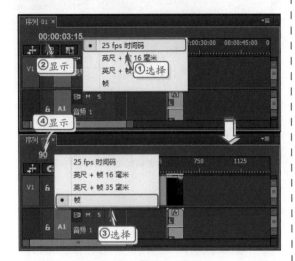

4.1.2 了解轨道

轨道是【时间轴】面板最为重要的组成部分，能够以可视化的方式来显示音视频素材、过渡和效果。除此之外，运用轨道选项，还可控制轨道的显示方式或添加和删除轨道，并在导出项目时决定是否输出特定轨道。

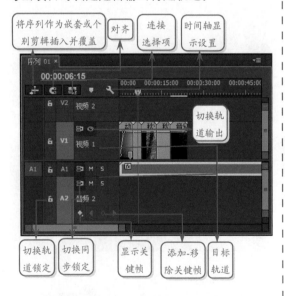

1. 切换轨道输出 ►►►►

在视频轨道中，【切换轨道输出】按钮用于控制是否输出视频素材。这样一来，便可以在播放或导出项目时，防止在【节目】面板内查看相应轨道中的影片。

在音频轨道中，【切换轨道输出】按钮则

使用"喇叭"图标 来表示。其功能是在播放或导出项目时，决定是否输出相应轨道中的音频素材。而当单击该图标后，即可使视频中的音频静音，其图标颜色也会随之改变。

2. 切换同步锁定 ►►►►

通过对轨道启用【切换同步锁定】功能，确定执行插入、波纹删除或波纹修剪操作时哪些轨道将会受到影响。对于其剪辑属于操作一部分的轨道，无论其同步锁定的状态如何，这些轨道始终都会发生移动。但是其他轨道将只在其同步锁定处于启用状态的情况下才移动其剪辑内容。

3. 切换轨道锁定 ►►►►

该选项的功能是锁定相应轨道上的素材及其他各项设置，以免因误操作而破坏已编辑好的素材。当单击该选项按钮，使其出现"锁"图标 时，表示轨道内容已被锁定，此时无法对相应轨道进行任何修改。

此时，再次单击【切换轨道锁定】按钮后，即可去除选项上的"锁"图标 ，并解除对相应轨道的锁定保护。

4. 时间轴显示设置 ►►►►

为了便于用户查看轨道上的各种素材，Premiere分别为视频素材和音频素材提供了多种显示方式。单击【时间轴】面板中【时间轴显示设置】按钮 ，在弹出的菜单中选择相应的选项即可。

4.1.3 编辑轨道

在编辑影片时，往往要根据编辑需要而添加、删除轨道，或对轨道进行重命名操作。下面将讲解对轨道进行上述操作的方法。

1．重命名轨道 ▶▶▶

在【时间轴】面板中，右击轨道执行【重命名】命令，即可进入轨道名称编辑状态。此时，输入新的轨道名称后，按下Enter键即可。

2．添加轨道 ▶▶▶

当影片剪辑使用的素材较多时，增加轨道的数量有利于提高影片编辑效率。此时，可以在【时间轴】面板内右击轨道，执行【添加轨道】命令。

提示

在Premiere Pro中，轨道菜单中还添加了【添加单个轨道】和【添加音频子混合轨道】选项。这时只要选择该选项，即可直接添加轨道，而不需要通过【添加轨道】对话框。

此时，系统会自动弹出【添加轨道】对话框。在【视频轨道】选项组中，【添加】选项用于设置新增视频轨道的数量，而【放置】选项即用于设置新增视频轨道的位置，可通过单击其下三角按钮的方法，来选择轨道位置。

完成上述设置后，单击【确定】按钮，即可在【时间轴】面板的相应位置处添加所设数量的视频轨道。

提示

按照Premiere的默认设置，轨道名称会随其位置的变化而发生改变。例如，当我们以跟随视频1的方式添加1条新的视频轨道时，新轨道会以"V2"的名称出现，而原有的"V2"轨道则会被重命名为"V3"轨道，原"V3"轨道则会被重命名为"V4"轨道，依此类推。

另外，在【添加轨道】对话框中，使用相同方法在【音频轨道】和【音频子混合轨道】选项组内进行设置后，即可在【时间轴】面板内添加新的音频轨道。

3. 删除轨道 ▶▶▶▶

当用户添加过多的轨道，或存在多个无用轨道时，则需要通过删除空白轨道的方法，减少项目文件的复杂程度，从而在输出影片时提高渲染速度。

在【时间轴】面板内右击需要删除的轨道，执行【删除轨道】命令。在弹出的【删除轨道】对话框中，启用【删除视频轨道】复选框，并在其下拉列表框内选择所要删除的轨道，单击【确定】按钮即可删除相应的视频轨道。

在【删除轨道】对话框中，使用相同方法在【音频轨道】和【音频子混合轨道】选项组内进行设置后，即可在【时间轴】面板内删除相应的音频轨道。

提示

当要删除单个轨道时，在该轨道中右击，选择【删除单个轨道】选项，即可直接删除该轨道，而不需要经过【删除轨道】对话框。

4. 自定义轨道头 ▶▶▶▶

在【时间轴】面板中，用户可以自定义【时间轴】面板中的轨道标题，以用来决定所需显示的控件。由于视频和音频轨道的控件各不相同，因此每种轨道类型各有单独的按钮编辑器。

右击视频或音频轨道，执行【自定义】命令。在弹出的【按钮编辑器】面板中，根据需要进行拖放即可。例如，可选择【轨道计】控件，并将其拖动到音频轨道中。

此时，单击【按钮编辑器】面板中的【确定】按钮，关闭该面板后，在【时间轴】面板的音频轨道中将显示添加后的【轨道计】控件。

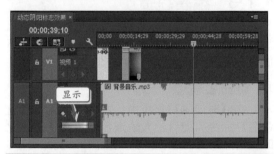

提示

用户可以单击【时间轴显示设置】按钮，在其菜单中选择【自定义视频头】和【自定义音频头】选项，即可自定义轨道头。

5. 添加视频关键帧 ▶▶▶▶

在【时间轴】面板中，双击视频轨道，显示定义的所有轨道头按钮。此时，移动【当前时间指示器】至所需位置，单击【添加-移除关键帧】按钮即可。

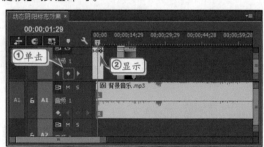

当用户将【当前时间指示器】移至包含关键帧的时间处时，单击【添加-移除关键帧】按钮，即可移除该关键帧。

提示

在添加音频关键帧时，还需要先单击【显示关键帧】按钮，在其菜单中选择【轨道关键帧】选项，然后为其添加关键帧。

4.2 使用监视器面板

在Premiere中，除了可以在【时间轴】面板排列和编辑素材之外，用户还可以在监视器面板中，对素材进行各种精确的编辑操作。

4.2.1 了解监视器面板

在Premiere中，根据监视器面板类型的不同，可以分为【源】监视器面板、【节目】监视器面板和【参考】监视器面板。

1.【源】监视器面板 >>>>

【源】监视器面板的主要作用是预览和修剪素材。用户只需双击【项目】面板中的素材，即可通过【源】监视器面板预览其效果。

在【源】监视器面板中，素材画面预览区的下方为时间标尺，底部则为播放控制区，用来控制播放。

2.【节目】监视器面板 >>>>

【节目】监视器面板的外观类似于【源】监视器面板，但是【源】监视器面板只能查看单个素材，而【节目】监视器面板则可以查看各素材在添加到序列并进行相应编辑后的播出效果。

无论是【源】监视器面板还是【节目】监视器面板，在播放控制区中单击【按钮编辑器】按钮，在弹出的【按钮编辑器】面板中，将某个按钮图标拖入面板下方，单击【确定】按钮即可为监视器添加该按钮。

3.【参考】监视器面板 >>>>

【参考】监视器的作用类似于辅助节目监视器，它可以并排比较序列的不同帧，或使用不同查看模式查看序列的相同帧。另外，还可以独立于节目监视器定位显示在参考监视器中的序列帧，以便于将每个视图定位到不同的帧进行比较。

执行【窗口】|【参考监视器】命令，即可打开【参考】监视器面板。用户可以指定参考监视器的质量设置、放大率和查看模式，就像在节目监视器中那样。其时间标尺和查看区域栏也具有相同的作用。但是，它本身只是为了提供参考信息而不是用于编辑，因此参考监视器包含用于定位到帧的控件，而没有用于回放或编辑的控件。

用户可以将参考监视器和节目监视器绑定到一起，以使它们显示序列的相同帧并先后连续移动。首先，单击面板中的【绑定到界面监视器】按钮，使其与【节目】监视器面板进行绑定。然后，单击面板中的【设置】按钮，在其列表中选择【RGB分量】选项，即可以RGB分量的形式，更有效地调整颜色校正器或任何其他视频过滤器。

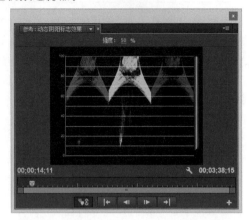

4.2.2 时间控制与安全区域

监视器面板相对于【时间轴】面板来讲，具有方便且能精确控制时间和标识安全范围的优点。下面将详细介绍监视器面板中的时间控制与安全区域的基本知识点。

1．时间控制 >>>>

在监视器面板中，除了能够通过直接输入当前时间的方式来精确定位，以及通过步进、步退等多个工具来微调当前播放时间之外，还可以通过拖动【时间区域标杆】两端锚点的方法，来控制时间。

在监视器面板中，拖动【时间区域标杆】两端的锚点，来改变播放时间。其中，【时间区域标杆】变得越长，则时间标尺所显示的总播放时间越长；而【时间区域标杆】变得越短，则时间标尺所显示的总播放时间也越短。

2．安全区域 >>>>

Premiere中的安全区分为字幕安全区和动作安全区两种类型，其作用是标识字幕或动作的安全活动范围。安全区的范围在创建项目时便已设定，且一旦设置后将无法进行更改。

右击监视器面板，选择【安全边距】命令，即可显示或隐藏画面中的安全框。其中，内侧的安全框为字幕安全框，外侧的为动作安全框。

动作和字幕安全边距分别为10%和20%。但是用户可以执行【文件】|【项目设置】命令，弹出【项目设置】对话框。然后，激活【常规】选项卡，在【动作与字幕安全区域】选项组中设置动作与字幕的安全区域值即可。

4.3 编辑序列素材

序列素材的编辑操作需要在【时间轴】面板中进行，包括添加素材、复制素材、移动素材、修剪素材等基础编辑操作，以及设置视频的播放速度和时间、组合与分离音频素材等高级编辑操作。

4.3.1 添加与复制素材

添加素材和复制素材是编辑序列素材的基础操作，也是整个影片编辑的必要环节。

1. 添加素材 >>>>

添加素材是将素材添加到的【时间轴】面板中，以方便用户对其排列和编辑。

一般情况下，用户只需将【项目】面板中的素材直接拖到【时间轴】面板中的某一轨道后，即可将所选素材添加至相应轨道内。

除此之外，也可以在【项目】面板中选择某个素材，右击执行【插入】命令，即可将该素材添加到【时间轴】面板中。

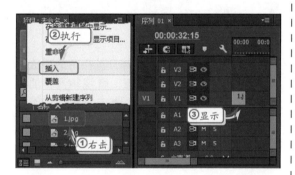

提示

在【项目】面板内选择所要添加的素材后，在英文输入法状态下按快捷键"，"，也可将其添加至时间轴内。

2. 复制素材 >>>>

可重复利用素材是非线性编辑系统的特点之一，而实现这一特点的常用手法便是复制素材片段。

首先，单击【工具】面板中的【选择工具】按钮。然后，在【时间轴】上选择所要复制的素材，右击执行【复制】命令。

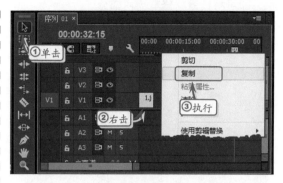

紧接着，将【当前时间指示器】移至空白位置处后，按下Ctrl+V键，即可将刚刚复制的素材粘贴至当前位置。

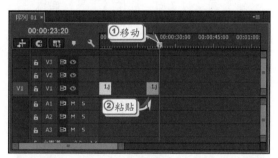

完成上述操作后，使用【选择工具】依次向前拖动复制后的素材，调整其位置，使相邻素材之间没有间隙。在移动素材的过程中，应避免素材出现相互覆盖的情况。

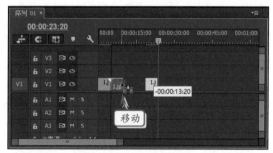

4.3.2 编辑素材片段

在编辑影片时，往往会遇到只需要使用素材某个片段的情况。此时，可以通过对修剪素材的方法，来删除多余的素材片段。

1. 使用【时间轴】面板 >>>>

在【时间轴】面板中，将【当前时间指示器】移至所需修剪素材的位置。然后，在【工具】面板中选择【剃刀工具】 并在【当前时间指示器】所在的位置处单击时间轴上的素材，即可将该素材修剪为两部分。

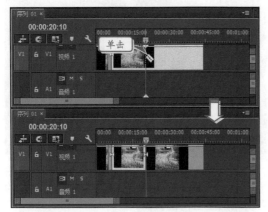

修剪完素材之后，选择【工具】面板中的【选择工具】 并在【时间轴】面板中选择多余的素材片段，按下Delete键即可将其删除。

提示

在【时间轴】面板中启用【对齐】功能，在【工具】面板中选择【剃刀工具】 ，按下 Shift 键的同时单击，即可在同一位置处裁剪【时间轴】面板中所有的素材。

2．使用【源】监视器面板 ▶▶▶▶

在Premiere中，用户还可以在【源】监视器面板中对素材进行修剪。

在【项目】面板中双击素材将其显示在【源】监视器面板中，拖动【当前时间指示器】至合适位置，单击【标记入点】按钮，确定视频的入点。然后，拖动【当前时间指示器】至合适位置，单击【标记出点】按钮，确定视频的出点。

提示

在【项目】面板中也可以裁剪视频素材，即选择视频素材，单击进度条确定视频位置，按下I键确定视频入点；然后向右拖动进度条确定视频位置，按下O键确定视频出点。

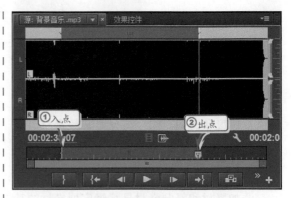

此时，将裁剪后的视频素材插入【时间轴】面板后，发现该视频的播放时间明显缩短，说明插入的视频是裁剪后的视频，并不是原视频文件。

4.3.3 调整播放时间与速度

Premiere中的每种素材都有其特定的播放速度与播放时间。一般情况下，音视频素材的播放速度与播放时间由素材本身所决定，而图像素材的播放时间则为5秒。但在进行影片编辑过程中，往往需要调整素材的播放时间与速度，来实现画面的特殊效果。

1．调整图片素材的播放时间 ▶▶▶▶

在【时间轴】面板中，将鼠标移至图片素材上方，显示一个具有方向的指标图标。此时，将指示图标置于图片素材的末端。当指示图标中的箭头变成向右的时候，向右拖动鼠标即可随意延迟其播放时间，向左拖动鼠标，则可缩短图片的播放时间。

提示

当图片素材的左侧也存在空隙时，使用相同的方法向左拖动素材的前端，也可以延长素材的播放时间。

2．调整视频播放速度 ▶▶▶▶

在调整视频素材时，如果按照调整图片素材的方法来延长其播放时间，由于视频素材的播放速度并未改变，因此会造成素材内容丢失的现象。此时，还需要通过调整视频播放速度的方法，来调整视频的播放时间。

首先，在【时间轴】面板中右击视频素材，执行【速度/持续时间】命令。在弹出的【剪辑速度/持续时间】对话框中，将【速度】设置为50%，单击【确定】按钮，即可将相应视频素材的播放时间延长一倍。

如果需要精确控制素材的播放时间，则应在【剪辑速度/持续时间】对话框中，调整【持续时间】选项值。

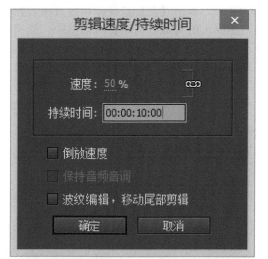

提示

在【剪辑速度／持续时间】对话框中，启用【倒放速度】复选框，便可颠倒视频素材的播放顺序，使其从末尾向前进行倒序播放。

4.3.4　组合与分离音频素材

在影片中，所有的影片都由音频和视频两

部分组成，而这种相关的素材又可以分为硬相关和软相关两种类型。

在进行素材导入时，当素材文件中既包括音频又包括视频时，该素材内的音频与视频部分的关系即称为硬相关。在影片编辑过程中，如果人为地将两个相互独立的音频和视频素材联系在一起，则两者之间的关系即称为软相关。

1．分离素材中的音视频 ▶▶▶▶

由于音频部分与视频部分存在硬相关，所以用户对素材所进行的复制、移动和删除等操作将同时作用于素材的音频部分与视频部分。

如果用户需要单独移动音频或视频的素材，可以在【时间轴】面板中右击该素材，执行【取消链接】命令，即可解除相应素材内音频与视频部分的硬相关联系。此时，当用户在视频轨道内移动素材时，便不再会影响音频轨道内的素材。

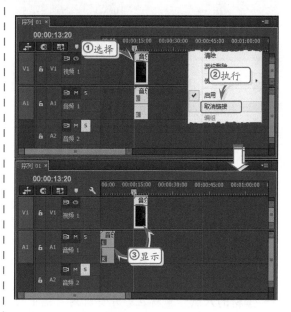

2．组合音视频素材 ▶▶▶▶

事实上，为素材建立软相关的操作方法与解除素材硬相关的步骤基本相同。只不过，前者所需要的是两个分别独立的音频素材和视频素材，而后者是一个既包含音频又包含视频的素材。

在【时间线】面板中，选择要组合的视频素材与音频素材，右击任意一个素材，执行【链接】命令，即可将所选音频与视频素材之间建立软相关的联系。

提示

在【时间轴】面板中，可以通过按下Shift键的方法，来选择多个素材。

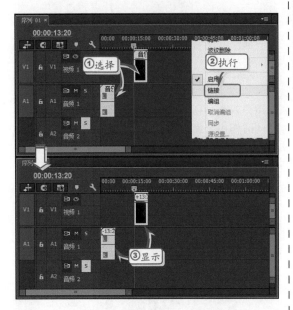

4.3.5 三点编辑与四点编辑

三点和四点编辑是专业视频编辑工作中经常采用的影片编辑方法。它们是对源素材的剪辑方法。三点和四点是指素材的入点和出点的个数。

1．三点编辑 >>>>

通常情况下，三点编辑用于将素材中的部分内容替换影片剪辑中的部分内容。在进行此项操作时，需要依次在素材和影片剪辑内指定3个至关重要的点，各点的位置及含义如下。

>> **素材的入点** 素材在影片剪辑内首先出现的帧。

>> **影片剪辑的入点** 影片剪辑内被替换部分在当前序列上的第一帧。

>> **影片剪辑的出点** 影片剪辑内被替换部分在当前序列上的最后一帧。

在【项目】面板中双击某个素材，使该素材显示在【源】监视器面板中，同时将该素材添加到【时间轴】面板中。然后，在【源】监视器窗口中，将【当前时间指示器】移动到合适位置，单击【标记入点】按钮。

此时，在【节目】面板中，将【当前时间指示器】移动到合适位置，单击【标记入点】按钮。同时，将【当前时间指示器】移动到合适位置，单击【标记出点】按钮。

最后，单击【源】监视器中的【覆盖】按钮，在弹出的【适合剪辑】对话框中，使用默认设置，单击【确定】按钮，即可将【源】监视器中的素材覆盖到【节目】面板中所设置入点和出点之间的部分。

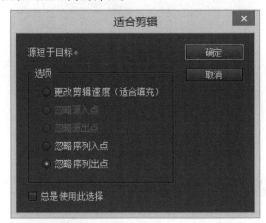

2．四点编辑 >>>>

四点编辑方法类似于三点编辑方法，在【项目】面板中双击某个素材，将该素材显示在【源】监视器面板中，同时将该素材添加到【时间轴】面板中。然后，在【源】监视器窗口中，将【当前时间指示器】移动到合适位置，单击【标记入点】按钮。同时，将【当前时间指示器】移动到合适位置，单击【标记出点】按钮。

此时，在【节目】面板中，将【当前时间指示器】移动到合适位置，单击【标记入点】按钮。同时，将【当前时间指示器】移动到合适位置，单击【标记出点】按钮。

最后，单击【素材】监视器窗口中的【覆盖】按钮，在弹出的【适合剪辑】对话框中，使用默认设置，单击【确定】按钮，即可将【源】监视器中的素材覆盖到【节目】面板中所设置入点和出点之间的部分。

提示

根据素材出入点区间与序列出入点区间持续长度的不同，【适合剪辑】对话框内的可用选项也有所不同。

4.4 装配序列

在Premiere中，用户可以结合监视器和【时间轴】面板，对不同的视频素材进行设置、剪辑与合成，从而组合出画面丰富多彩并具有时间逻辑性的影片。

4.4.1 使用标记

在编辑影片过程中，可以通过为素材添加标记的方法，来快速切换编辑位置，从而实现快速查找视频帧，或快速对齐时间轴上其他素材的目的。

1. 添加标记 ❯❯❯❯

在【源】监视器面板中，将【当前时间指示器】调整至合适位置，单击【添加标记】按钮，即可在当前视频帧的位置处添加无编号的标记。

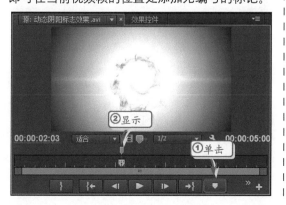

然后，将含有未编号标记的素材添加至【时间轴】面板中，即可在素材上看到标记符号。

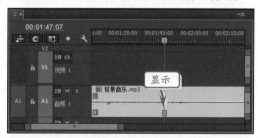

提示

在含有硬相关联系的音视频素材中，所添加的未编号标记将同时作用于素材的音频部分和视频部分。

另外，在【时间轴】面板中，将【当前时间指示器】调整至合适位置，单击【添加标记】按钮，即可在当前标尺的位置上添加无编号标记。

2．应用标记 >>>>

为素材或时间轴添加标记后，便可以使用这些标记来完成对齐素材或查看素材内的某一视频帧等操作，从而提高影片编辑的效率。

在【时间轴】面板中拖动含有标记的素材时，利用素材内的标记可快速与其他轨道内的素材对齐，或将当前素材内的标记与其他素材内的标记对齐。

另外，在【源】监视器面板中，使用【当时时间指示器】还可以快速地查找素材上的标记位置。此时，只需单击面板中的【转到前一标记】按钮，即可将当前时间指示器快速移动至前一标记处；单击【转到下一标记】按钮，则可将当前时间指示器移至下一标记处。

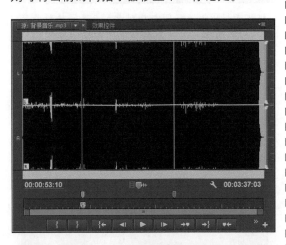

提示

在【源】监视器面板或【时间轴】面板中，右击时间标尺，执行【清除所选标记】或【清除所有标记】命令，即可清除已添加的标记。

4.4.2　插入和覆盖编辑

在将素材添加到【时间轴】面板之前，一些用户通常会先在【源】监视器面板中对素材进行各种预处理。预处理完毕之后，再从【源】监视器面板中将素材添加到【时间轴】面板中。该种素材的添加方法，统称为插入和覆盖编辑。

1．插入编辑 >>>>

在当前时间轴上没有任何素材的情况下，在【源】监视器面板中直接单击【插入】按钮

或在面板中右击，执行【插入】命令，即可将该素材添加到【时间轴】面板中。

提示

在将【源】监视器面板中的素材插入到【时间轴】面板中时，其素材的插入位置是【当前时间指示器】所显示的位置。

另外，如果【时间轴】面板中已存在素材，并将【当前时间指示器】移至该素材的中间位置时，单击【源】监视器面板中的【插入】按钮，Premiere便会将时间轴上的素材一分为二，并将【源】监视器面板内的素材添加至两者之间。

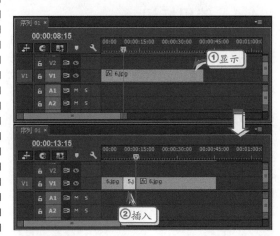

2．覆盖编辑 >>>>

覆盖编辑与插入编辑不同，当用户采用覆盖编辑的方式在时间轴已有素材中间添加新素材时，新素材将会从【当前时间指示器】处替换相应时间的源素材片段。

在覆盖编辑时，用户只需在监视器面板中

直接单击【覆盖】按钮 ，或在面板中右击，
执行【覆盖】命令即可。

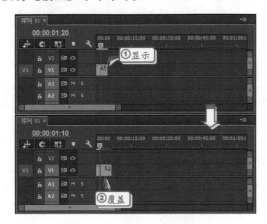

4.4.3 提升与提取编辑

在【节目】面板中，Premiere提供了提升与
提取两个方便素材剪除的工具，以便快速删除
序列内的某个部分。

1．提升编辑 >>>>

提升编辑的功能是从序列内删除部分内
容，但不会消除因删除素材内容而造成的间隙。

首先，在【节目】面板中，将【当前时间
指示器】移至合适位置，分别在所要删除部分
的首帧和末帧位置处设置入点与出点。

然后，单击【节目】面板中的【提升】按
钮 ，即可从入点与出点处裁切素材后，将
出入点区间内的素材删除。

2．提取编辑 >>>>

提取编辑会在删除部分序列内容的同时，
消除因此而产生的间隙，从而减少序列的持续
时间。

首先，需要在【节目】面板中，将【当前
时间指示器】移至合适位置，分别在所要删除
部分的首帧和末帧位置处设置入点与出点。

然后，单击【节目】面板中的【提取】按
钮 ，即可从入点与出点处裁切素材后，将
出入点区间内的素材删除。

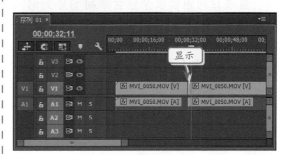

4.4.4 嵌套序列

时间轴内多个素材的组合称为"序列"，
每个序列内则可以装载多个不同类型的素材，
而嵌套序列则是在一个序列中包含了另外一个
序列。

利用嵌套序列可以将复杂的序列装配工作
拆分为多个相对简单的任务，从而简化操作，
降低影片编辑难度。此外，当用户为某一序列
应用特效后，Premiere会自动将该特效应用于所
选序列内的所有素材上，从而提高了影片的编
辑效率。

1．创建新序列 >>>>

用户在创建项目之后，通常会紧跟着创建
一个序列，用于编辑一系列的素材。Premiere为

用户提供了嵌套序列功能，运用该功能可以根据影片的编辑需求，在一个项目中同时创建多个序列。

在【项目】面板中，单击【新建分项】按钮，在展开的菜单中选择【序列】命令，在弹出的【新建序列】对话框中设置相应选项后，即可创建一个新序列。

2．嵌套序列 ▶▶▶▶

当项目内包含多个包含素材的序列时，右击【项目】面板中的序列，执行【插入】命令，或直接将其拖至轨道中，即可将所选序列嵌套至【时间轴】面板中的目标序列中。

嵌套序列的名称除了可以使用原有序列的

名称外，还可以通过右击【时间轴】面板中的嵌套序列，执行【嵌套】命令，在弹出的【嵌套序列名称】对话框中输入名称，单击【确认】按钮后，即可更改嵌套序列的名称。

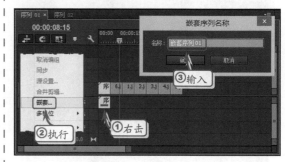

3．使用嵌套源序列 ▶▶▶▶

在Premiere Pro中，可以将序列加载到【源】监视器面板中，并在【时间轴】面板中对其进行编辑，同时还可保持所有轨道上的原始剪辑不受影响。

在【项目】面板中选中序列，将其拖入【源】监视器面板中，即可在源监视器面板中显示序列。

序列被加载到【源】监视器面板中时，源序列中的轨道，即使为空轨道，也可用作修补模块中的源轨道。此外，将源序列中的空片段编辑到另一序列中不会影响目标序列。

4.5 提取素材片段

在Premiere中编辑视频素材的过程中，对大部分导入的剪辑文件，只是需要其中的一部分。此时便需要对相应的剪辑部分进行"预处理"，以达到完美编辑整个影片的目的。在本练习中，将运用Premiere监视器中的"设置出点"和"设置入点"功能，来获取所需的素材片段。

练习要点

- 新建项目
- 导入素材
- 标记入点
- 标记出点
- 插入素材
- 提取素材
- 播放影片

操作步骤:

STEP|01　创建项目。启动Premiere，在弹出的【欢迎使用Adobe Premiere Pro CC 2014】界面中，选择【新建项目】选项。

STEP|02　在弹出的【新建项目】对话框中，设置新项目名称、位置和常规选项，并单击【确定】按钮。

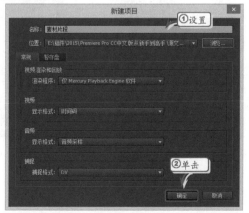

STEP|03　导入素材。双击【项目】面板，在弹出的【导入】对话框中，选择所需导入的所有素材，单击【打开】按钮。

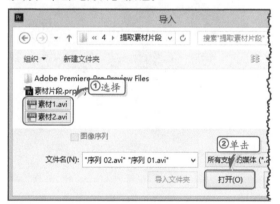

STEP|04　添加素材。在【项目】面板中，选中所有的素材，将其拖动到【时间轴】面板中的V1轨道中。

STEP|05　插入视频片段。在【项目】面板中双击"素材02.avi"视频素材，将其显示在【源】监视器面板中。

STEP|06 在【源】监视器面板中，将【当前时间指示器】调整至00:00:27:20位置处，并单击【标记入点】按钮。

STEP|07 将【当前时间指示器】调整至00:00:52:20位置处，并单击【标记出点】按钮。

STEP|08 在【时间轴】面板中，将【当前时间指示器】调整至00:00:07:10位置处。

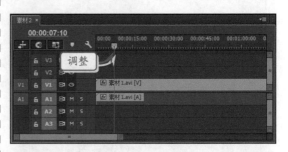

STEP|09 在【源】监视器面板中，单击【插入】按钮，插入视频片段。

STEP|10 提取视频片段。在【节目】面板中，将【当前时间指示器】调整至00:00:49:20位置处，并单击【标记入点】按钮。

STEP|11 将【当前时间指示器】调整至末尾处，单击【标记出点】按钮。

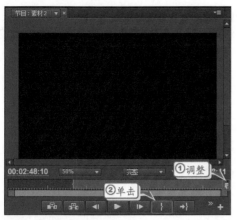

STEP|12 在【节目】面板中，单击【提取】按钮，将所选择范围内的素材删除。

STEP|13 选择V1轨道中的最后一段素材，按下Delete键删除该素材。

STEP|14 在【节目】面板中，单击【播放-停止切换（Space）】按钮，预览最终效果。

4.6 制作万马奔腾影片

万马奔腾效果是在Premiere中通过有关马的图片和视频，运用运动关键帧功能，使图片具有交互运动和缩放旋转效果，从而体现了静态图片的动态特效。本练习中，将详细介绍运用关键帧制作万马奔腾效果的操作方法。

练习要点

● 新建项目
● 新建序列
● 导入素材
● 添加轨道
● 设置缩放参数
● 设置旋转关键帧
● 设置位置关键帧
● 添加划像效果
● 分割音频素材

操作步骤：

STEP|01 创建项目。启动Premiere，在弹出的【欢迎使用Adobe Premiere Pro CC 2014】界面中，选择【新建项目】选项。

STEP|02 在弹出的【新建项目】对话框中，设置新项目名称、位置和常规选项，并单击【确定】按钮。

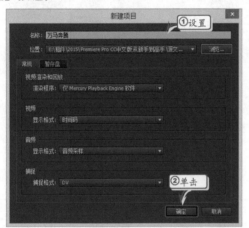

STEP|03 新建序列。执行【文件】|【新建】|【序列】命令，在弹出的对话框中激活【设置】选项卡，设置视频大小，并单击【确定】按钮。

STEP|04 导入素材。双击【项目】面板，在弹出的【导入】对话框中，选择需要导入的素材，单击【打开】按钮。

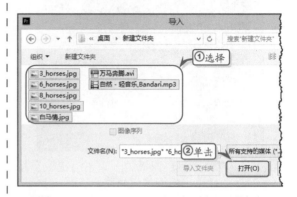

STEP|05 添加轨道。在【时间轴】面板中，右击轨道右侧的空白区域，执行【添加单个轨道】命令，依次添加3个单个轨道。

STEP|06 添加素材。分别将【项目】面板中的图片和视频素材，按照设计顺序拖到不同的轨道中。

STEP|07 调整素材。将鼠标移至素材右侧，拖动鼠标调整素材的长度。同时，根据播放需求调整素材的开始位置。

STEP|08　设置关键帧。选择V2轨道中的素材，将【当前时间指示器】调整至V2轨道的开始处。在【效果控件】面板的【运动】属性组中，单击【位置】和【旋转】效果左侧的【切换动画】按钮，并设置【位置】和【缩放】选项参数值。

STEP|09　将【当前时间指示器】调整至00：00：06：20位置处，在【效果控件】面板的【运动】属性组中设置【位置】和【旋转】选项参数值，创建第二个关键帧。

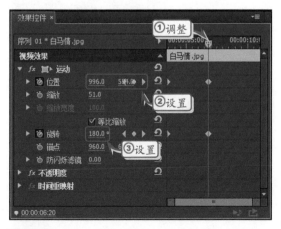

STEP|10　将【当前时间指示器】调整至

00：00：10：06位置处，在【效果控件】面板的【运动】属性组中设置【位置】和【旋转】选项参数值，创建第三个关键帧。使用同样方法，分别为其他素材创建关键帧。

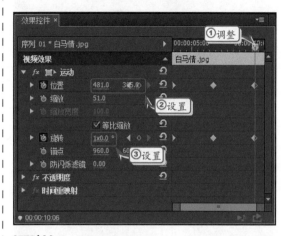

STEP|11　制作视频素材。选择V6轨道中的素材，在【效果控件】面板的【运动】属性组中，将【缩放】参数值设置为"323"。

STEP|12　在【效果】面板中，展开【视频过渡】下的【划像】效果组，将【圆划像】效果拖到V6轨道素材中。

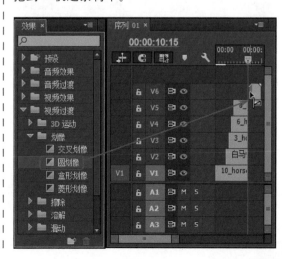

STEP|13 制作音频素材。将音频素材添加到【时间轴】面板中，向左移动素材并将【当前时间指示器】调整至合适位置。

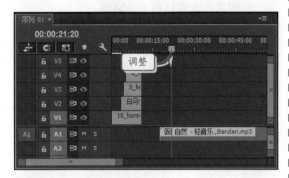

STEP|14 在【工具】面板中，选择【剃刀工具】选项，在【当前时间指示器】处单击音乐素材，分割该素材。

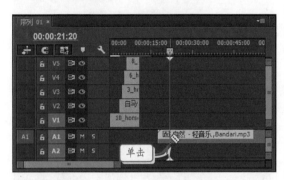

STEP|15 使用【工具】面板中的【选择工具】选择左侧素材片段，按下Delete键删除该片段。

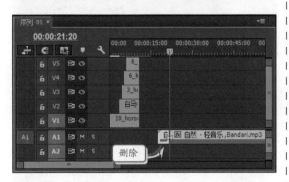

STEP|16 将音乐素材移到视频的开始位置，同

时将【当前时间指示器】调整至视频轨道的结束位置。

STEP|17 使用【工具】面板中的【剃刀工具】，单击【当前时间指示器】位置处的音乐素材，分割素材并删除分割后的右侧素材。

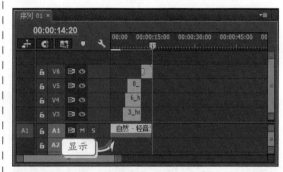

STEP|18 在【节目】面板中，单击【播放-停止切换（Space）】按钮，预览影片效果。

第5章 应用过渡效果

一部优秀的影片或节目，不但需要精湛的拍摄技巧，后期编辑也是一个非常重要的阶段。而视频过渡可以将所有的视频素材有序地连接起来，并在每个镜头切换中添加过渡效果，从而提升了整部作品的流畅感，突出了影片的风格和含义。在本章中，主要介绍Premiere中的视频过渡效果。通过对本章的学习，可以了解视频过渡在影片中的运用和一些常用视频过渡的效果，并掌握如何为影片添加视频过渡。

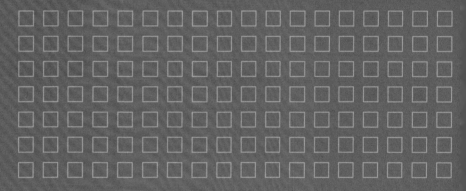

5.1 影视过渡概述

镜头是构成影片的基本要素，而镜头的切换一般被称为过渡。合理的视频过渡效果，可以使镜头与镜头间的过渡更为自然、顺畅，使影片的视觉连续性更强。

5.1.1 过渡的基本原理

过渡是指在前一个素材逐渐消失的过程中，后一个素材逐渐出现。这样便需要素材之间存在交叠部分，或者说素材的入点和出点要与起始点和结束点拉开距离，即额外帧；此时，可以使用期间的额外帧作为过渡的过渡帧。

一般情况下，镜头的过渡包括硬切和软切两种方式，其中，硬切是镜头简单的衔接来完成切换，属于一种直接切换的简单效果；而软切指在镜头组接时加入淡入淡出、叠化等视频转场过渡手法，使镜头之间的过渡更加多样化。

一部完整的电影作品往往需要成百上千的镜头。因为镜头内容的差异性，直接将这些镜头连接在一起会让整部影片显得断断续续。为此，在编辑影片时便需要在镜头之间添加视频过渡效果，从而实现视频镜头万变的效果。

而影片的开场通常是以渐变的过渡方式进行的，由暗场开始逐渐变亮，这种过渡效果可以缓解观众的情绪。

在制作儿童动画影片时，经常会使用滑像、卷页、擦除等过渡方法，这样会使影片更具有欣赏性。

在影片中还经常使用闪白视频过渡，该视频过渡经常表现在失去记忆以后或对往事进行回忆的画面。除此之外，还可以将画面的运动主体突然变为静止状态，来强调某一主体的形象、细节和视觉冲击力，并可以创造悬念来表达主观感受。

5.1.2 使用视频过渡

Premiere为用户提供了多种视频转场效果和样式，通过对各个镜头之间的转换，使影片内容更加和谐、丰富。

执行【窗口】|【效果】命令，在展开的【效果】面板中，展开【视频过渡】选项组，将会显示所有的视频过渡效果。

如果需要在素材之间添加视频过渡时，需保证这两段素材必须在同一轨道上，且期间不存在间隙。此时，用户只需将【效果】面板中的某一过渡效果拖曳至时间轴上的两个素材之间即可。

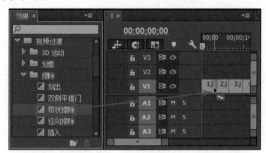

当释放鼠标后，两个素材之间会出现视频过渡图标，将鼠标移动到图标上，将会显示视频转场的名称。

此时，单击【节目】面板内的【播放-停止切换（Space）】按钮 ▶ ，即可预览所应用视频过渡的效果。

5.1.3 设置视频过渡

Premiere内置了设置视频过渡效果功能，该功能允许用户在一定范围内修改视频过渡效果。例如，设置过渡效果的持续时间、开始方向、结束方向等。

1. 设置持续时间 >>>

当用户在两个素材中添加过渡效果后，在【时间轴】面板中选择所添加的过渡效果。此时，在【效果控件】面板中，将会显示该视频过渡的各项参数。

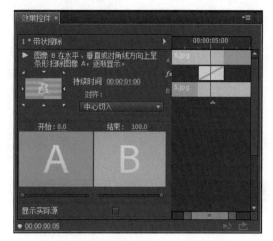

单击【持续时间】选项右侧的数值，在时间文本框中输入自定义时间值，即可设置视频过渡的持续时间。

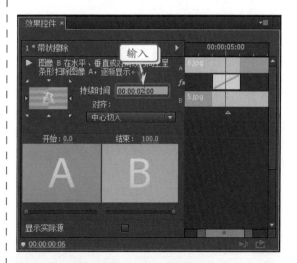

> **提示**
>
> 在将鼠标置于选项参数的数值位置后，当光标变成 🖑 形状时，左右拖动鼠标便可以更改其数值。

2. 显示素材画面 ▶▶▶▶

在【效果控件】面板中，启用【显示实际源】复选框，过渡所连接镜头画面在过渡过程中的前后效果将分别显示在A、B区域内。

提示

当添加的过渡效果为上下或左右动画时，在预览区中，通过单击方向按钮，即可设置视频过渡效果的开始方向与结束方向。

3. 设置对齐方式 ▶▶▶▶

在【效果控件】面板中，单击【对齐】下三角按钮，在【对齐】下拉列表中选择效果位于两个素材上的位置。例如，选择【起点切入】选项，视频过渡效果会在时间滑块进入第2个素材时开始播放。

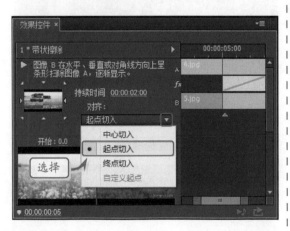

提示

调整【开始】或【结束】选项内的数值，或拖动该选项下方的时间滑块后，即可设置视频过渡在开始和结束时的效果。

4. 设置边框 ▶▶▶▶

在【效果控件】面板中，调整【边框宽度】选项后的数值，即可更改素材在过渡效果中的边框宽度。另外，用户还可以通过单击【边框颜色】色块，来设置边框的显示颜色；或者单击吸管工具，吸取屏幕中的色彩。

5. 设置个性化效果 ▶▶▶▶

如果想要更为个性化的效果，则可启动【反向】复选框，从而使视频过渡采用相反的顺序进行播放。另外，还可以单击【消除锯齿品质】下三角按钮，在其下拉列表中选择品质级别选项，即可调整视频过渡的画面效果。

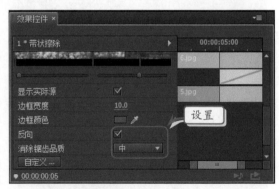

5.1.4 编辑视频过渡

在为镜头添加视频过渡效果时，可通过清除、替换过渡效果的方法，来尝试应用不同的过渡效果，以便可以从中挑选出最为合适的效果。

1. 清除过渡效果 ▶▶▶

当用户想取消当前所使用的过渡效果时，可在【时间轴】面板中，右击过渡效果执行【清除】命令，即可清除该效果。

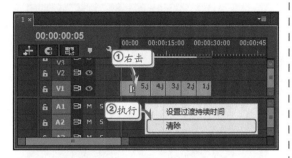

2. 替换过渡效果 ▶▶▶

当用户想更改当前的过渡效果时，除了清除当前效果并添加新效果之外，还可以直接从【效果】面板中，将所需的视频或音频过渡拖放到序列中原有过渡上来完成替换效果。

5.2　应用拆分过渡效果

拆分过渡效果是一些通过拆分上一个素材画面来显示下一个素材画面的过渡效果类型，包括【视频过渡】效果组中的划像、擦除、滑动等效果。

5.2.1　应用划像效果

划像类视频过渡效果的特征是直接进行两镜头画面的交替切换，其方式通常是在前一镜头画面以划像方式退出的同时，后一镜头中的画面逐渐显现。在最新版的Premiere中，其划像过渡效果只包含了交叉划像、圆划像、菱形划像、盒状划像4种类型。

1. 交叉划像 ▶▶▶

在【交叉划像】过渡效果中，镜头二画面会以十字状的形态出现在镜头一画面中。随着"十字"的逐渐变大，镜头二画面会完全覆盖镜头一画面，从而完成划像过渡效果。

2. 圆划像 ▶▶▶

在【圆划像】过渡效果中，镜头二画面会以圆形形状的形态出现在镜头一画面中。随着"圆形"的逐渐变大，镜头二画面会完全覆盖镜头一画面，从而完成划像过渡效果。

3. 菱形划像 ▶▶▶

在【菱形划像】过渡效果中，镜头二画面会以菱形形状的形态出现在镜头一画面中。随着"菱形"的逐渐变大，镜头二画面会完全覆盖镜头一画面，从而完成划像过渡效果。

提示

而【盒状划像】过渡效果，则是镜头二画面会以方形形状的形态出现在镜头一画面中。随着"方形"的逐渐变大，镜头二画面会完全覆盖镜头一画面，从而完成盒状划像的过渡效果。

5.2.2 应用擦除效果

擦除类视频转场是在画面的不同位置，以多种不同形式的方式来抹除镜头一画面，并逐渐显现出第二个镜头中的画面。在最新版的Premiere中，其擦除过渡效果包含了划出、双侧平推门、带状擦除等17种类型。

1. 双侧平推门与划出 ▶▶▶

在【双侧平推门】过渡效果中，镜头二画面会以高度与屏幕相同的尺寸和极小的宽度，显现在屏幕中央。接下来，镜头二画面会向左右两边同时伸展，直接全部覆盖镜头一画面，铺满整个屏幕为止。

相比之下，【划出】过渡效果则较为简单。应用后，镜头二画面会从屏幕一侧显现出来，同时显示有镜头二画面的区域会快速推向屏幕另一侧，直到镜头二画面全部占据屏幕为止。

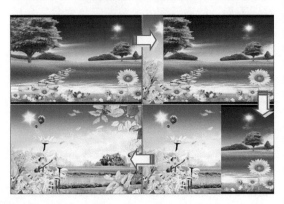

2. 带状擦除 ▶▶▶▶

在【带状擦除】效果中，采用了矩形条带左右交叉的形式来擦除镜头一画面，从而显示镜头二画面的视频过渡效果。

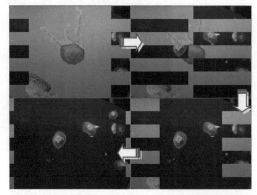

另外，在【时间轴】面板中选择【带状擦除】效果，单击【效果控件】面板的【带状擦除】属性组中的【自定义】按钮，即可在弹出对话框内修改条带的数量。

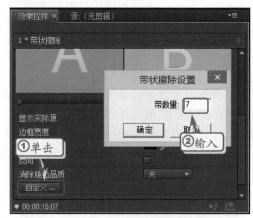

3. 径向、时钟式和楔形擦除 ▶▶▶▶

【径向擦除】过渡效果是以屏幕的某一角作为圆心，以顺时针方向擦除镜头一画面，从而显露出后面的镜头二画面。

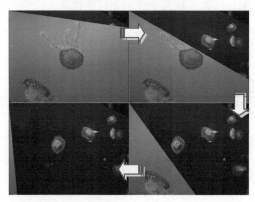

相比之下，【时钟式擦除】过渡效果则是以屏幕中心为圆心，采用时钟转动的方式擦除镜头一画面。

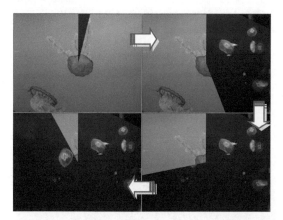

而【楔形擦除】过渡效果同样是将屏幕中心作为圆心，不过在擦除镜头一画面时采用的是扇状图形。

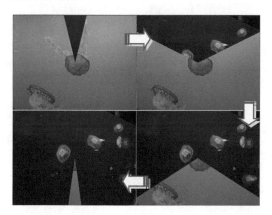

4. 插入擦除 >>>>

【插入】过渡效果通过一个逐渐放大的矩形框，将镜头一画面从屏幕的某一角处开始擦除，直至完全显露出镜头二画面为止。

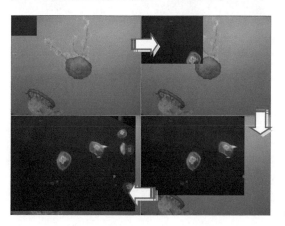

5. 棋盘和棋盘擦除 >>>>

在【棋盘】视频过渡中，屏幕画面会被分割为大小相等的方格。随着【棋盘】过渡效果的播放，屏幕中的方格会以棋盘格的方式将镜头一画面替换为镜头二画面。

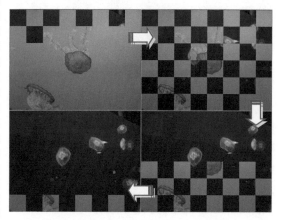

为素材添加【棋盘】过渡效果后，在【时间轴】面板中选择【棋盘】视频效果，单击【效果控件】面板中的【自定义】按钮，可在弹出的对话框内设置【棋盘】中的纵横方格数量。

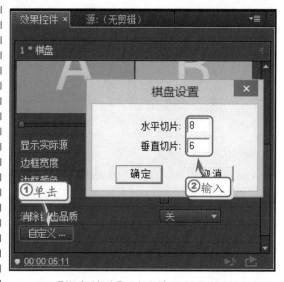

而【棋盘擦除】过渡效果是将镜头二中的画面分成若干方块后，从指定方向同时进行划像操作，从而覆盖镜头一画面。

> **提示**
>
> 当用户为素材添加【棋盘擦除】过渡效果后，也可在【效果控件】面板中，通过单击【自定义】按钮，来设置擦除的纵横方格数量。

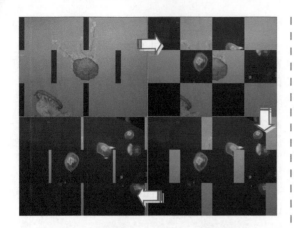

6. 螺旋框效果 ▶▶▶▶

【螺旋框】过渡效果可以将画面分割为若干方块，并且同时按照顺序擦除镜头一画面，从而达到切换镜头二画面的目的。它与【水波块】过渡效果的差别在于擦除顺序的不同，其【水波块】过渡效果采用的是按水平顺序进行擦除，而【螺旋框】过渡效果则是采用由外而内的顺序来擦除镜头一画面。

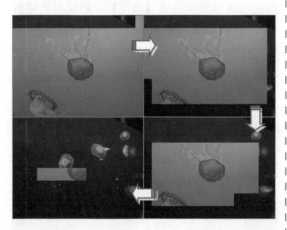

7. 其他擦除过渡效果 ▶▶▶▶

【擦除】效果组中的其他效果，其使用方法与上述的效果基本相同，只是过渡样式有所不同，比如【水波块】、【油漆飞溅】、【百叶窗】、【风车】、【渐变擦除】、【随机块】、【随机擦除】等过渡效果。

5.2.3 应用滑动效果

滑动类视频过渡主要通过画面的平移变化来实现镜头画面间的切换，其中共包括中心拆分、带状滑块、拆分、推和滑动5种类型。

1. 中心拆分 ▶▶▶▶

【中心拆分】过渡效果在将镜头一画面均分为4部分后，让这4部分镜头在一画面中同时向屏幕4角移动，并最终将屏幕过渡到镜头二画面中。

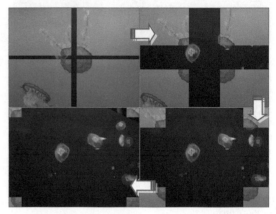

2. 带状滑动 ▶▶▶▶

【带状滑动】过渡效果类似于【带状擦除】过渡效果，也是采用矩形条带左右交叉的形式来滑动镜头一画面，从而显示镜头二画面的视频过渡效果。

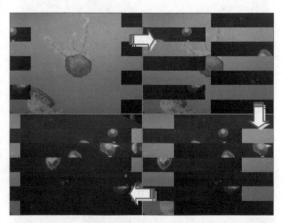

> **提示**
>
> 当用户为素材添加【带状滑动】过渡效果后，也可在【效果控件】面板中，通过单击【自定义】按钮，来设置带的数量。

3. 拆分 ▶▶▶▶

【拆分】过渡效果是在将镜头一画面平均分割为左、右两半后，左半部和右半部同时向左、右两侧移动，从而显露出下方的镜头二画面。

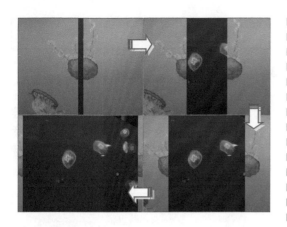

4. 推与滑动 >>>>

【推】过渡效果与其名称完全相同，其镜头二画面正是靠着"推"走镜头一画面的方式，才得以显现在观众面前。

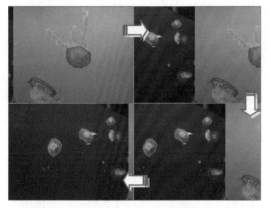

虽然【滑动】过渡效果与【推】过渡效果中的镜头二画面都是在没有任何花哨方式的情况下滑入屏幕，但由于【滑动】过渡效果中的镜头一画面始终没有改变其画面位置，因此两者之间还是存在少许的不同。

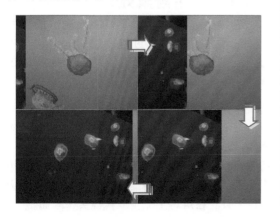

5.2.4　应用页面剥落效果

从过渡方式上来看，页面剥落过渡效果类似于GPU中的部分过渡效果。两者的不同之处在于，GPU过渡的立体效果更为明显、逼真，而页面剥落过渡效果则仅关注镜头切换时的视觉表现方式。在新版本的Premiere中，页面剥落效果只包括翻页和页面剥落两种类型。

1. 翻页 >>>>

【翻页】过渡效果是从屏幕一角被"揭"开后，拖向屏幕的另一角。

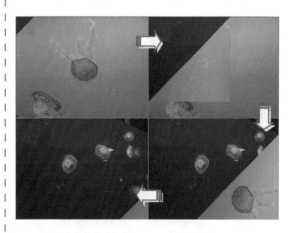

2. 页面剥落 >>>>

【页面剥落】过渡效果是采用揭开"整张"画面的方式来让镜头一画面退出屏幕，同时让镜头二画面呈现在大家面前。

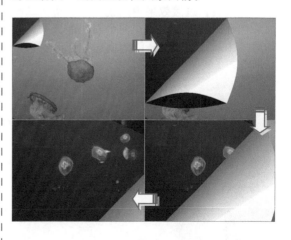

5.3 应用其他过渡效果

Premiere中的视频过渡效果，除了拆分类过渡效果之外，还内置了3D运动、缩放和溶解效果，以帮助用户制作更加丰富多彩的视频效果。

5.3.1 应用3D运动效果

3D运动效果主要体现镜头之间的层次变化，从而给观众带来一种从二维空间过渡到三维空间的立体视觉效果。在最新版的Premiere中，其3D运动效果只包含立方体旋转和翻转两种效果。

1. 立方体旋转 ▶▶▶▶

在【立方体旋转】视频过渡中，镜头一与镜头二画面都只是某个立方体的一个面，而整个转场所展现的便是在立方体旋转过程中，画面从一个面（镜头一画面）切换至另一个面（镜头二画面）的效果。

2. 翻转 ▶▶▶▶

【翻转】过渡效果中的镜头一和镜头二画面更像是一个平面物体的两个面，而该物体在翻转结束后，朝向屏幕的画面由原本的镜头一画面改为了镜头二画面。

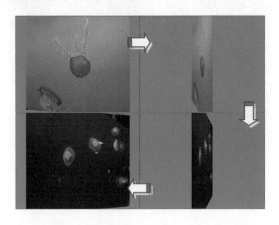

3. 自定义翻转过渡效果 ▶▶▶▶

为素材添加【翻转】过渡效果之后，在【时间轴】面板中选择该效果，单击【效果控件】面板中的【自定义】按钮，可在弹出对话框内设置镜头画面翻转时的条带数量，以及翻转过程中的背景颜色。

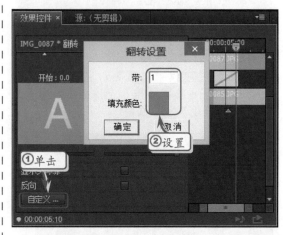

例如，将条带数量设置为2，翻转背景色设置为黄色后，其效果如下图所示。

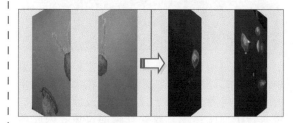

5.3.2 应用溶解效果

溶解类过渡效果主要以淡入淡出的形式来完成不同镜头间的过渡，使前一个镜头中的画面以柔和的方式过渡到后一个镜头的画面中。

1. 交叉和胶片溶解 ▶▶▶▶

【交叉溶解】过渡效果是最基础，也最简单的一种叠化过渡。该过渡效果，随着镜头一画面透明度的提高（淡出，即逐渐消隐），镜头二画面的透明度越来越低（淡入，即逐渐显现），直至在屏幕上完全取代镜头一画面。

当镜头画面中的质量不佳时，使用溶解过渡效果能够减弱因此而产生的负面影响。此外，由于交叉叠化过渡的过渡效果柔和、自然，因此成为最为常用的视频过渡之一。

【胶片溶解】过渡效果类似于【交叉溶解】过渡效果，唯一不同的是【交叉溶解】主要用于视频过渡，在【效果控件】面板中并没有过渡效果的选项设置。而【胶片溶解】过渡效果既可以用于视频，又可以用于图片素材。

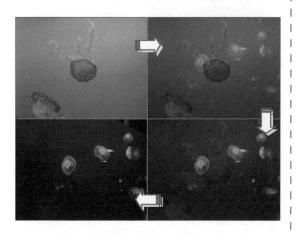

2. 叠加/非叠加溶解 ▶▶▶

【叠加溶解】过渡效果是在镜头一和镜头二画面淡入淡出的同时，附加一种屏幕内容逐渐经过曝光并消隐的效果。

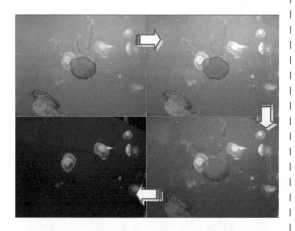

【非叠加溶解】过渡的效果是镜头二画面在屏幕上直接替代镜头一画面，在画面交替的过程中，交替的部分呈不规则形状，画面内容交替的顺序则由画面的颜色所决定。

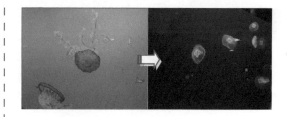

3. 渐隐为白色/黑色 ▶▶▶

所谓白场是屏幕呈单一的白色，而黑场则是屏幕呈单一的黑色。渐隐为白色，则是指镜头一画面在逐渐变为白色后，屏幕内容再从白色逐渐变为镜头二画面。

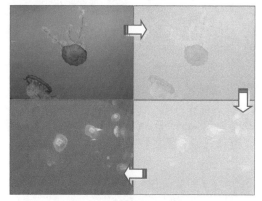

相比之下，渐隐为黑色则是指镜头一画面在逐渐变为黑色后，屏幕内容再由黑色转变为镜头二画面。

5.3.3 应用缩放效果

缩放类视频过渡通过快速切换缩小与放大的镜头画面来完成视频过渡任务。在Premiere中，使用最频繁的效果便是【交叉缩放】效果。

而【交叉缩放】过渡效果是在将镜头一画面放大后，使用同样经过放大的镜头二画面替代镜头一画面。然后，再将镜头二画面恢复至正常比例。

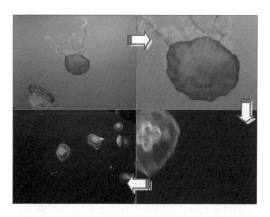

5.4 制作图片转场效果

　　图片转场效果的作用是将不同的素材文件进行无缝衔接，使其观看起来更像一个整体。而Premiere中的图片转场效果则是运用视频过渡效果，对图片素材进行拼接，从而提升了整部作品的流畅感。在本练习中，将通过制作图片素材的转场效果，来详细介绍视频过渡效果的使用方法。

练习要点

- 新建项目
- 导入素材
- 应用视频过渡效果
- 创建字幕素材
- 应用闪电效果
- 分割音频素材
- 应用恒定功率效果

操作步骤：

STEP|01 创建项目。启动Premiere，在弹出的【欢迎使用Adobe Premiere Pro CC 2014】界面中，选择【新建项目】选项。

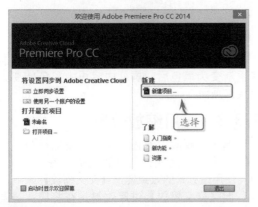

STEP|02 在弹出的【新建项目】对话框中，设置新项目名称、位置和常规选项，并单击【确定】按钮。

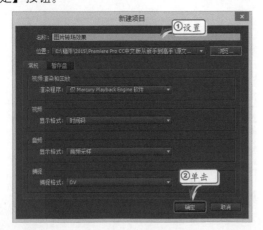

STEP|03 导入素材。双击【项目】面板中的空白区域，在弹出的【导入】对话框中，选择需要导入的素材文件，单击【打开】按钮。

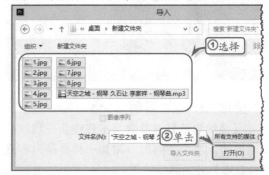

STEP|04 新建序列。执行【文件】|【新建】|【序列】命令，在弹出的【新建序列】对话框中，激活【设置】选项卡，设置序列名称和视频选项，并单击【确定】按钮。

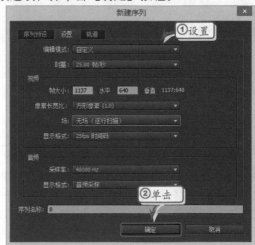

STEP|05 创建开头字幕素材。在【项目】面板中，单击【新建项】按钮，在展开的菜单中选择【字幕】选项。

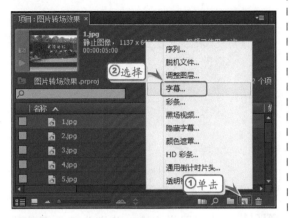

STEP|06 在弹出的【新建字幕】对话框中，设置相应选项，并单击【确定】按钮。

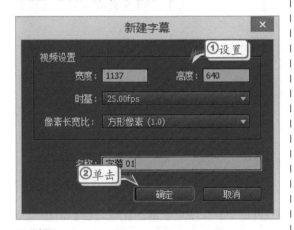

STEP|07 在【字幕】面板中，使用默认工具单击窗口中心位置，输入字幕文本并调整字体的大小。

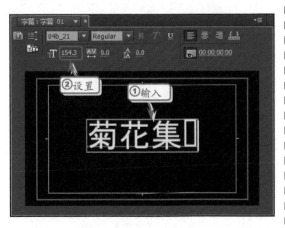

STEP|08 在【字幕属性】面板中，将【字体系列】选项设置为【华文行楷】，将【宽高比】设置为"95.8%"。

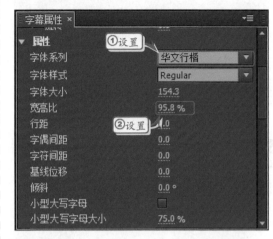

STEP|09 启用【填充】复选框，将【填充类型】设置为【四色渐变】，并设置渐变颜色。

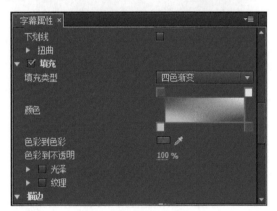

STEP|10 制作闪电效果。将"字幕01"和所有的图片素材，添加到【时间轴】面板中。

STEP|11 选择"字幕01"素材，在【效果】面板中，展开【视频效果】下的【生成】效果组，双击【闪电】效果，将该效果添加到所选素材中。

STEP|12 在【效果控件】面板的【闪电】属性组中，设置该效果的各项参数即可。

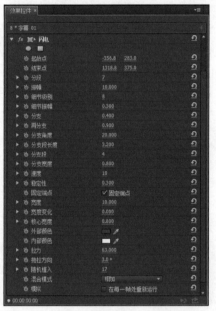

STEP|13 添加图片转场效果。在【效果】面板中，展开【视频效果】下的【滑动】效果组，将【带状滑动】效果拖动到【时间轴】面板中图片1和图片2之间。

STEP|14 选择图片1和2之间的过渡效果，在【效果控件】面板的【带状滑动】属性组中，设置【持续时间】和【对齐】选项。

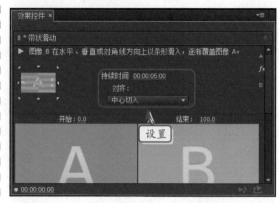

STEP|15 使用同样方法，分别为其他图片添加【圆划像】、【立方体旋转】、【时钟式擦除】、【中心拆分】、【交叉缩放】和【页面剥落】过渡效果。

STEP|16 制作结束字幕。在【项目】面板中，单击【新建项】按钮，在展开的菜单中选择【字幕】选项。

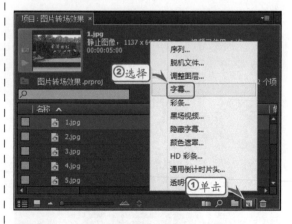

STEP|17 在弹出的【新建字幕】对话框中，设置相应选项，并单击【确定】按钮。

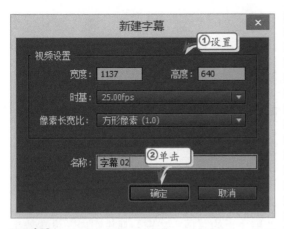

STEP|18 在【字幕】面板中，使用默认工具单击窗口中心位置，输入字幕文本并调整字体的大小。

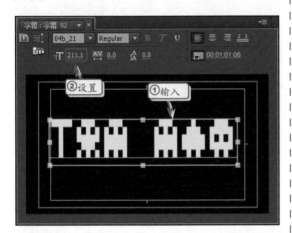

STEP|19 在【字幕属性】面板中，将【字体系列】选项设置为"Broadway"，将【宽高比】设置为"65.9%"。

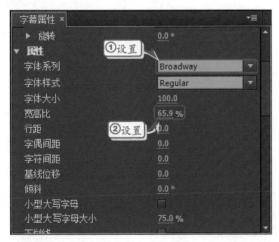

STEP|20 启用【填充】复选框，将【填充类

型】设置为【径向渐变】，并设置渐变颜色，以及【角度】和【重复】选项。

STEP|21 在【项目】面板中，选择"字幕01"素材。然后，在【效果控件】面板中复制【闪电】效果至"字幕02"素材中。

STEP|22 在【效果】面板中，将【视频过渡】下【擦除】效果组中的【百叶窗】效果添加到最后一个图片和字幕02之间。

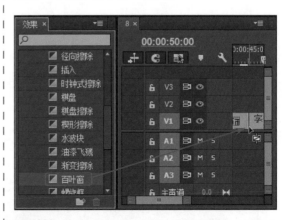

STEP|23 制作音乐素材。选择【项目】面板中的音乐素材，将其添加到【时间轴】面板中的A1轨道中。

STEP|24 将【当前时间指示器】调整至视频末尾处，使用【工具】面板中的【剃刀工具】单击音乐素材，分割素材。

STEP|25 删除右侧音乐素材片段，选择左侧音乐素材片段。在【效果】面板中，将【音频过渡】下【交叉淡化】效果组中的【恒定功率】效果添加到音频素材末尾处。

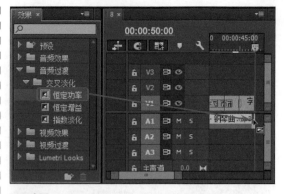

STEP|26 选择【恒定功率】效果，在【效果控件】面板的【恒定功率】属性组中，设置效果的持续时间。

5.5 制作水中倒影效果

　　本例制作汽车在水中的倒影。通过学习添加【波形弯曲】视频特效，使水的素材呈现波动的效果，再降低其透明度，使水effect更加逼真。再为汽车素材添加【垂直翻转】特效，并添加相同的弯曲特效，调整素材的位置，制作出汽车在水中的倒影效果。

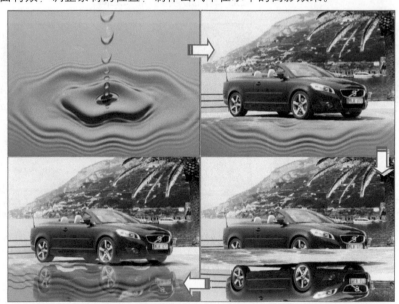

练习要点

- 新建项目
- 新建序列
- 导入素材
- 设置运动属性
- 设置不透明性
- 应用垂直翻转效果
- 应用羽化边缘效果
- 应用波纹变形效果

操作步骤：

STEP|01　创建项目。启动Premiere，在弹出的【欢迎使用Adobe Premiere Pro CC 2014】界面中，选择【新建项目】选项。

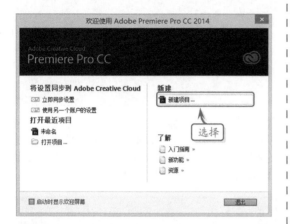

STEP|02　在弹出的【新建项目】对话框中，设置新项目名称、位置和常规选项，并单击【确定】按钮。

STEP|03　新建序列。执行【文件】|【新建】|【序列】命令，在弹出的【新建序列】对话框中，选择预设模式，并单击【确定】按钮。

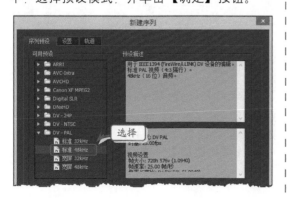

STEP|04　制作水波纹。导入素材，并将【项目】面板中的"水"素材添加到【时间轴】面板中，在【效果控件】面板的【不透明度】属性组中将【不透明度】选项参数设置为"80%"。

STEP|05　选中【时间轴】面板中的"水"素材，在【效果】面板中，展开【视频效果】下的【扭曲】效果组，双击【波形变形】效果，将其添加到"水"素材中。

STEP|06　在【效果控件】面板中，将【波形变形】效果中的【波形宽度】选项参数设置为"100"。

STEP|07 在【效果】面板中，展开【视频效果】下的【变换】效果组，双击【羽化边缘】效果，将其添加到"水"素材中。

STEP|08 在【效果控件】面板中，将【羽化边缘】中的【数量】设置为"100"。

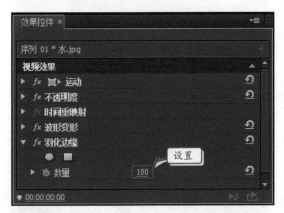

STEP|09 修饰汽车素材。将【项目】面板中的"汽车"素材添加到【时间轴】面板中的V2轨道中，并在【效果控件】面板中，设置【运动】中的【位置】和【缩放】选项。

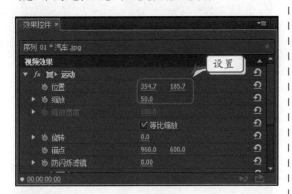

STEP|10 选中"汽车"素材，为该素材添加【羽化边缘】效果，并在【效果控件】面板中将【数量】选项设置为"100"。

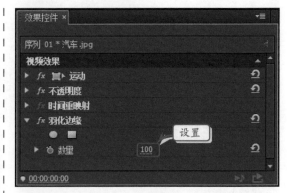

STEP|11 制作汽车倒影效果。将【项目】面板中的"汽车"素材添加到【时间轴】面板中的V3轨道中，并在【效果控件】面板中，设置【运动】中的【位置】和【缩放】选项。

STEP|12 在【效果】面板中，将【变换】效果组中的【垂直翻转】效果添加到该素材中，翻转图像。

STEP|13 将【变换】效果组中的【羽化边缘】效果添加到该素材中，并在【效果控件】面板中将【羽化边缘】中的【数量】选项设置为"100"。

STEP|14 将【扭曲】效果组中的【波形变形】效果添加到该素材中，并在【效果控件】面板中将【波形变形】中的【波形宽度】设置为"100"。

STEP|15 在【效果控件】面板中，将【不透明度】中的【不透明度】选项设置为"40%"，突显水纹形状。

第6章　创建动画效果

　　运动是视频的主要特征，它不仅可以增加视频
的趣味性，而且还可以提高任何表现形式的影响力。
Premiere为用户提供了强大的动画支持，包括移动、缩
放、不透明度、变换等各种运动效果。这些动画支持
主要是通过帧动画来实现的，用户还需要通过添加关
键帧来形成独特的动画效果。在本章中，将详细介绍
添加关键帧、设置关键帧参数，以及添加运动效果等
基础知识和操作方法，为用户创作绚丽和独特的动画
视频奠定基础。

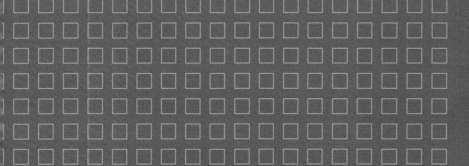

6.1　设置关键帧

帧是影片中的最小单位，而Premiere中的视频动画效果则是通过建立关键帧来实现的。关键帧主要用于制作具有运动和属性变化的动画效果，既具有独立性又具有相互作用性。

Premiere拥有强大的动画生成功能，用户只需进行少量设置，即可使静态的素材画面产生运动效果，或为视频画面添加更为精彩的视觉内容。

6.1.1　添加关键帧

Premiere中的关键帧可以帮助用户控制视频或者音频效果内的参数变化，并将效果的渐变过程附加在过渡帧中，从而形成个性化的节目内容。在Premiere中，为素材添加关键帧可以通过【时间轴】或【效果控件】面板等方式来实现。

1. 使用【时间轴】面板 ▶▶▶▶

通过【时间轴】面板，不仅可以针对应用于素材的任意视频效果属性进行添加或删除关键帧的操作，而且还可控制关键帧在【时间轴】面板中的可见性。

首先，在【时间轴】面板中选择需要添加关键帧的素材。然后，将【当前时间指示器】移动到要添加关键帧的位置，单击【添加-移除关键帧】按钮◇即可。

提示

在【时间轴】面板上添加关键帧后，保持当前时间指示器的位置不变，再次单击【添加-移除关键帧】按钮◇，即可将该位置上的关键帧删除。

2. 使用【效果控件】面板 ▶▶▶▶

在【效果控件】面板中，不仅可以添加或删除关键帧，还可以通过对关键帧各项参数的设置，来实现素材的运动效果。

首先，在【时间轴】面板中选择需要添加关键帧的素材。此时，在【特效控制台】面板中，将显示该素材具有的视频效果。

在该面板中，只需单击属性左侧的【切换动画】按钮 ，即可在当前位置上创建一个关键帧。例如，单击【缩放】属性左侧的【切换动画】按钮 ，即可在【当前时间指示器】位置处，创建第一个关键帧。

通常情况下，动画效果需要由多个关键帧组成。在该面板中，将【当前时间指示器】移动到合适位置，单击该属性下的【添加-移除关键帧】按钮◇，即可在该位置处创建第二个关键帧。

创建关键帧之后，用户还需要通过设置属性参数，来显示动画效果。在此，将【缩放】属性中的第一个关键帧的参数设置为"100"，将第二个关键帧的属性参数设置为200"。以此类推，用户可以设置多个关键帧。

技巧

在【效果控件】面板中，添加关键帧之后，只需再次单击【切换动画】按钮，即可取消关键帧。

6.1.2 编辑关键帧

创建关键帧之后，为了保证动画效果的流畅性、平滑性和特效性，还需要对关键帧进行一系列的编辑操作。

1．选择关键帧 ▶▶▶▶

编辑素材关键帧时，需要先选择关键帧，然后才能进行操作。用户除了可以使用鼠标单击的方法，来选择所需关键帧之外；还可以使用面板中的功能按钮来选择关键帧。

无论是在【时间轴】面板中还是在【效果控件】面板中，当某段素材上含有多个关键帧时，可以通过单击【转到上一关键帧】按钮◀和【转到下一关键帧】按钮▶，在各关键帧之间进行选择。

技巧

在【效果控件】面板中，可通过按下 Ctrl 或 Shift 键的同时单击多个关键帧的方法，来同时选择多个关键帧。

2．移动关键帧 ▶▶▶▶

当用户需要将关键帧移动到其他位置，只需在【效果控件】面板中，选择要移动的关键帧，单击并拖动鼠标至合适的位置即可。

3．复制和粘贴关键帧 ▶▶▶▶

在设置影片动画特效的过程中，如果某一素材上的关键帧具有相同的参数，则可以利用关键帧的复制和粘贴功能来提高操作效率。

首先，在【效果控件】面板中，右击需要复制的关键帧，执行【复制】命令。然后，将【当前时间指示器】移动到合适位置，右击轨道区域，执行【粘贴】命令，即可在当前位置创建一个与之前对象完全相同的关键帧。

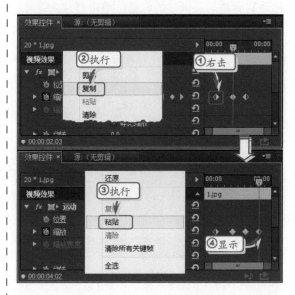

提示

右击关键帧执行【清除】按钮，即可清除该关键帧。另外，右击轨道执行【清除所有关键帧】命令，即可清除轨道内的所有关键帧。

6.2 设置动画效果

Premiere是基于关键帧的概念对目标的运动、缩放、旋转以及特效等属性进行动画设置的。用户可以通过【效果控件】面板中，通过设置各属性参数，来快速创建各种不同运动效果。

6.2.1 设置运动效果

运动效果是通过设置【运动】属性组中的【位置】属性，来实现素材在不同轨迹中移动的一种动画效果。

首先，在【效果控件】面板中，将【当前时间指示器】移动到合适位置，单击【运动】属性组中【位置】属性左侧的【切换动画】按钮，创建第一个关键帧。同时，将【当前时间指示器】移至新位置中。

然后，在【节目】监视器面板中，双击素材画面即可选择屏幕最顶层的视频素材。此时，所选素材上将会出现一个中心控制点，而素材周围也会出现8个控制柄。

在【节目】监视器面板中，拖动所选素材，即可调整该素材在屏幕画面中的位置。而此时，系统则会自动在【效果控件】面板中显示移动素材时所自动创建的关键帧。

由于事先创建了【位置】关键帧，因此用户在移动素材时，将会在屏幕中出现一条标识素材运动轨迹的直线路径。

技巧

在【节目】监视器面板中，利用素材四周的控制柄可以调整素材图像在屏幕画面中的尺寸大小。

创建移动轨迹之后，用户可拖动路径端点附近的锚点，将素材画面的运动轨迹更改为曲线状态，以满足素材不同方向和弧度的运动方式。

6.2.2 设置缩放效果

缩放运动效果是通过调整素材在不同关键帧中素材的大小来实现的。

首先，在【时间轴】面板中选择相应的素材，并在【效果控件】面板中，将【当前时间指示器】移至合适位置，单击【运动】属性组中【缩放】属性左侧的【切换动画】按钮，创建缩放关键帧，开启该属性的动画选项。

然后，将【当前时间指示器】移至新位置处，调整【运动】属性组中【缩放】属性参数值，即可创建第二个关键帧，完成缩放动画的第二个设置工作。

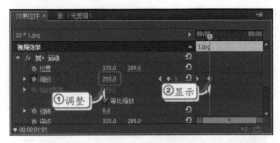

以此类推，直至完成所有缩放动画的设置工作。单击【节目】监视器面板中的【播放-停止切换（Space）】按钮，观看动画设置效果。

6.2.3 设置旋转效果

旋转运动效果是指素材图像围绕指定轴线进行转动，并最终使其固定至某一状态的运动效果。在Premiere中，用户可通过调整素材旋转角度的方法来制作旋转效果。

首先，在【时间轴】面板中选择相应的素材，并在【效果控件】面板中，将【当前时间指示器】移至合适位置，单击【运动】属性组中【旋转】属性左侧的【切换动画】按钮，创建旋转关键帧，开启该属性的动画选项。

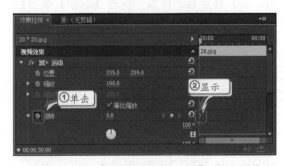

然后，将【当前时间指示器】移至新位置

处，调整【旋转】属性参数值，即可创建第二个关键帧，完成旋转动画的第二个设置工作。以此类推，直至完成所有缩放动画的设置工作。

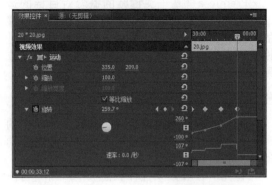

最后，单击【节目】监视器面板中的【播放-停止切换（Space）】按钮，观看动画设置效果。

6.2.4 设置不透明度效果

制作影片时，降低素材的不透明度可以使素材画面呈现半透明效果，从而利于各素材之间的混合处理。

在【时间轴】面板中选择相应的素材，在【效果控件】面板内展开【不透明度】属性组，单击【不透明度】属性左侧的【切换动画】按钮，即可创建第一个关键帧。

然后，将【当前时间指示器】移至新位置处，调整【不透明度】属性参数值，即可创建第二个关键帧，完成旋转动画的第二个设置工作。以此类推，直至完成所有缩放动画的设置工作。

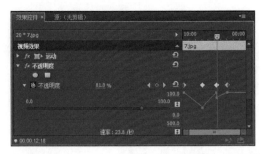

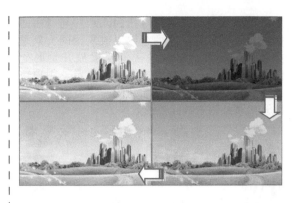

最后，单击【节目】监视器面板中的【播放-停止切换（Space）】按钮 ▶，观看动画设置效果。

6.3 预设动画效果

Premiere为用户提供了一系列的预设动画效果，既解决了丰富视频内容的问题，又解决了设置动画属性参数的难题。用户只需在【效果控件】面板中，展开【预设动画】效果组，将相应效果应用到素材中，便能基本解决视频画面中所遇到的各种效果。

6.3.1 预设画面效果

预设画面效果是一些专门用来修饰视频画面效果的特效，例如【斜边角】与【卷积内核】效果。

1. 斜边角 ▶▶▶▶

【斜边角】效果可以实现画面厚、薄两种斜边角效果。在【预设动画】效果组中，将【斜边角】组中的【厚斜边角】效果或【薄斜边角】效果添加到【时间轴】面板中的素材上即可。

厚、薄两个斜边角效果是同一个效果的不同参数所得到的效果，当用户将一个效果应用到素材之上，而将另外一个效果叠加到该素材中时，便会出现复合斜边角效果。

> **提示**
>
> 用户为素材添加斜边角效果之后，也可以在【效果控件】面板中的【斜边角】属性组中，通过设置各项属性来更改斜边角效果。

2. 卷积内核 ▶▶▶▶

【卷积内核】效果是通过改变画面内各个像素的亮度值来实现某些特殊效果，包括卷积内核查找边缘、卷积内核模糊、卷积内核浮雕、卷积内核锐化等10种效果。

在【预设动画】效果组中，将【卷积内核】组中的相应效果添加到【时间轴】面板中的素材上即可。

6.3.2 预设入画/出画效果

入画/出画效果是专门用来设置素材在播放的开始或结束时的画面效果，包括扭曲、模糊、过度曝光、马赛克、画中画等类型。

1. 扭曲 ▶▶▶▶

【扭曲】效果组能够为画面添加扭曲效

果，而该效果组中包括【扭曲入点】与【扭曲出点】两个效果。这两个效果效果相同，只是播放时间不同，一个是在素材播放开始时显示，另一个是在素材播放结束时显示。用户也可以将两个效果同时添加到同一个素材中，形成开始和结束的共同扭曲效果。

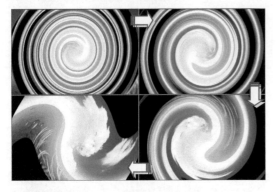

2. 过度曝光 ▶▶▶▶

【过度曝光】效果组是改变画面色调显示曝光效果，包括【过度曝光入点】与【过度曝光出点】两个效果。虽然同样是曝光过度效果，但是入画与出画曝光效果除了在播放时间方面不一样，其效果也完全相反。

3. 模糊 ▶▶▶▶

【模糊】效果组中同样包括【快速模糊入点】和【快速模糊出点】两个效果，并且其效果表现过程也完全相反。用户只需将【快速模糊入点】或者【快速模糊出点】效果添加至素材上即可。

4. 马赛克 ▶▶▶▶

【马赛克】效果组中也包括【马赛克入点】与【马赛克出点】两个效果，两个效果也是同一个效果中的两个相反的动画效果。当用户为素材添加这两个效果时，它们会被分别设置在播放的前一秒或者后一秒中。

5. 画中画 ▶▶▶▶

当两个或两个以上的素材出现在同一时间段时，要想同时查看效果，必须将位于上方的素材画面缩小。而【画中画】效果组中提供了一种用于显示缩放尺寸为25%的画中画，并且以该比例的画面为基准，设置了25%的画面的各种运动动画。

新版的Premiere为用户提供了25%LL、25%LR、25%UL、25%UR和25%运动5种类型，并且每种类型中又分别被划分为不同运动效果。例如，【25%LL】类型中提供了画中画25%LL、画中画25%LL从完全按比例缩小、画中画25%LL按比例放大至完全、画中画25%LL旋转入点、画中画25%LL旋转出点、画中画25%LL缩放入点、画中画25%LL缩放出点7种效果。

6.4 制作水墨山水画

　　Premiere内置了关键帧功能，并可以通过关键帧控制素材的移动、缩放、不透明度等运动参数，从而使静态的素材画面产生运动效果。在本练习中，将通过制作水墨山水画，来详细介绍关键帧的设置和控制参数变化的操作方法。

练习要点

- 新建项目
- 新建序列
- 导入素材
- 设置位置关键帧
- 设置缩放参数
- 应用4点无用信号遮罩效果
- 应用快速模糊效果

操作步骤：

STEP|01 　新建项目。启动Premiere，在弹出的【欢迎使用Adobe Premiere Pro CC 2014】界面中，选择【新建项目】选项。

STEP|02 　在弹出的【新建项目】对话框中，设置相应选项，并单击【确定】按钮。

STEP|03 　新建序列。执行【文件】|【新建】|【序列】命令，在弹出的【新建序列】对话框中，保持默认设置，单击【确定】按钮。

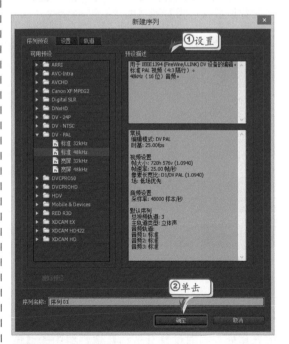

STEP|04 　导入素材。双击【项目】面板空白区域，在弹出的【导入】对话框中，选择素材文件，并单击【打开】按钮。

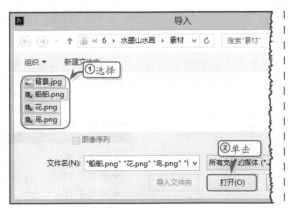

STEP|05 设置背景素材。将"背景"素材添加到【时间轴】面板中的V1轨道中，将鼠标移至素材右侧，拖动鼠标调整素材的持续时间。

STEP|08 设置船舶素材。将"船舶"素材添加到【时间轴】面板中的V2轨道中，将鼠标移至素材右侧，拖动鼠标调整素材的持续时间。

STEP|06 在【效果控件】面板中，单击【运动】属性组中【位置】选项左侧的【切换动画】按钮，并设置【位置】和【缩放】选项参数。

提示

拖动鼠标素材时，向右拖动则表示延长播放时间，向左侧拖动则表示缩减播放时间。

STEP|09 将【当前时间指示器】调整至视频的开始处。在【效果控件】面板中，单击【运动】属性组中的【位置】选项左侧的【切换动画】按钮，并设置【位置】和【缩放】选项参数。

提示

对于【效果控件】面板中【运动】属性组中的【位置】参数值，用户可以将鼠标移至参数上，当鼠标变成 形状时，拖动鼠标即可调整参数值。

STEP|07 将【当前时间指示器】调整至视频的末尾处，同时设置【运动】属性组中的【位置】选项参数。

STEP|10 将【当前时间指示器】调整至00:00:06:18位置处，并设置【运动】属性组中的【位置】选项的参数值。

STEP|11 将【当前时间指示器】调整至视频的末尾处，同时设置【运动】属性组中的【位置】选项参数。

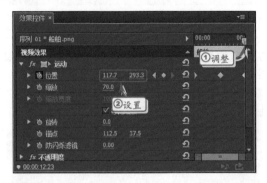

STEP|12 设置花素材。将"花"素材添加到【时间轴】面板中的V3轨道中，将鼠标移至素材右侧，拖动鼠标调整素材的持续时间。

STEP|13 将【当前时间指示器】调整至视频的开始处，在【效果控件】面板中，单击【运动】属性组中【位置】选项左侧的【切换动画】按钮，并设置【位置】和【缩放】选项参数。

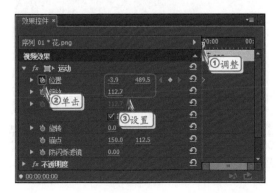

STEP|14 将【当前时间指示器】调整至视频的末尾处，同时设置【运动】属性组中的【位置】选项参数。

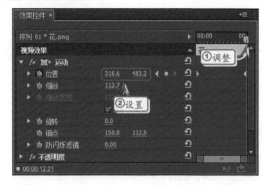

STEP|15 设置鸟素材。在【时间轴】面板中，右击轨道空白区域，执行【添加单个轨道】命令，添加3个视频轨道。

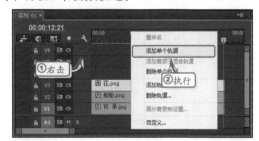

STEP|16 将"鸟"素材添加到【时间轴】面板中的V2轨道中，将鼠标移至素材右侧，拖动鼠标调整素材的持续时间。

STEP|17 将【当前时间指示器】调整至视频的开始处，在【效果控件】面板中，单击【运动】属性组中【位置】选项左侧的【切换动画】按钮，并设置【位置】和【缩放】选项参数。

STEP|18 将【当前时间指示器】调整至视频的末尾处，同时设置【运动】属性组中的【位置】选项参数。

STEP|19 创建字幕素材。执行【字幕】|【新建字幕】|【静态默认字幕】命令，在弹出的对话框中设置字幕参数，并单击【确定】按钮。

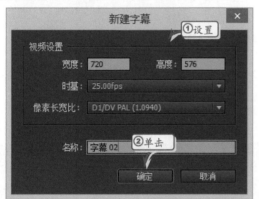

STEP|20 在【字幕】面板中输入字幕文本，并在【字幕属性】面板中的【属性】属性组中设置文本的级别属性。

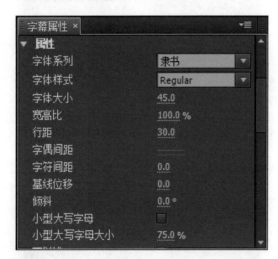

STEP|21 启用【填充】属性组，将【填充颜色】选项设置为"黑色"。

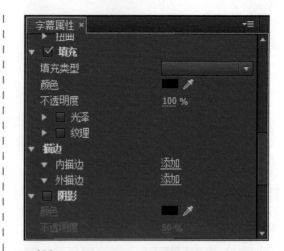

STEP|22 将字幕素材分别添加到【时间轴】面板中的V5和V6轨道中。选择V5轨道中的素材，在【效果】面板中，双击【视频效果】下【键控】效果组中的【4点无用信号遮罩】效果。

STEP|23 在【效果控件】面板中，将【当前时间指示器】调整至00:00:10:00位置处，单击【4点无用信号遮罩】属性组中【上左】选项左侧的【切换动画】按钮，并设置其参数。

STEP|24 将【当前时间指示器】调整至00:00:11:00位置处，并调整【4点无用信号遮罩】属性组中的【上左】选项参数。

STEP|25 在【效果】面板中，双击【视频效果】下【模糊与锐化】效果组中的【快速模糊】效果，将其添加到V5轨道素材中。

STEP|26 在【效果控件】面板中，将【快速模糊】属性组中的【模糊度】设置为"25"。

STEP|27 在【效果控件】面板中，复制【4点无用信号遮罩】效果至轨道V6素材中。

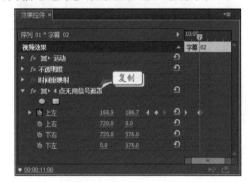

6.5 制作公益宣传片

Premiere主要用来处理影视后期中的视频和声音，其动画制作功能并不像After Effects CC那样丰富。但是，运用Premiere中的关键帧功能，一样可以将静止图片制作成独特的动画效果。除了关键帧之外，用户还可以通过使用内置的视频过渡和视频效果，来增加视频的绚丽性，从而制作出独特的视频效果。在本练习中，将通过运用关键帧、视频效果和特效等功能，来制作一个有关保护动画的公益宣传片。

练习要点

- 新建项目
- 新建序列
- 导入素材文件夹
- 新建字幕素材
- 设置动画关键帧
- 应用视频效果
- 应用视频过渡效果
- 应用音频过渡效果
- 分割音乐素材

操作步骤：

STEP|01 新建项目。启动Premiere，在弹出的【欢迎使用Adobe Premiere Pro CC 2014】界面中，选择【新建项目】选项。

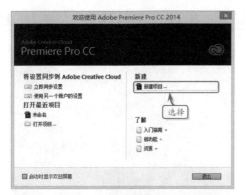

STEP|02 在弹出的【新建项目】对话框中，设置相应选项，并单击【确定】按钮。

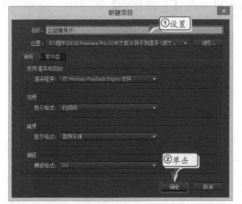

STEP|03 新建序列。执行【文件】|【新建】|【序列】命令，在【新建序列】对话框中激活【设置】选项卡，设置序列选项，并单击【确定】按钮。

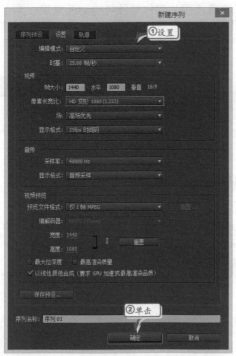

STEP|04 导入素材。双击【项目】面板空白区域，在弹出的【导入】对话框中，选择素材文件夹，单击【导入文件夹】按钮，依次导入多个素材文件夹。

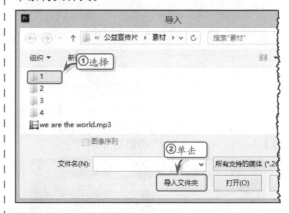

STEP|05 创建字幕素材。在【项目】面板中，单击【新建项】按钮，在展开的菜单中选择【字幕】选项。

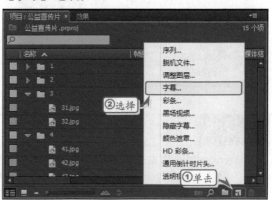

STEP|06 在弹出的【新建字幕】对话框中，设置字幕选项，并单击【确定】按钮。

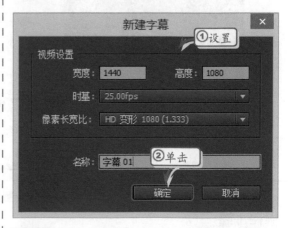

STEP|07 在【字幕】面板中，单击中心区域输入字幕文本，并设置字体样式、大小和行距。

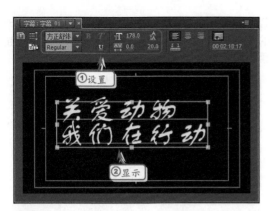

STEP|08 在【字幕属性】面板中，启用【阴影】复选框，设置文本的阴影效果。

STEP|09 设置开始字幕。将"字幕01"素材添加到【时间轴】面板中的V1轨道中，并将【当前时间指示器】调整至视频开始处。

STEP|10 在【效果控件】面板中，单击【不透明度】属性组中【不透明度】选项左侧的【切换动画】按钮，并将其参数设置为"0%"。

提示

添加关键帧之后，用户可通过单击【不透明度】属性组中【不透明度】选项左侧的【切换动画】按钮，删除所有关键帧。

STEP|11 将【当前时间指示器】调整至00:00:05:00位置处，将【不透明度】属性组中的【不透明度】选项参数设置为"100%"。

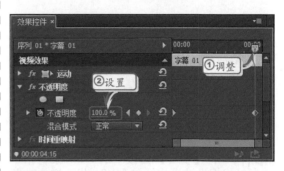

STEP|12 选择字幕素材，在【效果】面板中，展开【视频效果】下的【透视】效果组，双击【基本3D】效果，将其添加到所选素材中。

STEP|13 在【效果控件】面板中，根据字幕文本的具体位置，设置【球面化】属性组中的【半径】选项。

STEP|14 添加素材。将【项目】面板中的"1"素材箱中的素材根据设计顺序添加到V1轨道中，并调整素材的持续播放时间。

提示

右击图片素材，执行【速度／持续时间】命令，可在弹出的对话框中更改素材的持续播放时间。

STEP|15 将【项目】面板中的"2"素材箱中的素材根据设计顺序添加到V2~V8轨道中，并调整素材的持续播放时间和具体位置。

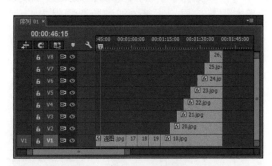

提示

在添加素材之前，用户还需要右击轨道空白区域，在弹出的菜单中选择【添加单个轨道】选项，添加5个轨道。

STEP|16 将【项目】面板中的"3"素材箱中的素材根据设计顺序添加到V1和V2轨道中，并调整素材的持续播放时间。

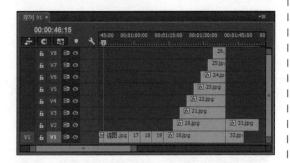

STEP|17 将【项目】面板中的"4"素材箱中的素材根据设计顺序添加到V3轨道中，并调整素材的持续播放时间。

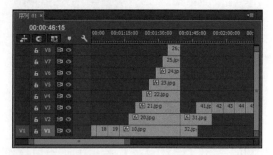

STEP|18 设置动画效果。选择V1轨道中的第1个图片素材，并将【当前时间指示器】调整至00:00:05:00位置处。

STEP|19 在【效果控件】面板中，单击【运动】属性组中【缩放】选项左侧的【切换动画】按钮，并将参数值设置为"600"。

STEP|20 将【当前时间指示器】调整至00:00:06:20位置处，将【运动】属性组中【缩放】选项的参数值设置为"320"。

STEP|21 将【当前时间指示器】调整至00:00:08:06位置处,将【运动】属性组中【缩放】选项的参数值设置为"351.6"。

STEP|22 在【效果】面板中,展开【视频效果】下的【扭曲】效果组,双击【放大】效果,将其添加到第1个图片素材中。

STEP|23 在【效果控件】面板中,设置各选项的具体参数,并将【当前时间指示器】调整至00:00:06:20位置处。单击【放大】属性组中【中央】选项左侧的【切换动画】按钮,并设置其参数值。

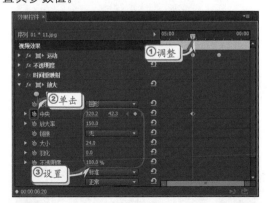

STEP|24 将【当前时间指示器】调整至00:00:09:19位置处,并设置【放大】属性组中

的【中央】选项参数值。使用同样的方法,分别为其他图片设置关键帧。

STEP|25 添加过渡效果。在【效果】面板中,展开【视频过渡】下的【溶解】选项组,将【渐隐为黑色】效果拖动到V1轨道中第1个和第2个图片中间。

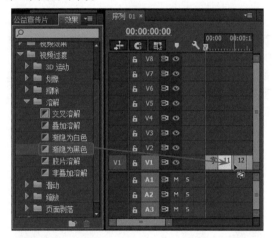

STEP|26 使用同样的方法,分别在其他图片之间添加【渐隐为黑色】过渡效果。

STEP|27 设置末尾字幕素材。将"字幕02"素材添加到轨道V3中,选中该素材。然后,在【效果】面板中,展开【视频效果】下的【过渡】效果组,双击【线性擦除】效果。

提示

在为字幕素材添加效果之前，用户还需要分别设置每个图片素材的【缩放】参数，以使图片大小符合序列视频大小。

STEP|28 将【当前时间指示器】调整至 00:02:13:21位置处。在【效果控件】面板中，单击【线性擦除】属性组中【过渡完成】选项左侧的【切换动画】按钮，并设置【过渡完成】和【擦除角度】选项参数。

STEP|29 将【当前时间指示器】调整至 00:02:17:13位置处。设置【线性擦除】属性组中【过渡完成】选项的参数值。

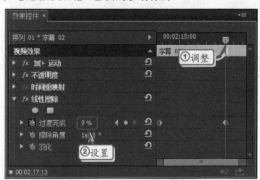

STEP|30 设置音乐素材。添加音乐素材，将【当前时间指示器】调整至视频的末尾处，使用【工具】面板中的【剃刀工具】单击音频素材中的【当前时间指示器】线。

STEP|31 使用【工具】面板中的【选择工具】选择右侧的音频片段，按下Delete键删除该素材片段。

STEP|32 在【效果】面板中，展开【音频过渡】下的【交叉淡化】效果组，将【恒定功率】效果添加到音频素材中。

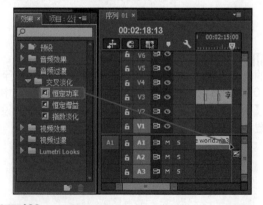

STEP|33 在【效果控件】面板中，将【持续时间】选项设置为"00:00:04:00"。

第7章 应用视频效果

用户在使用Premiere编辑视频时，除了通过为视频添加过渡效果来突出画面的表现力之外，还可以通过为视频添加各种特效的方法来增加视频画面的生动性，以及弥补拍摄过程中所造成的画面缺陷等问题。Premiere为用户提供了多种类型的视频特效，按其功能可以划分为增强视觉效果、校正视频缺陷和辅助视频合成等类型。在本章中，将详细介绍各种视频效果的应用方法和技巧，从而可以协助用户熟练完成对指定画面进行修饰、变换等操作，以达到突出影片主题及增强视觉效果的目的。

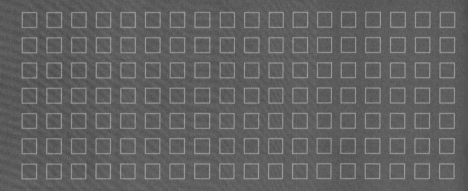

7.1 使用视频效果

Premiere中的视频效果不仅可以丰富影片的画面效果，而且还可以为任意轨道中的视频素材添加一个或多个效果。在本节中，将详细介绍影片中的视频、图像等素材添加视频特效的方法和技巧，以及对视频特效进行编辑等操作。

7.1.1 添加视频效果

Premiere为用户提供了100多种视频效果，所有效果按照类别被放置在【效果】面板中的【视频效果】文件夹下的17个子文件夹中，以方便用户对其进行查找和应用。

相对于过渡效果来讲，视频效果既可以通过【时间轴】面板来添加，又可以通过【效果控件】面板来添加。

1．使用【时间轴】面板添加 ▶▶▶▶

使用【时间轴】面板添加视频效果时，用户只需将【视频效果】效果组中相应的效果直接拖曳到【时间轴】面板中的素材上即可。

2．使用【效果控件】面板添加 ▶▶▶▶

使用【效果控件】面板为素材添加视频效果，是最为直观的一种添加方式。首先，用户需要在【时间轴】面板中选择所需添加效果的素材。然后，将【效果】面板中所要添加的视频效果，直接拖至【效果控件】面板中即可。

当用户需要为同一个视频添加多个视频效果，只需依次将要添加的视频效果拖动到【效果控件】面板中即可。

> **提示**
>
> 在【效果控件】面板中，用户可以通过拖动各个视频效果来实现调整其排列顺序的目的。

7.1.2 编辑视频特效

为视频添加特效之后，还需要通过复制特效、删除特效等一系列的编辑操作，来修改与完善视频特效。

1．复制视频特效 ▶▶▶▶

当多个影片剪辑使用相同的视频效果时，复制、粘贴视频效果可以减少操作步骤，加快影片编辑的速度。

首先，选择源视频效果所在影片剪辑，并在【效果控件】面板内右击视频效果，执行【复制】命令。然后，选择新的素材，右击【效果控件】面板空白区域，执行【粘贴】命令即可。

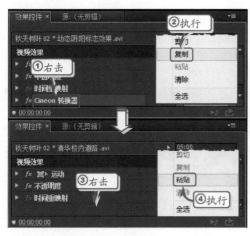

2. 删除视频特效 ≫≫≫

当不再需要影片剪辑应用视频效果时，可在【效果控件】面板中右击视频效果，执行【清除】命令，即可删除该视频特效。

另外，在【效果控件】面板中，选择视频效果，按下Delete键或Backspace键也可将其删除。

3. 设置特效参数 ≫≫≫

为视频添加特效之后，在【效果控件】面板中单击视频效果前的"三角"按钮，即可显示该效果所具有的全部参数。

提示

Premiere 中的视频效果属性参数并不是一成不变的，它会随着视频效果的改变而改变。

当用户需要更改属性值时，则可以单击属性参数值，使其处于可编辑状态，然后输入新的参数值即可。

提示

在【效果控件】面板中，将鼠标置于属性参数值的位置上后，当光标变成形状时，拖动鼠标也可修改参数值。

除此之外，对于部分参数，还可以展开参数的详细设置面板，通过拖动其中的指针或者滑块来更改属性的参数值。

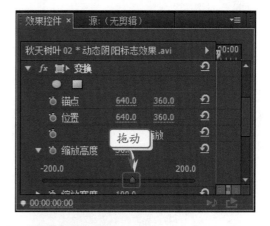

4. 隐藏视频效果 ≫≫≫

在【效果控件】面板中，单击视频效果前的【切换效果开关】按钮，即可在影片剪辑中隐藏该视频效果。

隐藏视频效果之后，再次单击【切换效果开关】按钮，即可显示该视频效果。

7.1.3　调整图层

当多个影片剪辑使用相同的视频效果时，除了使用复制与粘贴视频效果外，Premiere还提供了调整图层的方法。

当用户在调整图层中添加视频效果后，其添加的效果会被应用到该调整图层下方的所有视频中；并且在删除或隐藏调整图层的情况下，其下方所有视频中的效果不会被影响。

1．创建调整图层 》》》

在【项目】面板中，单击底部的【新建项】按钮，在展开的菜单中选择【调整图层】选项。

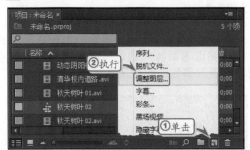

然后，在弹出的【调整图层】对话框中设置调整图层的视频【宽度】、【高度】、【时基】与【像素长宽比】选项，单击【确定】按钮，即可在【项目】面板中创建"调整图层"项目。

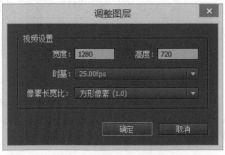

2．添加视频效果 》》》

当为【时间轴】面板中添加素材后，将新创建的调整图层插入素材片段上方，使其播放长度与素材相等。

此时，为【时间轴】面板中的调整图层添加视频效果，用户会发现该调整图层下方的所有素材均显示被添加的视频效果。

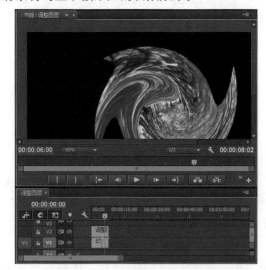

调整图层中的视频效果的应用和编辑方法，与视频片段中的视频效果相同。当调整图层中添加了多个视频效果后，可通过单击调整图层所在轨道中的【切换轨道输出】图标，来隐藏调整图层，其视频效果暂时不显示在下方的素材中。

另外，如果想彻底删除调整图层中的视频效果，则需要删除调整图层。即，在【时间轴】面板中选中调整图层，按下Delete键即可。

7.2 变形视频效果

变形视频效果主要用来校正或扭曲视频画面。当用户不小心拍摄出倾斜画面的视频时，则需要使用【变换】类效果来校正画面；除此之外，用户还可以使用【扭曲】类效果对视频画面进行变形，从而丰富视频画面效果。

7.2.1 变换

【变换】类视频效果可以使视频素材的形状产生二维或三维变化，它包括【垂直翻转】、【水平翻转】、【羽化边缘】和【裁剪】4种效果。

1. 垂直翻转与水平翻转 ▶▶▶▶

【垂直翻转】视频效果的作用是让素材画面呈现一种倒置的效果。由于该效果没有属性参数，因此用户只需将该效果添加到相应素材上即可。

【水平翻转】视频效果的作用则是让素材画面呈现一种水平倒置的效果。由于该效果没有属性参数，因此用户只需将该效果添加到相应素材上即可。

2. 羽化边缘 ▶▶▶

【羽化边缘】视频效果可以在屏幕画面四周形成一圈经过羽化处理后的黑边。当用户将该效果应用到素材中后，在【效果控件】面板中将显示【数量】属性参数，该参数值越大表示经过羽化处理的黑边越明显，其参考值介于0~100之间。

3. 裁剪 ▶▶▶▶

【裁剪】视频效果的作用是对影片剪辑的画面进行切割处理。当用户将该效果应用到素材中后，在【效果控件】面板中将显示各属性参数。

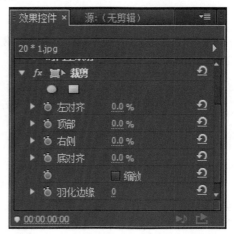

其中，【裁剪】效果下各属性的具体含义，如下所述。

▶▶ **左对齐** 用于设置屏幕画面中的左下方向的切割比例。

▶▶ **顶部** 用于设置屏幕画面中的上方向的切割比例。

▶▶ **右侧** 用于设置屏幕画面中的右方向的切割比例。

▶▶ **底对齐** 用于设置屏幕画面中的下方向的切割比例。

▶▶ **缩放** 启用该复选框，可以将切割后的画面填充至整个屏幕。

▶▶ **羽化边缘** 用于设置屏幕画面四周经羽化处理后的黑边宽度，其值介于−30000~30000之间。

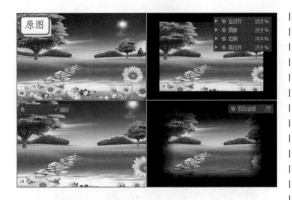

7.2.2 扭曲

【扭曲】类视频效果可以使素材画面产生多种不同的变形效果，共包括【位移】、【变换】、【放大】、【旋转】等12种不同的变形样式。

1. 位移 ▶▶▶▶

当素材画面的尺寸大于屏幕尺寸时，使用【位移】视频效果可以产生虚影效果。

当用户将该效果应用到素材中后，在【效果控件】面板中将显示相应的属性参数。调整之前的【与原始图像】属性值为"0"，表示目前屏幕画面不存在位移效果。此时，用户可以将该属性组调整在1~100之间。同时，还需要调整【将中心位移至】属性参数值，否则也无法显示位移效果。

2. 变换 ▶▶▶▶

【变换】视频效果能够为用户提供一种类似于照相机拍照时的效果，通过在【效果控件】面板中调整【锚点】、【缩放高度】、【缩放宽度】等选项，可对"拍照"时的屏幕画面摆放位置、照相机位置和拍摄参数等多项内容进行设置。

3. 放大 ▶▶▶▶

【放大】视频效果可以放大显示素材画面中的指定位置，从而模拟人们使用放大镜观察物体的效果。将【放大】效果应用到素材中后，在【效果控件】面板中设置【形状】、【大小】、【放大率】等各属性参数即可。

在【放大】视频效果属性中，Premiere为用户提供了【混合模式】选项，该选项包含了18种变形效果与原图像之间的混合方式。

4．旋转 ►►►►

【旋转】视频效果可以使素材画面中的部分区域围绕指定点来旋转图像画面。

添加该效果之后，在【效果控件】面板中将会显示该效果的各属性选项。其中，【角度】属性决定了图像的旋转扭曲程度，参数值越大扭曲效果越明显；【旋转扭曲半径】属性决定着图像的扭曲范围，而【旋转扭曲中心】属性则控制着扭曲范围的中心点。

5．波形变形 ►►►►

【波形变形】视频效果的作用是根据用户给出的参数在一定范围内制作弯曲的波浪效果。

添加该效果之后，在【效果控件】面板中将会显示该效果的各属性选项，包括【波形类型】、【波形高度】、【波形宽度】、【方向】、【波形速度】等属性选项。

提示

为素材设置视频效果之后，可通过单击效果选项右侧的【重置参数】按钮，撤销属性参数的设置值，恢复其默认值。

6．球面化 ►►►►

【球面化】视频效果可以使素材画面以球面化状态进行显示。

将该视频效果添加到素材中后，在【效果控件】面板中将会显示该效果的各属性选项。其中，【半径】属性选项用于调整"球体"的尺寸大小，直接影响球面效果对屏幕画面的作用范围；而【球面中心】属性选项则决定了"球体"在画面中的位置。

7．紊乱置换 ►►►►

【紊乱置换】视频效果可以在素材画面内产生随机的画面扭曲效果。

将该视频效果添加到素材中后，在【效果控件】面板中将会显示该效果的各属性选项。其中，除【置换】属性选项用于控制扭曲方式，【消除锯齿最佳品质】属性选项则用于决定扭曲后的画面品质外，其他所有属性选项都用于控制画面扭曲效果。

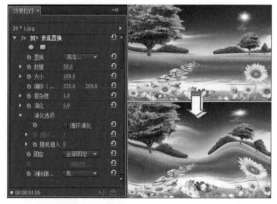

8．边角定位 ►►►►

【边角定位】视频效果可以改变素材画面4个边角的位置，从而可以使画面产生透视和弯曲效果。

将该视频效果添加到素材中后，在【效果控件】面板中将会显示该效果的各属性选项。其中，【左上】、【右上】、【左下】、【右下】属性选项的参数值用于指定屏幕画面位置的坐标值。用户只需调整这些参数便可控制屏幕画面产生各种倾斜或透视效果。

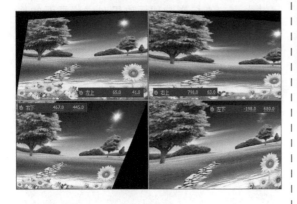

9. 镜像 ▶▶▶▶

【镜像】视频效果可以使素材画面沿分割线进行任意角度的反射操作。

将该视频效果添加到素材中后，在【效果控件】面板中将会显示该效果的各属性选项。其中，【反射中心】属性选项用于设置镜像反射的中心位置（分割线位置），而【反射角度】属性选项则用于设置镜像反射的应用效果。

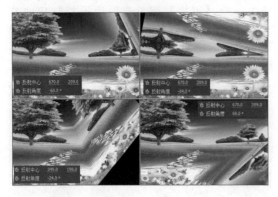

10. 镜头扭曲 ▶▶▶▶

在视频拍摄过程中，可能会出现某些焦距、光圈大小和对焦距离等不同类型的缺陷。这时可以通过【镜头扭曲】视频效果进行校正，或者直接使用该效果为正常的视频画面进行扭曲效果。

将该视频效果添加到素材中后，在【效果控件】面板中将会显示该效果的各属性选项，包括【曲率】、【垂直偏移】、【水平偏移】、【垂直棱镜效果】、【水平棱镜效果】

和【填充颜色】属性选项。

11. 变形稳定器 ▶▶▶▶

【变形稳定器】视频效果可以消除因摄像机移动造成的抖动情况，从而可以将具有抖动情况的素材变为稳定、流畅的拍摄内容。

将该视频效果添加到素材中后，首次运用该效果系统将自动分析素材，并在【节目】监视器面板中显示分析过程。

同时，在【效果控件】面板中将会显示该效果的各属性选项。

其中，各属性选项的具体含义，如下所述。

▶▶ **结果**　用于控制素材的预期效果，其中【平滑运动】选项表示保持相机的平滑移动，而【不运动】选项表示消除拍摄过程中的所有摄像机运动效果。

▶▶ **平滑度**　用于设置摄像机原运动的程度，其值越高表示运动越平滑。

▶▶ **方法**　用于指定变形稳定器为稳定素材而对其执行的操作方法，包括【位置】、【透视】、【子空间变形】和【位置，缩放，旋转】4种方法。

▶▶ **保持缩放**　启用该复选框，将保持原素材的缩放效果。

▶▶ **帧**　用于控制边缘在稳定结果中的显示方式，包括【仅稳定】、【稳定，裁切】、【稳定，裁切，自动缩放】和【稳定，合成边缘】4种方式。

▶▶ **自动缩放**　用于显示当前的自动缩放量，其【最大缩放】选项用于限制为实现稳定而按比例增加剪辑的最大量，而【活动安全边距】选项则用于指定边界。

▶▶ **附加缩放**　该选项在避免对图形进行额外重新取样的前提下，使用与【运动】下【缩放】属性相同的结果放大剪辑。

▶▶ **详细分析**　启用该复选框，可以让下一个分析阶段执行额外的工作来查找所要跟踪的元素。

▶▶ **果冻效应波纹**　稳定器会自动消除与被稳定的果冻效应素材相关的波纹。

▶▶ **更少裁剪<->更多平滑**　用于控制裁切矩形在被稳定的图像上方移动时的平滑度与缩放之间的折中。

▶▶ **合成输入范围（秒）**　用于控制合成进程在时间上向后或向前走多远来填充任何缺少的像素。

▶▶ **合成边缘羽化**　可为合成的片段选择羽化量。仅在使用【稳定、人工合成边缘】取景时，才会启用该选项。

▶▶ **合成边缘裁切**　用于剪掉在模拟视频捕获或低质量光学镜头中常见的多余边缘。默认情况下，所有边缘均设为零像素。

▶▶ **隐藏警告栏**　启用该复选框，可隐藏分析过程中的警告横幅。

12．果冻效应修复 ▶▶▶▶

在视频的扫描线之间通常有一个延迟时间。由于扫描之间的时间延迟，无法准确地同时记录图像的所有部分，从而导致果冻效应扭曲。如果在拍摄过程中，摄像机或拍摄对象发送移动，则会产生果冻效应扭曲现象。此时，可以使用Premiere中的果冻效应修复效果来去除这些扭曲伪像。

将该视频效果添加到素材中后，在【效果控件】面板中将会显示该效果的各属性选项。

其中，各属性选项的具体含义，如下所述。

▶▶ **果冻效应比率**　该选项用于指定帧速率（扫描时间）的百分比。

▶▶ **扫描方向**　用于指定发生果冻效应扫描的方向。大多数摄像机从顶部到底部扫描传感器。对于智能手机，可颠倒或旋转式操作摄像机，这样可能需要不同的扫描方向。

▶▶ **方法**　用于指定扫描方法，包括【变形】和【像素运动】两种方法。

▶▶ **详细分析**　启用该复选框，表示将在变形中执行更为详细的点分析。

▶▶ **像素运动细节**　用于指定光流矢量场计算的详细程度。该选项在使用【像素移动】方法时可用。

7.3 画面质量视频效果

使用DV拍摄的视频，其画面效果并不是非常理想的，视频画面中的模糊、清晰与是否出现杂点等质量问题，可以通过【杂色与颗粒】及【模糊与锐化】等效果组中的效果进行设置。

7.3.1 杂色与颗粒

【杂色与颗粒】类视频效果的作用是在影片素材画面内添加细小的杂点，根据视频效果原理的不同，又可分为【中间值】、【杂色】等6种不同的效果。

1. 中间值 »»»

【中间值】视频效果能够将素材画面内每个像素的颜色值替换为该像素图像素材的RGB平均值，因此能够实现消除噪波或产生水彩画的效果。

将该视频效果添加到素材中后，在【效果控件】面板中将会显示该效果的各属性选项。其中，【半径】属性选项的参数值越大，Premiere在计算颜色值时的参考像素范围越大，视频效果的应用效果越来越明显。

2. 杂色 »»»

【杂色】视频效果能够在素材画面上增加随机的像素杂点，其效果类似于采用较高ISO参数拍摄出的数码照片。

将该视频效果添加到素材中后，在【效果控件】面板中将会显示该效果的各属性选项。

其中，各属性的具体含义，如下所述。

» **杂色数量** 用于控制画面内的噪点数量，该选项所取的参数值越大，噪点的数量越多。

» **杂色类型** 用于设置产生噪点的算法类型，启用或禁用该选项右侧的【使用颜色杂色】复选框，会影响素材画面内的噪点分布情况。

» **剪切** 用于决定是否将原始的素材画面与产生噪点后的画面叠放在一起，禁用【剪切结果值】复选框后将仅显示产生噪点后的画面。但在该画面中，所有影像都会变得模糊一片。

3. 杂色Alpha »»»»

【杂色Alpha】视频效果可以在视频素材的Alpha通道内生成噪波，从而利用Alpha通道内的噪波来影响画面效果。

将该视频效果添加到素材中后，在【效果控件】面板中可对【杂色Alpha】视频效果的类型、数量、溢出方式，以及噪波动画控制方式等多项参数进行调整。

4．杂色HLS和杂色HLS自动 >>>>

【杂色HLS】视频效果能够通过调整画面色调、亮度和饱和度的方式来控制噪波效果。将该视频效果添加到素材中后，在【效果控件】面板中调整相应的属性选项即可。

【杂色HLS自动】视频效果类似于【杂色HLS】视频效果，其【效果控件】面板中的属性选项也大体相同。唯一不同的是【杂色HLS自动】视频效果不允许用户调整噪波颗粒的大小，但用户却能通过【杂色动画速度】选项来控制杂波动态效果的变化速度。

5．蒙尘与划痕 >>>>

【蒙尘与划痕】视频效果用于产生一种附有灰尘的、模糊的噪波效果。在【效果控件】

面板中，参数【半径】用于设置噪波效果影响的半径范围，其值越大，噪波范围的影响越大；参数【阈值】用于设置噪波的开始位置，其值越小，噪波影响越大，图像越模糊。

7.3.2　模糊与锐化

【模糊与锐化】类视频效果的作用与其名称完全相同。这些视频效果有些能够使素材画面变得更加朦胧，有些则能够让画面变得更为清晰。

1．方向模糊 >>>>

【方向模糊】视频效果能够使素材画面向指定方向进行模糊处理，从而使画面产生动态效果。在【效果控件】面板中，可通过调整【方向】和【模糊长度】选项来控制定向模糊的效果。

2. 快速模糊 >>>>

【快速模糊】视频效果能够对画面中的每个像素进行相同的模糊操作，因此其模糊效果较为"均匀"。在【效果控件】面板中，【模糊度】属性选项用于控制画面模糊程度；【模糊维度】属性选项决定了画面模糊的方式；而【重复边缘像素】复选框则用于调整模糊画面的细节部分。

3. 锐化 >>>>

【锐化】视频效果的作用是增加相邻像素的对比度，从而达到提高画面清晰度的目的。在【效果控件】面板中，只有【锐化数量】这一个属性选项，其参数取值越大，对画面的锐化效果越明显。

4. 高斯模糊 >>>>

【高斯模糊】视频效果能够利用高斯运算方法生成模糊效果，从而使画面中部分区域的画面表现效果更为细腻。在【效果控件】面板中，可通过【模糊度】和【模糊尺寸】这两个选项来设置效果的方向和模糊程度。

5. 相机模糊 >>>>

【相机模糊】视频效果可以模拟摄像机镜头变焦所产生的模糊效果。在【效果控件】面板中只包含了【百分比模糊】一种属性选项，主要用于设置模糊数值，取值范围在0~100%之间，其参数越大模糊程度越大；参数越小，模糊程度越小，画面就越接近原始图像画面。

6. 通道模糊 >>>>

"通道模糊"视频效果是通过改变图像中颜色通道的模糊程度来实现画面的模糊效果的。

在【效果控件】面板中该视频效果主要包含下列一些属性选项。

- >> **红色模糊度** 该选项用于设置红色通道的模糊程度。
- >> **绿色模糊度** 该选项用于设置绿色通道的模糊程度。
- >> **蓝色模糊度** 该选项用于设置蓝色通道的模糊程度。
- >> **Alpha模糊度** 该选项用于设置Alpha通道的模糊程度。
- >> **边缘特性** 该选项用于设置空白区域的填充方式。如果启用【重复边缘像素】复选框，则可以使用图像边缘的像素颜色填充。
- >> **模糊维度** 该选项用于设置通道模糊的水平和垂直、水平、垂直3个方向。

7.4 光照视频效果

在【视频效果】效果组中，可以通过光照类效果改变画面色彩效果，也可通过某些效果得到日光的效果。其中，光照类视频效果主要包括【生成】和【风格化】两大类。

7.4.1 生成

【生成】类视频效果的作用是在素材画面中形成炫目的光效或者图案，包括书写、棋盘、渐变和油漆桶等12种视频效果。

1. 棋盘 >>>>

【棋盘】视频效果的作用是在屏幕画面上形成棋盘网络状的图案。在【效果控件】面板中，可以对【棋盘】视频效果所生成棋盘图案的起始位置、棋盘格大小、颜色、图案透明度和混合模式等多项属性进行设置，从而创造出个性化的画面效果。

2. 渐变 >>>>

【渐变】视频效果的功能是在素材画面上创建彩色渐变，并使其与原始素材融合在一起。在【效果控件】面板中，用户可对渐变的起始、结束位置，以及起始、结束色彩和渐变方式等多项内容进行调整。

技巧

参数【与原始图像混合】的值越大，与原始素材画面的融合将会越紧密，若其值为0%，则仅显示渐变颜色而不显示原始素材画面。

3. 镜头光晕 >>>>

【镜头光晕】视频效果可以在素材画面上模拟出摄像机镜头上的光环效果。在【效果控件】面板中，用户可对光晕效果的起始位置、光晕强度和镜头类型等参数进行调整。

7.4.2　风格化

【风格化】类型的视频效果共提供了13种不同样式的视频效果，其共同点都是通过移动和置换图像像素，以及提高图像对比度的方式来产生各种各样的特殊效果。

1．曝光过度 ▶▶▶▶

【曝光过度】视频效果能够使素材画面的正片效果和负片效果混合在一起，从而产生一种特殊的曝光效果。在【效果控件】面板中，可通过调整【阈值】属性选项来更改视频效果的最终效果。

2．彩色浮雕与浮雕 ▶▶▶▶

【彩色浮雕】视频效果可以锐化图像中物体边缘，并改变图像的原始颜色。而【浮雕】视频效果则用于产生单色浮雕。【彩色浮雕】视频效果与【浮雕】视频效果类似，所不同的是【彩色浮雕】效果包含颜色。

【彩色浮雕】视频效果与【浮雕】视频效果在【效果控件】面板中具有相同的属性选项。

其中，每种属性选项的具体含义，如下所述。

▶▶ **方向**　设置浮雕效果的光源方向。

▶▶ **起伏**　设置浮雕凸起高度，取值范围为1～10。

▶▶ **对比度**　设置图像边界的对比度，值越大，对比度越大。

▶▶ **与原始图像混合**　设置和原图像的混合程度。在【彩色浮雕】效果中值越大，越和原图像效果相似；而在【浮雕】效果中则无明显变化。

3. 纹理化 ►►►►

【纹理化】视频效果可以将指定轨道内的纹理映射至当前轨道的素材图像上，从而产生一种类似于浮雕贴图的效果。

注意

如果纹理轨道位于目标轨道的上方，则在【效果控件】面板内该视频效果的【纹理图层】设置为相应轨道后，还应当隐藏该轨道，使其处于不可见状态。

4. 查找边缘 ►►►►

【查找边缘】视频效果能够通过强化过渡像素来形成彩色线条，从而产生铅笔勾画的特殊画面效果。其边缘可以显示为白色背景上的黑线和黑色背景上的彩色线。一般可用于素描。

在【效果控件】面板中，其【反转】属性选项用于翻转图像效果，而【与原始图像混合】属性选项是用于指定效果和原始图像的混合程度。

提示

在【效果控件】面板中，【查找边缘】视频效果的【与原始图像混合】属性选项用于控制查找边缘所产生画面的透明度，当其取值为100%时，即完全显示原素材画面。

5. 复制 ►►►►

【复制】视频效果可以将原始画面复制多个画面，且在每个画面中都显示整个图像。在【效果控件】面板中，只有【计算】属性选项，用于控制复制的副本数量。

6. 阈值 ►►►►

【阈值】视频效果可以将灰度或彩色图像转换为高对比度的黑白图像。当指定某个色阶作为阈值时，所有比阈值亮的像素转换为白色，而所有比阈值暗的像素转换为黑色。

7. 马赛克 ►►►►

【马赛克】视频效果可以将一个单元内所有的像素统一为一种颜色，然后使用该颜色块来填充整个层。

在【效果控件】面板中，该视频效果的【水平块】和【垂直块】属性选项用于控制水平方向和垂直方向上的马赛克数量；而【锐化颜色】复选框则用于控制方格之间不进行混色，可以创建一种比较僵硬的马赛克效果。

8．粗糙边缘 》》》

【粗糙边缘】视频效果能够让影片剪辑的画面边缘呈现出一种粗糙化形式，其效果类似于腐蚀而成的纹理或溶解效果。

在【效果控件】面板中，还可通过该视频效果的各个属性选项，来调整视频效果的影响范围、边缘粗糙情况及复杂程度等内容。

7.5　其他视频效果

在【视频效果】效果组中，还包括其他一些效果组，比如视频过渡效果、时间效果、视频效果等。而这些效果以及前面介绍过的视频效果，既可以在整个视频中显示，也可以在视频的某个时间段显示。

7.5.1　过渡

【过渡】类视频效果主要用于两个影片剪辑之间的切换，其作用类似于Premiere中的视频过渡效果。在【过渡】类视频效果中，共包括【块溶解】、【线性擦除】等过渡效果。

1．块溶解 》》》

【块溶解】视频效果能够在屏幕画面内随机产生块状区域，从而在不同视频轨道中的视频素材重叠部分间实现画面切换。

在【效果控件】面板中，该视频效果的【过渡完成】属性选项用于设置不同素材画面的切换状态，取值为100%时将会完全显示底层轨道中的画面，而【块宽度】和【块高度】属性选项，则用于控制块形状的尺寸大小。

另外，当在两个素材的重叠显示时间段创建【过渡完成】属性选项的关键帧，并且设置该参数由0%至100%，那么就会得到视频过渡动画。

2. 径向擦除 >>>>

【径向擦除】视频效果能够通过一个指定的中心点，从而以旋转划出的方式切换出第二段素材的画面。

在【效果控件】面板中，该视频效果的【过渡完成】属性选项用于设置素材画面切换的具体程度，【起始角度】属性选项用于控制径向擦除的起点，而【擦除中心】和【擦除】属性选项，则分别用于控制"径向擦除"中心点的位置和擦除方式。

3. 渐变擦除 >>>>

【渐变擦除】视频效果能够根据两个素材的颜色和亮度建立一个新的渐变层，从而在第一个素材逐渐消失的同时逐渐显示第二个素材。

在【效果控件】面板中，还可以对渐变的柔和度，以及渐变图层的位置与效果进行调整。

4. 百叶窗 >>>>

【百叶窗】视频效果能够模拟百叶窗张开或闭合时的效果，从而通过分割素材画面的方式，实现切换素材画面的目的。

在【效果控件】面板中，用户可以更改该视频效果的【过渡完成】、【方向】和【宽度】等选项的参数值，还可对"百叶窗"的打开程度、角度和大小等内容进行调整。

7.5.2 时间与视频

在【视频效果】效果组中，不仅可以设置视频画面的重影效果，以及视频播放的快慢效果；并且还可以通过效果为视频画面添加时间码效果，从而在视频播放过程中查看播放时间。

1. 残影 >>>>

【残影】视频效果是【视频效果】效果组中的其中一个效果，该效果的添加能够为视频画面添加重影效果。用户可以在【效果控件】面板中，设置该效果的各项属性选项。

2. 时间码 >>>>

【时间码】效果是【视频效果】效果组中的效果，当为视频添加该效果后，即可在画面的正下方显示时间码。用户可以在【效果控件】面板中，设置该效果的【位置】、【大小】、【不透明度】、【格式】等属性选项。

应用该效果之后，单击【节目】面板中的【播放-停止切换（Space）】按钮 ▶ ，即可在视频播放的同时，查看时间码记录播放时间的动画。

7.6 制作穿梭效果

在Premiere中，除了可以将视频效果和动画关键帧应用到素材中之外，还可以将其应用到序列中，以便可以同时完成对序列中所有素材的特效设置。当为序列应用特效之前，需要对序列进行嵌套。在本练习中，将通过制作穿梭效果，来详细介绍嵌套序列，以及视频效果、音频过渡效果和动画关键帧的使用方法和操作技巧。

练习要点

- 新建项目
- 新建序列
- 嵌套序列
- 新建字幕素材
- 应用视频效果
- 设置动画关键帧
- 分割视频
- 分割音频
- 应用音频过渡效果

操作步骤：

STEP|01　新建项目。启动Premiere．在弹出的【欢迎使用Adobe Premiere Pro CC 2014】界面中．选择【新建项目】选项。

STEP|02　在弹出的【新建项目】对话框中．设置相应选项．并单击【确定】按钮。

STEP|03　新建序列。执行【文件】|【新建】|【序列】命令．在【新建序列】对话框中激活【设置】选项卡．设置序列选项．并单击【确定】按钮。

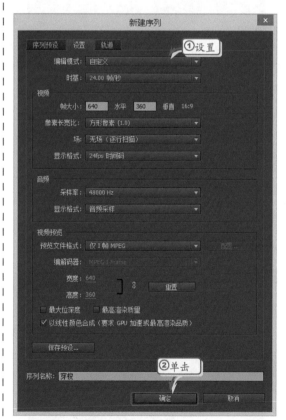

STEP|04　导入素材。双击【项目】面板中的空白区域．在弹出的【导入】对话框中．选择导入素材．单击【打开】按钮。

STEP|05 制作嵌套序列。将【项目】面板中的"logo"和"五角星"素材分别添加到V1和V2轨道中，并调整素材的持续播放时间。

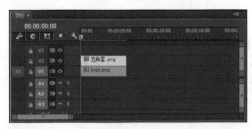

STEP|06 选择V1轨道中的素材，在【效果控件】面板中，在【运动】属性组中设置素材的【缩放】选项参数。

STEP|07 在【效果】面板中，展开【视频效果】下的【透视】效果组，双击【基本3D】效果，将其添加到V1轨道中的素材中。

STEP|08 将【当前时间指示器】调整至00：00：00：06位置处，在【效果控件】面板中单击【基本3D】属性组中【旋转】左侧的【切换动画】按钮，并设置其参数。

STEP|09 将【当前时间指示器】调整至00：00：02：19位置处，在【效果控件】面板中，设置【基本3D】属性组中【旋转】选项的参数值。

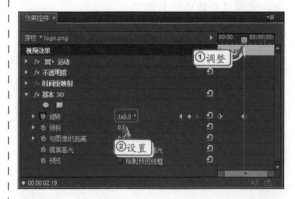

STEP|10 选择V2轨道中的素材，在【效果控件】面板中，设置【运动】属性组中的【缩放】和【位置】效果选项。

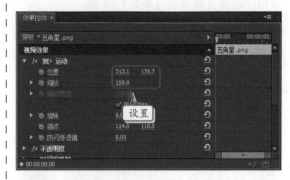

STEP|11 在【效果】面板中，展开【视频效果】下的【键控】效果组，双击【4点无用信号遮罩】效果，将其添加到V2轨道素材中。

STEP|12 将【当前时间指示器】调整至00:00:00:00位置处，在【效果控件】面板中，分别单击【4点无用信号遮罩】属性组中所有效果选项左侧的【切换动画】按钮，并设置其参数值。

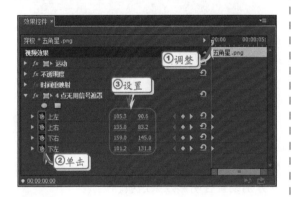

STEP|13 将【当前时间指示器】调整至00:00:02:17位置处，在【效果控件】面板中设置【4点无用信号遮罩】属性组的【上右】效果选项参数。

STEP|14 将【当前时间指示器】调整至00:00:03:00位置处，在【效果控件】面板中设置【4点无用信号遮罩】属性组的【下右】效果选项参数。

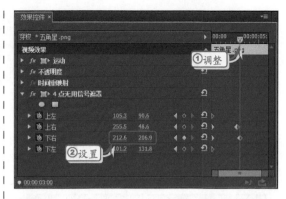

STEP|15 将【当前时间指示器】调整至00:00:04:00位置处，在【效果控件】面板中设置【4点无用信号遮罩】属性组的【下左】效果选项参数。

STEP|16 将【当前时间指示器】调整至00:00:05:00位置处，在【效果控件】面板中设置【4点无用信号遮罩】属性组的【上左】效果选项参数。

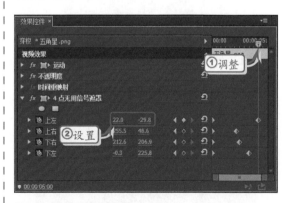

STEP|17 在【时间轴】面板中，同时选择V1和V2轨道中的素材，右击执行【嵌套】命令，在弹出的【嵌套序列名称】对话框中输入嵌套序列名称后，单击【确定】按钮，嵌套序列。

STEP|18 制作字幕素材。在【项目】面板中，单击【新建项】按钮，在展开的菜单中选择【字幕】选项。

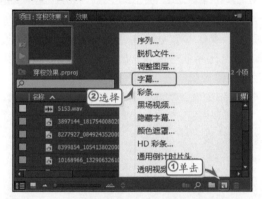

STEP|19 在弹出的【新建字幕】对话框中，设置相应选项，并单击【确定】按钮。

STEP|20 在【字幕】面板中，输入字幕文本，并在【字幕属性】面板中设置【变换】和【属性】选项。

STEP|21 启用【填充】复选框，将【填充类型】设置为【线性渐变】，同时将渐变颜色分别设置为"#FDFDC8"和"#FDC177"。

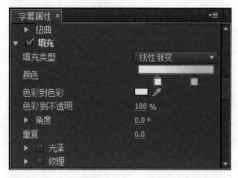

STEP|22 单击【描边】中【外描边】属性组的【添加】按钮，添加外描边效果，并分别设置相应选项。

STEP|23 启用【阴影】复选框，激活阴影效果并分别设置各阴影效果选项。

STEP|24 将嵌套序列和字幕素材分别添加到V1和V2轨道中，选中字幕素材，单击【不透明度】属性组中的【不透明度】选项左侧的【切换动画】按钮，并设置其参数。

STEP|25 将【当前时间指示器】调整至00：00：03：00位置处。在【效果控件】面板中，设置【不透明度】属性组中的【不透明度】效果选项参数。

STEP|26 在【效果】面板中，展开【视频效果】下的【模糊与锐化】效果组，双击【快速模糊】效果，将其添加到V2轨道中。

STEP|27 将【当前时间指示器】调整至00：00：00：06位置处。在【效果控件】面板中，单击【快速模糊】属性组中【模糊度】选项左侧的【切换动画】按钮，并设置其参数。

STEP|28 将【当前时间指示器】调整至00：00：03：03位置处。在【效果控件】面板中，设置【快速模糊】属性组中的【模糊度】选项参数。

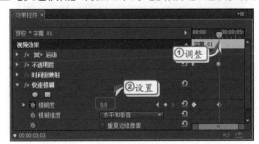

STEP|29 设置嵌套序列。选择V1轨道中的嵌套序列，将【当前时间指示器】调整至00：00：00：00位置处，单击【运动】属性组中【位置】和【缩放】选项左侧的【切换动画】按钮，并设置其参数。

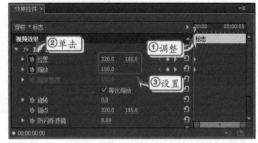

STEP|30 将【当前时间指示器】调整至00：00：01：14位置处。在【效果控件】面板中，分别设置【运动】属性组中的【位置】和【缩放】选项参数。

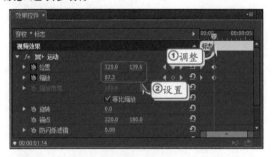

STEP|31 制作穿梭效果。在【时间轴】面板中，添加3个视频轨道。同时，将相应素材按照设计顺序添加到V1~V6轨道中。

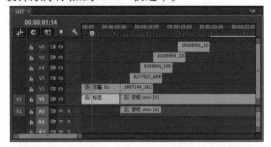

STEP|32 右击V1轨道中的视频素材，执行【取消链接】命令，取消视频和音频之间的连接。

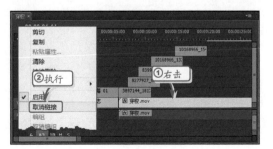

STEP|33 删除音频素材，将【当前时间指示器】调整至视频末尾，使用【剃刀工具】单击视频末尾处，分割视频并删除右侧视频片段。

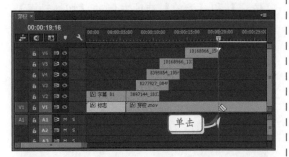

STEP|34 选择V2轨道中的素材，展开【效果】面板中【视频效果】下的【透视】效果组，双击【基本3D】效果，将其添加到素材中。

STEP|35 将【当前时间指示器】调整至00:00:05:23位置处，单击【运动】属性组中【位置】、【缩放】和【基本3D】属性组中【旋转】、【倾斜】选项左侧的【切换动画】按钮，并分别设置其参数。

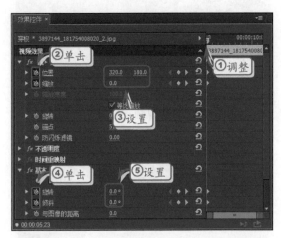

STEP|36 将【当前时间指示器】调整至

00:00:07:16位置处，分别设置【运动】属性组中【位置】、【旋转】和【基本3D】属性组中【旋转】、【倾斜】效果选项参数。

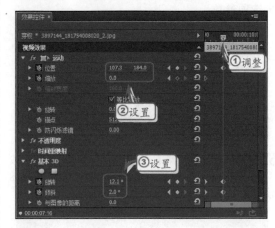

STEP|37 将【当前时间指示器】调整至00:00:10:05位置处，分别设置【运动】属性组中【位置】、【缩放】和【基本3D】属性组中【旋转】、【倾斜】效果选项参数。使用同样方法，设置其他图片素材的视频效果和动画关键帧。

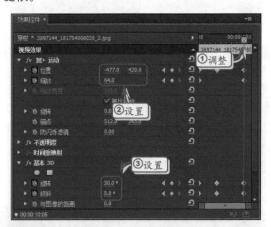

STEP|38 设置音乐素材。将音乐素材添加到【时间轴】面板中，同时将【当前时间指示器】调整至视频末尾，使用【剃刀工具】单击视频末尾处，分割音频并删除右侧音频片段。

STEP|39 在【效果】面板中，展开【音频过渡】下【交叉淡化】效果组，将【指数淡化】效果拖到音乐素材的末尾处。

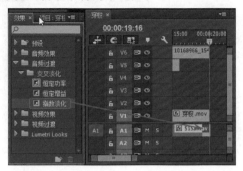

STEP|40 在【效果控件】面板中，设置效果的【持续时间】效果选项即可。

7.7　制作动态图片效果

在Premiere中，不仅可以通过添加视频过渡效果让图片之间的衔接更加自然流畅，而且还可以通过为图片添加一些视频特效，使视频效果更加活跃和具有观赏性。除此之外，为了凸显视频的独特性和完整性，还需要使用创建素材功能为视频制作绚丽多彩的片头字幕。在本练习中，将通过制作一段名画动态显示效果，来详细介绍视频过渡、视频效果，以及创建素材等功能的使用方法和操作技巧。

练习要点
- 新建项目
- 添加素材
- 创建字幕素材
- 创建黑场视频素材
- 应用视频过渡效果
- 应用视频特效
- 设置动画关键帧

操作步骤：

STEP|01 新建项目。启动Premiere，在弹出的【欢迎使用Adobe Premiere Pro CC 2014】界面中，选择【新建项目】选项。

STEP|02 在弹出的【新建项目】对话框中，设置相应选项，并单击【确定】按钮。

STEP|03 导入素材。双击【项目】面板中的空白区域，在弹出的【导入】对话框中，选择导入素材，单击【打开】按钮。

STEP|04 在【项目】面板中选择所有素材，拖动素材至【时间轴】面板中，添加素材并调整素材的持续播放时间。

STEP|05 创建黑场视频素材。在【项目】面板中，单击【新建项】按钮，在展开的菜单中选择【黑场视频】选项。

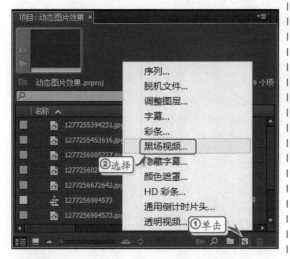

STEP|06 在弹出的【新建黑场视频】对话框

中，设置相应选项，并单击【确定】按钮。

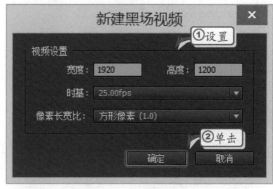

STEP|07 将创建的"黑场视频"素材添加到【时间轴】面板中的V1轨道中，并调整其余素材的播放位置。

STEP|08 选择"黑场视频"素材，在【效果】面板中，展开【视频效果】下的【生成】效果组，双击【镜头光晕】效果，将该效果添加到素材中。

STEP|09 将【当前时间指示器】调整至视频开始处，在【效果控件】面板中，设置【镜头光晕】属性组中的相应选项，单击【光晕中心】选项左侧的【切换动画】按钮，并设置其参数值。

STEP|10 将【当前时间指示器】调整至 00:00:01:04位置处。在【效果控件】面板中设置【镜头光晕】属性组中的【光晕中心】选项参数。

STEP|11 将【当前时间指示器】调整至 00:00:02:09位置处。在【效果控件】面板中设置【镜头光晕】属性组中的【光晕中心】选项参数。

STEP|12 将【当前时间指示器】调整至 00:00:03:20位置处。在【效果控件】面板中设置【镜头光晕】属性组中的【光晕中心】选项参数。

STEP|13 创建字幕素材。在【项目】面板中单击【新建项】按钮，在展开的菜单中选择【字幕】选项。

STEP|14 在弹出的【新建字幕】对话框中，设置相应选项，并单击【确定】按钮。

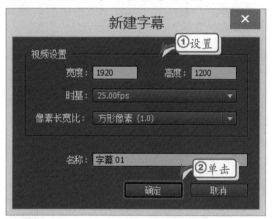

STEP|15 在【字幕】面板中输入字幕文本，并在【字幕属性】面板中的【属性】效果组中，设置文本的字体效果。

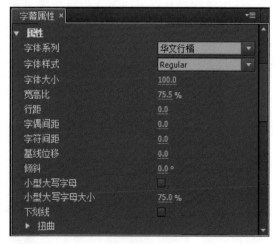

STEP|16 启用【填充】复选框，将【填充类型】设置为【四色渐变】，并将渐变颜色

分别设置为"#EE2D07"、"#F3EB06"、"#D507EE"和"#2BF909"。

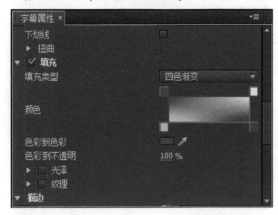

STEP|17 将字幕素材添加到V2轨道中，为其添加【扭曲】效果组中的【波形变形】效果，并在【效果控件】面板中设置【波形变形】属性组的各效果选项。

STEP|18 设置图片视频效果。选择第1张图片，在【效果】面板中，展开【视频效果】下的【图像控制】效果组，双击【颜色平衡（RGB）】效果。

STEP|19 将【当前时间指示器】调整至00:00:05:00位置处，在【效果控件】面板中，分别单击【颜色平衡（RGB）】属性组中【红

色】、【绿色】和【蓝色】选项左侧的【切换动画】按钮，并设置其参数值。

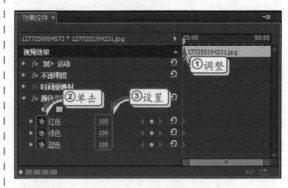

STEP|20 将【当前时间指示器】调整至00:00:09:00位置处，在【效果控件】面板中，分别设置【颜色平衡（RGB）】属性组中的【红色】、【绿色】和【蓝色】选项参数值。

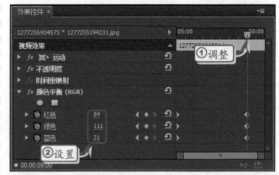

STEP|21 选择第2张图片，在【效果】面板中，展开【视频效果】下的【扭曲】效果组，双击【球面化】效果。

STEP|22 将【当前时间指示器】调整至00:00:10:05位置处，在【效果控件】面板中分别单击【球面化】属性组中的【半径】和【球面中心】选项左侧的【切换动画】按钮，并设置其选项参数。

STEP|23 将【当前时间指示器】调整至 00:00:13:10位置处，设置【球面化】属性组中的【半径】和【球面中心】选项参数。使用同样的方法，为其他图片素材添加效果和动画帧。

STEP|24 设置视频过渡效果。在【效果】面板中，展开【视频过渡】下的【溶解】效果组，将【叠加溶解】效果拖动到第1张和第2张图片中间。

STEP|25 在【效果控件】面板中，设置【持续时间】和【对齐】选项。使用同样的方法，为其他图片连接处添加视频过渡效果。

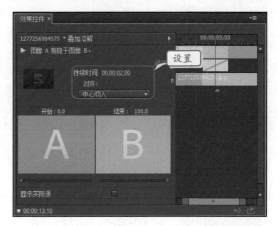

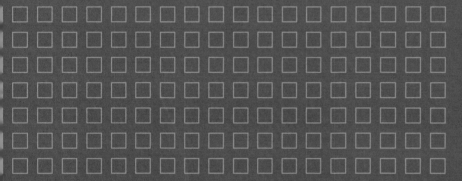

第8章　应用颜色效果

用户在使用拍摄素材时，会发现由于拍摄时无法控制视频拍摄地点的光照以及其他物体对光照的影响，会使拍摄的画面出现暗淡、明亮或阴影等问题，从而影响画面的整体效果。此时，用户可以使用Premiere内置的一系列专门用于调整图像亮度、对比度和颜色的特效滤镜，在原有影响基础上可以极大地校正由环境对画面所造成的影响。

在本章中，将详细介绍Premiere在调整、校正和优化素材色彩方面的基础知识和使用技巧，以及Premiere所支持的RGB颜色模型和各种视频增强选项。

Premiere Pro CC

8.1　颜色模式概述

由于Premiere软件处理和调整图像的方式是采用计算机创建颜色的基本原理来进行处理的，因此在学习使用Premiere调整视频素材色彩之前，还需要先了解一些关于色彩及计算机颜色理论的重要概念。

8.1.1　色彩与视觉原理

色彩是由于光线刺激眼睛而产生的一种视觉效应。也就是说，人们对色彩的感觉离不开光，只有在含有光线的场景下才能够"看"到色彩。

1. 光与色 ▶▶▶▶

从物理学的角度来看，可见光是电磁波的一部分，其波长大致为400~700nm，因此该范围又被称为可视光线区域。人们在将自然光引入三棱镜后发现，光线被分离为红、橙、黄、绿、青、蓝、紫7种不同的色彩，因此得出自然光是由7种不同颜色光线组合而成的结论。这种现象，被称为光的分解。而上述7种不同颜色的光线排列则被称为光谱，其颜色分布方式是按照光的波光进行排列的。例如，通过下图可以看出，红色的波长最长，而紫色的波长最短。

在自然界中，光以波动的形式进行直线传输，具有波长和振幅两个因素。以人们的视觉效果来说，不同的波长会产生颜色的差别，而不同的振幅强弱与大小则会在同一颜色内产生明暗差别。

2. 物体色 ▶▶▶▶

自然界的物体五花八门、变化万千，它们本身虽然大都不会发光，但都具有选择性地吸收、反射、透射光线的特性。

物体对色光的吸收、反射或透射能力，会受到物体表面肌理状态的影响。因此，物体对光的吸收与反射能力虽是固定不变的，但物体的表面色却会随着光源色的不同而改变，有时甚至失去其原有的色相感觉。也就是说，所谓的物体"固有色"，实际上不过是常见光线下人们对此物体的习惯认识而已。例如在闪烁、强烈的各色霓虹灯光下，所有的建筑几乎都会失去原有本色，从而显得奇异莫测。

8.1.2　色彩三要素

在日常生活中，人们在观察物体色彩的同时，也会注意到物体的形状、面积、材质、肌理，以及该物体的功能及其所处的环境。通常来说，这些因素也会影响人们对色彩的感觉。为了寻找规律性，人们对感性的色彩认知进行分析，并最终得出了色相、亮度和饱和度这3种构成色彩的基本要素。

1. 色相 ▶▶▶▶

色相指色彩的相貌，是区别色彩种类的名称，根据不同光线的波长进行划分。也就是说，只要色彩的波长相同，其表现出的色相便相同。在之前我们所提到的七色光中，每种颜色都表示着一种具体的色相，而它们之间的差别便属于色相差别。如下图所示即为十二色相环与二十四色相环示意图。

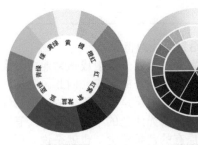

十二色相环　　　二十四色相环

简单地说，当人们在生活中称呼某一颜色的名称时，脑海内所浮现出的色彩，便是色相的概念。也正是由于色彩具有这种具体的特征，人们才能够感受到一个五彩缤纷的世界。

提示

色相也称为色泽，饱和度也称为纯度或者彩度，亮度也称为明度。国内的部分行业对色彩的相关术语也有一些约定俗成的叫法，因此名称往往也会有所差别。

人们在长时间的色彩探索中发现，不同色彩会让人们产生相对的冷暖感觉，即色性。一般来说，色性的起因是基于人类长期生活中所产生的心理感受。例如，绿色能够给人清新、自然的感觉。如果是在雨后，则由于环境的衬托，上述感觉会更为突出和明显。

然而在日常生活中，人们所处的环境并不会只包含一种颜色，而是由各种各样的色彩所组成。因此，自然环境对人们心理的影响往往不是由一种色彩所决定，而是多种色彩相互影响后的结果。例如，单纯的红色会给人一种热情、充满活力的感觉，但却过于激烈；在将黄色与红色搭配后，却能够消除红色所带来的亢奋感，并带来活泼、愉悦的感觉。

2．饱和度 ▶▶▶▶

饱和度是指色彩的纯净程度，即纯度。在所有的可见光中，有波长较为单一的，也有波长较为混杂的，还有处在两者之间的。其中黑、白、灰等无彩色的光线即为波长最为混杂的色彩，这是由于饱和度、色相感的逐渐消失而造成的。

从色彩纯度的方面来看，红、橙、黄、绿、青、蓝、紫这几种颜色是纯度最高的颜色，因此又被称为纯色。

从色彩的成分来看，饱和度取决于该色彩中的含色成分与消色成分（黑、白、灰）之间的比例。简单地说，含色成分越多，饱和度越高；消色成分越多，饱和度越低。例如，当我们在绿色中混入白色时，虽然仍旧具有绿色相的特征，但其鲜艳程度会逐渐降低，成为淡绿色；当混入黑色时，则会逐渐成为暗绿色；当混入亮度相同的中性灰时，色彩会逐渐成为灰绿色。

3．亮度 ▶▶▶▶

亮度是所有色彩都具有的属性，指色彩的明暗程度。在色彩搭配中，亮度关系是颜色搭配的基础。一般来说，通过不同亮度的对比能够突出表现物体的立体感与空间感。

就色彩在不同亮度下所显现的效果来看，色彩的亮度越高，颜色就越淡，并最终表现为白色；与这相对应的是，色彩的亮度越低，颜色就越重，并最终表现为黑色。

户从256个不同亮度的红色，以及相同数量及亮度的绿色和蓝色中进行选择。这样一来，3种不同亮度的红色、绿色和蓝色在相互叠加后，便会产生超过1670万种（256×256×256）的颜色供用户选择。其中，下图所示即为Premiere按照RGB颜色标准为用户所提供的颜色拾取器。

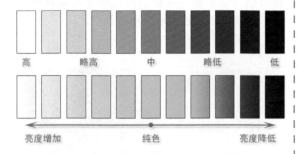

8.1.3 RGB颜色理论

RGB色彩模式是工业界的一种颜色标准，其原理是通过对红（Red）、绿（Green）、蓝（Blue）这三种颜色通道的变化，以及它们相互之间的叠加来得到各式各样的颜色。RGB标准几乎包括了人类视力所能感知的所有颜色，是目前运用最为广泛的颜色系统之一。

当用户需要编辑颜色时，Premiere可以让用

在Premiere颜色拾取器中，用户只需依次指定R（红色）、G（绿色）和B（蓝色）的亮度，即可得到一个由三者叠加后所产生的颜色。在选择颜色时，用户可根据需要按照下表所示混合公式进行选择。

混合公式	色板
RGB两原色等量混合公式： R（红）+G（绿）生成Y（黄）（R＝G） G（绿）+B（蓝）生成C（青）（G＝B） B（蓝）+R（红）生成M（洋红）（B＝R）	
RGB两原色非等量混合公式：	
R（红）+G（绿↓减弱）生成Y→R（黄偏红） 红与绿合成黄色，当绿色减弱时黄偏红	
R（红↓减弱）+G（绿）生成Y→G（黄偏绿） 红与绿合成黄色，当红色减弱时黄偏绿	
G（绿）+B（蓝↓减弱）生成C→G（青偏绿） 绿与蓝合成青色，当蓝色减弱时青偏绿	
G（绿↓减弱）+B（蓝）生成CB（青偏蓝） 绿和蓝合成青色，当绿色减弱时青偏蓝	
B（蓝）+R（红↓减弱）生成MB（品红偏蓝） 蓝和红合成品红，当红色减弱时品红偏蓝	
B（蓝↓减弱）+R（红）生成MR（品红偏红） 蓝和红合成品红，当蓝色减弱时品红偏红	

8.2 图像控制类视频效果

图像控制类视频效果的主要功能是更改或替换素材画面内的某些颜色，从而达到突出画面内容的目的。主要包括调节画面亮度、灰度画面效果、改变固定颜色及整体颜色等颜色调整效果。

8.2.1 灰度系数校正

【灰度系数校正】视频效果的作用是通过调整画面的灰度级别，从而达到改善图像显示效果，优化图像质量的目的。与其他视频效果相比，灰度系数校正的调整参数较少，调整方法也较为简单。当降低【灰度系数】选项的取值时，将提高图像内灰度像素的亮度；当提高【灰度系数】选项的取值时，将降低灰度像素的亮度。

在【效果空间】面板中，【灰度系数校正】属性中只有【灰度系数】属性选项。降低该参数值时，处理后的画面有种提高环境光源亮度的效果；而升高该参数值时，则有一种环境内的湿度加大，使得色彩更加鲜艳的效果。

8.2.2 颜色过滤

在Premiere中，可以通过【颜色过滤】将视频画面逐渐转换为灰度，并且保留某种颜色。

【颜色过滤】视频效果的功能，是指定颜色及其相近色之外的彩色区域全部变为灰度图像。默认情况下在为素材应用色彩传递视频效果后，整个素材画面都会变为灰色。

在【效果控件】面板中，设置【颜色过滤】属性组中的【相似性】属性参数值可以调整颜色过滤效果。其参数值越小灰度效果越明显，参数值越高越接近原素材颜色。

除了设置【相似度】属性选项之后，用户还可以单击【颜色】方框或吸管按钮，在监视器面板内选择所要保留的颜色，即可去除其他部分的色彩信息。而启用【反转】复选框，则可以反转当前的颜色过滤效果。

> **提示**
>
> 【黑白】视频效果的作用是将彩色画面转换为灰度效果。该效果没有任何的参数，只需将该效果添加至素材中即可。

8.2.3 颜色平衡

【颜色平衡】视频效果能够通过调整素材内的R、G、B颜色通道，来达到更改色相、调整画面色彩和校正颜色的目的。

应用该视频效果之后，在【效果控件】面板中，【颜色平衡】属性组中的【红色】、【绿色】和【蓝色】属性选项，分别代表红色成分、绿色成分和蓝色成分在整个画面内的色彩比重与亮度。当3个属性选项的参数值相同时，表示红、绿、蓝3种成分色彩的比重无变化，其素材画面色调在应用效果前后无差别，但画面整体亮度却会随着数值的增大或减小而提高或降低。

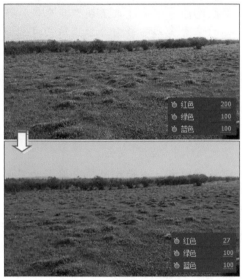

　　而当画面内的某一色彩成分多于其他色彩成分时，画面的整体色调便会偏向于该色彩成分；当降低某一色彩成分时，画面的整体色调便会偏向于其他两种色彩成分的组合。

8.2.4　颜色替换

　　【颜色替换】视频效果可以将画面中的某个颜色替换为其他颜色，而画面中的其他颜色不发生变化。添加该视频效果后，在【效果控件】面板中的【颜色替换】属性组分别设置【目标颜色】与【替换颜色】属性选项，即可改变画面中的某个颜色。

技巧

在设置【目标颜色】与【替换颜色】选项时，既可以通过单击色块来选择颜色，也可以使用【吸管工具】在【节目】面板中单击来确定颜色。

　　由于【相似性】属性选项参数较低的缘故，单独设置【替换颜色】选项还无法满足过滤画面色彩的需求。此时，只需适当提高【相似性】属性选项的参数值，即可逐渐改变保留色彩区域的范围。而启用【纯色】复选框，则可以将要替换颜色的区域填充为纯色效果。

8.3　色彩校正类视频效果

　　色彩校正类视频效果主要用于校正素材本身亮度不够、低饱和度或偏色等问题。虽然其他类的视频效果也能够在一定程度上解决上述问题，但色彩校正类视频效果在色彩调整方面的控制选项更为详尽，因此对画面色彩的校正效果更为专业，其可控性也较强。

8.3.1　颜色校正类

　　Premiere中的颜色校正类视频效果共包括粉色、均衡、亮度曲线等18个视频效果，其中，快速颜色校正器、亮度校正器、RGB色彩校正器以及三向色彩校正器视频效果是专门针对画面偏色的情况。

1. 快速颜色校正器 >>>>

　　【快速颜色校正器】视频效果使用色相和饱和度控件来调整素材的颜色，以及使用色阶控件来调整素材阴影、中间调和高光的强度。将该视频效果应用到素材中后，用户可在【效果控件】面板中，通过调整【快速颜色校正器】属性组中的各属性选项，来设置颜色的调整效果。

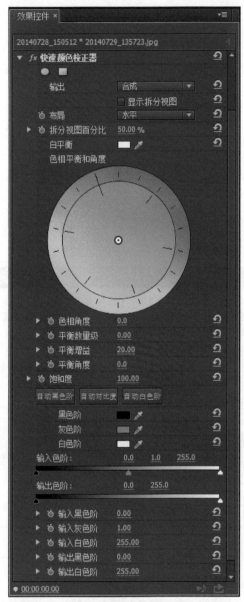

　　其中，【效果控件】面板中，【快速颜色校正器】属性组中的各属性选项的具体含义，如下所述。

>> **输出**　用于设置输出类型，包括【合成】

和【亮度】两种类型。如果启用【显示拆分视图】复选框，则可以设置为分屏预览效果。

>> **布局**　用于设置分屏预览布局，包括【水平】和【垂直】两种预览模式。

>> **拆分视图百分比**　用于设置分配比例。

>> **白平衡**　用于设置白色平衡，参数越大，画面中的白色就越多。

>> **色相平衡和角度**　用于调整色调平衡和角度，可以直接使用它来改变画面的色调。

>> **色相角度**　用于设置色相旋转的角度，默认值为0，其负数表示向左旋转色轮，正数表示向右旋转色轮。

>> **平衡数量级**　用于控制由【平衡角度】确定的颜色平衡校正量。

>> **平衡增益**　可通过乘法调整亮度值，使较亮的像素受到的影响大于较暗的像素受到的影响。

>> **平衡角度**　用于控制色相值的选择范围。

>> **饱和度**　用于调整图像颜色的饱和度，默认值为100，表示不影响颜色饱和度。

>> **自动黑色阶**　用于提升剪辑中的黑色阶，可使图像中的阴影变亮。

>> **自动对比度**　表示可同时应用自动黑色阶和自动白色阶，从而使高光变暗，阴影部分变亮。

>> **自动白色阶**　用于降低剪辑中的白色阶，可使图像中的高光变暗。

>> **黑/灰/白色阶**　用于设置阴影、中间调灰色和最亮高光的色阶，可通过吸管工具来采样图像中的目标颜色或监视器桌面上的任意颜色，也可通过单击【颜色】方框来自定义颜色。

>> **输入色阶**　用于设置输入色阶的黑色、白色和灰色映射，外侧两个输入滑块用于黑场和白场的映射，中间滑块用于调整灰度系数。

>> **输出色阶**　用于将黑场和白场输入色阶滑块映射到指定值，可以降低图像的总体对比度。

>> **输入黑/灰/白色阶**　用于调整高光、中间调或阴影的黑场、中间调或白场的输入色阶。

>> **输出黑/白色阶**　用于调整输入黑色对应的映射输出色阶以及高光、中间调或阴影对应的输入白色阶。

2. 亮度校正器 ▶▶▶▶

【亮度校正器】视频效果可用于调整素材高光、中间调和阴影中的亮度和对比度。将该视频效果应用到素材中后，用户可在【效果控件】面板中，通过调整【亮度校正器】属性组中各属性选项，来设置颜色的调整效果。

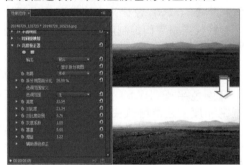

其中，在【效果控件】面板中，【亮度校正器】属性组中各属性选项的具体含义，如下所述。

▶▶ **输出** 用于设置调整结果的显示类型，包括【符合】、【亮度】和【色调范围】3种类型。

▶▶ **显示拆分视图** 启用该复选框，可以将图像左侧或上边部分显示为校正视图，而将图像的右边或下边部分显示为未校正视图。

▶▶ **布局** 用于设置分屏预览布局，包括【水平】和【垂直】两种方式。

▶▶ **拆分视图百分比** 用于调整拆分视图的大小，其默认值为50%。

▶▶ **色调范围定义** 该选项可以使用阈值和带衰减（柔和度）阈值来定义阴影和高光的

色调范围。

▶▶ **色调范围** 用于指定应用明亮度调整类型，包括【主】、【高光】、【中间调】和【阴影】4种类型。

▶▶ **亮度** 用于调整图像中的黑色阶。

▶▶ **对比度** 通过调整相对于原始对比度值的增益来影响图像的对比度。

▶▶ **对比度级别** 设置原始对比度值。

▶▶ **灰度系数** 该选项表示在不影响黑白色阶的情况下调整图像的中间调值。

▶▶ **基值** 该选项通过将固定偏移添加到图像的像素值来调整图像。

▶▶ **增益** 该选项通过乘法调整亮度值，从而影响图像的总体对比度，较亮的像素受到的影响大于较暗的像素受到的影响。

▶▶ **辅助颜色校正** 用于指定由效果校正的颜色范围，可以通过色相、饱和度和明亮度定义颜色。

3. RGB色彩校正器 ▶▶▶▶

【RGB 色彩校正器】视频效果将调整应用于高光、中间调和阴影定义的色调范围，从而调整素材中的颜色。将该视频效果应用到素材中后，用户可在【效果控件】面板中，通过调整【RGB 色彩校正器】属性组中的各属性选项，来设置颜色的调整效果。

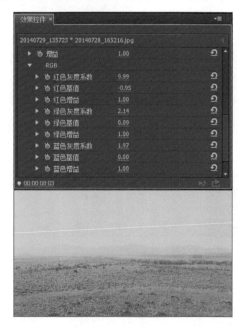

【效果控件】面板中的参数大多都已介绍过，相对于其他效果来讲，【RGB色彩校正器】属性组多出一个RGB选项组，该选项组下各选项的具体含义，如下所述。

➤➤ **红色/绿色/蓝色灰度系数** 表示在不影响黑白色阶的情况下调整红色、绿色或蓝色通道的中间调值。

➤➤ **红色/绿色/蓝色基值** 通过将固定的偏移添加到通道的像素值中来调整红色、绿色或蓝色通道的色调值，该类型的选项与【增益】选项结合使用可增加通道的总体亮度。

➤➤ **红色/绿色/蓝色增益** 通过乘法调整红色、绿色或蓝色通道的亮度值，使较亮的像素受到的影响大于较暗的像素受到的影响。

8.3.2 亮度调整类

【亮度调整】类视频效果专门针对视频画面的明暗关系，它可以针对256个色阶对素材进行亮度或者对比度调整。

1. 亮度与对比度 ➤➤➤➤

【亮度与对比度】视频效果可以对图像的色调范围进行简单的调整。将该效果添加至素材时，在【效果控件】面板中，【亮度与对比度】属性组只有【亮度】和【对比度】两个属性选项，分别进行左右滑块拖动，便可改变画面中的明暗关系。

2. 亮度曲线 ➤➤➤➤

【亮度曲线】视频效果虽然也是用来设置视频画面的明暗关系，但是该效果能够更加细致地进行调节。

将该效果应用到素材中后，用户可在【亮度波形】方格中，向上单击并拖动曲线，可以提亮画面；向下单击并拖动曲线，可以降低画面亮度。如果同时调节，则可以加强画面对比度。

8.3.3 饱和度调整类

在视频色彩校正效果组中，还包括一些控制画面色彩饱和度的效果，比如分色、染色以及色彩平衡（HLS）效果。在该类型的视频效果中，有些效果是专门控制色彩饱和度效果，而有些则在饱和度控制的基础上，改变画面色相。

1. 颜色平衡（HLS）➤➤➤➤

【颜色平衡（HLS）】视频效果不仅能够降低饱和度，还能够改变视频画面的色调与亮度。将该效果添加至素材后，在【效果控件】面板中，直接调整【颜色平衡（HLS）】属性组中的【色相】、【亮度】和【饱和度】属性选项，即可调整画面的色调。

2. 分色 ▶▶▶

　　【分色】视频效果专门用来控制视频画面的饱和度效果，其中还可以在保留某种色相的基础上降低饱和度。将该效果添加至素材时，在【效果控件】面板中的【分色】属性组会显示该效果的各个属性选项。

　　其中，各属性选项的具体含义，如下所述。

▶▶ **脱色量**　表示需要移除的颜色量，当值为100%时可使不同于选定颜色的图像区域显示为灰度。

▶▶ **要保留的颜色**　用来设置需要保留的颜色，可以使用吸管工具吸取屏幕中的颜色。

▶▶ **容差**　表示颜色匹配运算的灵活性，值为0%时表示除所保留的颜色之外的所有像素脱色，而值为100%时表示无颜色变化。

▶▶ **边缘柔和度**　用于设置颜色边界的柔和度，值越高其颜色从彩色到灰色的过渡越平滑。

▶▶ **匹配颜色**　用于确定所需比较颜色的RGB值或色相值。

3. 色调 ▶▶▶

　　【色调】视频效果同样能够将彩色视频画面转换为灰度效果，同时还能够将彩色视频画面转换为双色调效果。在默认情况下，将该效果添加至素材后，彩色画面直接转换为灰度图。

技巧

当降低【着色量】属性选项值后，视频画面就会呈现低饱和度效果。

　　如果单击【将黑色映射到】与【将白色映射到】色块，选择黑白灰以外的颜色，就会得到双色调效果。

8.3.4　复杂颜色调整类

　　在视频色彩校正效果组中，不仅能够针对

色调、亮度以及饱和度进行效果设置，还可以为视频画面进行更加综合的颜色调整设置。

1. RGB曲线 ▶▶▶▶

【RGB曲线】视频效果能够调整素材画面的明暗关系和色彩变化，并且能够平滑调整素材画面内的256级灰度，画面调整效果会更加细腻。将该效果添加到素材后，在【效果控件】面板的【RGB曲线】属性组中将显示该效果的属性选项，调整相应属性选项即可。

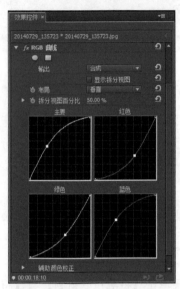

该效果与【亮度曲线】效果的调整方法相同，后者只能够针对明暗关系进行调整，前者则既能够调整明暗关系，还能够调整画面的色彩关系。

2. 颜色平衡 ▶▶▶▶

【颜色平衡】视频效果能够分别为画面中的高光、中间调以及暗部区域进行红、蓝、绿色调的调整。将该效果添加至素材后，在【效果控件】面板的【颜色平衡】属性组中拖动相应的滑块，或者直接输入数值，即可改变相应区域的色调效果。

3. 通道混合器 ▶▶▶▶

【通道混合器】视频效果是根据通道颜色进行调整视频画面效果的。在该效果中分别为红色、绿色、蓝色准备了该颜色到其他多种颜色的设置，从而实现了不同颜色的设置。

> **提示**
>
> 当用户启用【单色】复选框后，素材颜色将变成灰度效果。

4. 更改颜色 >>>

【更改颜色】视频效果用于调整颜色的色相、饱和度和亮度。将该视频效果应用到素材中后，用户可在【效果控件】面板的【更改颜色】属性组中，通过调整各属性选项，来设置颜色的调整效果。

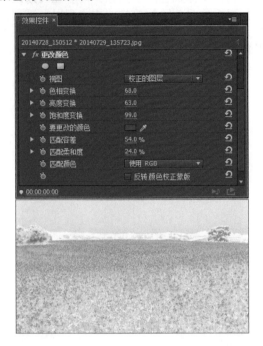

其中，在【效果控件】面板的【更改颜色】属性中，各属性选项的具体含义，如下所述。

>> **视图** 用于设置视图显示模式，【校正的图层】模式将显示更改颜色效果的结构，而【颜色校正遮罩】模式将显示要更改的图层的区域。

>> **色相变换** 用于设置色相的调整数量。

>> **亮度变换** 正数使匹配的像素变亮，负数使匹配的像素变暗。

>> **饱和度变换** 正数增加匹配像素的饱和度（向纯色移动），负数降低匹配像素的饱和度（向灰色移动）。

>> **要更改的颜色** 用于设置范围中要更改的中间颜色。

>> **匹配容差** 用于设置颜色与【要匹配的颜色】的差异度。

>> **匹配柔和度** 用于设置不匹配像素受效果影响的程度。

>> **匹配颜色** 用于确定一个比较颜色以用来确定相似性的色彩空间。

>> **反转颜色校正蒙版** 反转受蒙版影响的颜色。

8.4 调整类视频效果

调整类视频效果主要通过调整图像的色阶、阴影或高光，以及亮度、对比度等方式，达到优化影像质量或实现某种特殊画面效果的目的。

8.4.1 阴影/高光

【阴影/高光】视频效果能够基于阴影或高光区域，使其局部相邻像素的亮度提高或降低，从而达到校正由强光而形成的剪影画面。

将该视频效果应用到素材中后，用户可在【效果控件】面板的【阴影/高光】属性组中，通过调整各属性选项，来设置颜色的调整效果。

其中，在【效果控件】面板的【阴影/高光】属性组中，各属性选项的具体含义，如下所述。

>> **自动数量** 启用该复选框，将忽略【阴影数量】和【高光数量】选项，并使用适合变亮和恢复阴影细节自动确定的数量。同时，启用该选项可激活【瞬时平滑（秒）】选项。

>> **阴影数量** 控制画面暗部区域的亮度，提高数量，取值越大，暗部区域变得越亮。

>> **高光数量** 控制画面亮部区域的亮度，降低数量，取值越大，高光区域的亮度越低。

>> **瞬时平滑（秒）** 用于设置相邻帧相对于其周围帧的范围（以秒为单位），以确定每个帧所需的校正量。该值为0时，将独立分析每个帧，而不考虑周围的帧。

>> **场景检测** 选择此选项，在分析周围帧的瞬时平滑时，超出场景变化的帧将被忽略。

>> **阴影/高光色调宽度** 用于设置阴影和高光中的可调色调的范围。较低的值将可调范围分别限制到仅最暗和最亮的区域，而较高的值则会扩展可调范围。

>> **阴影/高光半径** 用来设置阴影或高光像素的半径范围。

>> **颜色校正** 用于设置所调整的阴影和高光的颜色校正量。

>> **中间调对比度** 用于调整中间调的对比度的数量。较高的值可单独增加中间调中的对比度，而同时使阴影变暗、高光变亮；负值表示降低对比度。

>> **减少黑色/白色像素** 用于设置阴影和高光被剪切到图像中新的极端阴影和高光颜色值。

>> **与原始图像混合** 该选项的作用类似于为处理后的画面设置不透明度，将其与原画面叠加后生成最终效果。

8.4.2　色阶

【色阶】视频效果是较为常用，且较为复杂的视频效果之一。【色阶】视频效果的原理是通过调整素材画面内的阴影、中间调和高光的强度级别，来校正图像的色调范围和颜色平衡。

为素材添加色阶视频效果后，在【效果控件】面板的【色阶】属性组中将列出一系列该效果的选项，用来设置视频画面的明暗关系以及色彩转换。

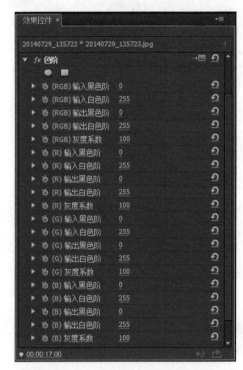

如果在设置参数时较为烦琐，还可以单击【色阶】选项中的【设置】按钮，即可弹出【色阶设置】对话框。

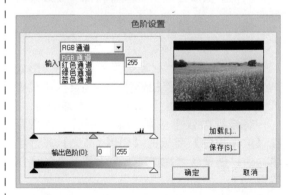

通过对话框中的直方图，可以分析当前图像颜色的色调分布，以便精确地调整画面颜色。其中，对话框中各选项的作用如下所述。

1. 输入阴影 ▶▶▶

控制图像暗调部分，取值范围为0~255。增大参数值后，画面会由阴影向高光逐渐变暗。在【色阶设置】对话框中【输入色阶】选项中的第1个方框内，输入阴影值，单击【确定】按钮即可。

2. 输入中间调 ▶▶▶

控制中间调在黑白场之间的分布，数值小于1.00图像变暗；大于1.00时图像变亮。在【色阶设置】对话框中【输入色阶】选项中的第2个方框内，输入阴影值，单击【确定】按钮即可。

3. 输入高光 ▶▶▶

控制画面内的高光部分，数值范围为2~255。减小取值时，图像由高光向阴影逐渐变亮。在【色阶设置】对话框中【输入色阶】选项中的第3个方框内，输入阴影值，单击【确定】按钮即可。

4. 输出色阶 ▶▶▶

输出色阶类似于输入色阶，唯一不同的是输出色阶只包括输出阴影和输出高光两个可调参数。

其中，【输出阴影】可控制画面内最暗部分的效果，取值越大，画面内最暗部分与纯黑色的差别也就越大。而【输出高光】则可以控制画面内最亮部分的效果，其默认值为255。在降低该参数的取值后，画面内的高光效果将变的暗淡，且参数值越低，效果越明显。

8.4.3 光照效果

【光照效果】视频效果可通过控制光源数量、光源类型及颜色，实现为画面内的场景添加真实光照效果的目的。

1. 默认灯光设置 ▶▶▶▶

应用【光照效果】视频效果后，Premiere共提供了5盏光源供用户使用。其默认情况下，Premiere将只开启一盏灯光，在【效果控件】面板的【光照效果】属性组中单击【光照效果】效果名称后，即可在【节目】监视器面板内通过锚点调整该灯光的位置与照明范围。

在【效果控件】面板的【光照效果】属性组中，各属性选项的具体含义如下所述。

▶▶ **环境光照颜色** 用来设置光源色彩，在单击该选项右侧色块后，即可在弹出对话框中设置灯光颜色。也可在单击色块右侧的【吸管】按钮后，从素材画面内选择灯光颜色。

▶▶ **环境光照强度** 用于调整环境照明的亮度，其取值越小，光源强度越小；反之则越大。

▶▶ **表面光泽** 调整物体高光部分的亮度与光泽度。

▶▶ **表面材质** 通过调整光照范围内的中性色部分，从而达到控制光照效果细节表现力的目的。

▶▶ **曝光** 控制画面的曝光强度。在灯光为白色的情况下，其作用类似于调整环境照明的强度，但【曝光】选项对光照范围内的画面影响也较大。

▶▶ **凹凸层** 可以使用其他素材中的纹理或图案产生特殊光照效果。

▶▶ **凹凸通道** 用于设置凹凸层的通道类型。

▶▶ **凹凸高度** 用于设置凹凸层的渗透程度。

▶▶ **白色部分凸起** 启用该复选框，可以使白色部分凸起。

2. 精确调整灯光效果 ▶▶▶▶

若要更为精确地控制灯光，可在【光照效果】选项内单击相应灯光前的展开按钮，通过各个灯光控制选项进行调节。

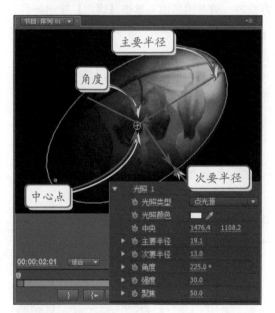

Premiere为用户提供了全光源、点光源和平行光3种不同类型的光源。其中，点光源的特点是仅照射指定的范围，例如之前我们所看到的聚光灯效果；平行光的特点是以光源为中心，向周围均匀地散播光线，强度则随着距离的增加而不断衰减；至于全光源，特点是光源能够均匀地照射至素材画面的每个角落。

除了可以通过【强度】属性选项来调整光源亮度外，还可利用【主要半径】属性选项，通过更改光源与素材平面之间的距离，达到控制照射强度的目的。

而【聚集】属性选项，则用于控制焦散范围的大小与焦点处的强度，取值越小，焦散范围越小，焦点亮度也越小；反之，焦散范围越大，焦点处的亮度也越高。

8.4.4 其他调整类效果

在调整类效果组中，除了上述颜色调整效果外，还包括有些亮度调整、色彩调整以及黑白效果调整的效果。

1. 卷积内核 ▶▶▶▶

【卷积内核】视频效果是Premiere内部较为

复杂的视频效果之一，其原理是通过改变画面内各个像素的亮度值来实现某些特殊效果。

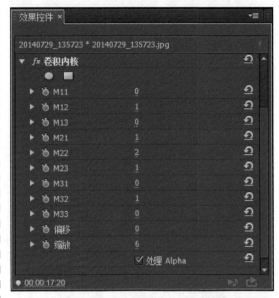

在【效果控件】面板的【卷积内核】属性组中，M11~M33这9项参数全部用于控制像素亮度。单独调整这些选项只能实现调节画面亮度的效果。然而，通过组合使用这些选项，则可以获得重影、浮雕，甚至能使略微模糊的图像变得清晰起来。

在M11~M33这9项参数中，每3项参数分为一组，如M11~M13为一组、M21~M23为一组、M31~M33为一组。调整时，通常情况下每组内的第1项参数与第3项参数应包含一个正值和一个负值，且两数之和为0。至于第2项参数则用于控制画面的整体亮度。这样一来，便可在实现立体效果的同时保证画面亮度不会出现太大变化。

2. ProcAmp ▶▶▶▶

ProcAmp视频效果的作用是调整素材的亮度、对比度，以及色相、饱和度等基本的影像属性，从而实现优化素材质量的目的。

在【效果控件】面板的ProcAmp属性组中，各属性选项的具体含义如下所述。

▶▶ **亮度** 用于调整素材画面的整体亮度，取值越小画面越暗，反之则越亮。在实际应用中，该选项的取值范围通常在−20~20之间。

▶▶ **对比度** 用于调节画面亮部与暗部间的反差，取值越小反差越小，表现为色彩变得暗淡，且黑白色都开始发灰；取值越大则反差越大，表现为黑色更黑，而白色更白。

▶▶ **色相** 用于调整画面的整体色调。利用该选项，除了可以校正画面整体偏色外，还可创造一些诡异的画面效果。

▶▶ **饱和度** 用于调整画面色彩的鲜艳程度，取值越大色彩越鲜艳，反之则越暗淡，当取值为0时画面便会成为灰度图像。

▶▶ **拆分屏幕** 启用该选项，可以将屏幕拆分为左右两部分，以方便对比前后设置效果。

▶▶ **拆分百分比** 用户设置拆分屏幕的对比范围。

3. 提取 ▶▶▶▶

【提取】视频效果的功能是去除素材画面内的彩色信息，从而将彩色的素材画面处理为灰度画面。

当用户应用该效果之后，系统会使用默认提取参数来显示提取结果。除此之外，用户还可以通过调整【输入白色阶】、【输入黑色阶】和【柔和度】属性选项，来重设提取效果。

其中，在【效果控件】面板的【提取】属性组中各属性选项的具体含义，如下所述。

▶▶ **输入黑色阶** 用于控制画面内黑色像素的数量，取值越小，黑色像素越少。

▶▶ **输入白色阶** 用于控制画面内白色像素的数量，取值越小，白色像素越少。

▶▶ **柔和度** 控制画面内灰色像素的阶数与数量，取值越小，上述两项内容的数量也就越少，黑、白像素间的过渡就越为直接；反之，灰色像素的阶数与数量越多，黑、白像素间的过渡就越为柔和、缓慢。

▶▶ **反转** 当启用该复选框后，Premiere便会置换图像内的黑白像素，即黑像素变为白像素、白像素变为黑像素。

8.5 Lumetri Looks类视频效果

Lumetri Looks是Premiere Pro CC中新增的视频效果。它只能在Premiere中应用到序列中，而不能进行编辑。若想编辑Lumetri Looks中的某个效果，必须将Lumetri Looks效果所在的序列导出，然后在Adobe SpeedGrade中进行编辑。

8.5.1 应用Lumetri Looks

Premiere Pro CC中的Lumetri Looks效果是一组颜色分级效果。Lumetri Looks效果分别按照颜色、用途、色彩温度以及色彩风格等，分为【去饱和度】、【电影】、【色温】和【风格】4类效果。

1. 去饱和度 >>>>

【去饱和度】效果是针对视频画面颜色饱和度的一组效果选项组。在该效果选项组中提供了8种不同表现颜色饱和度的效果。只要选中【效果】面板Lumetri Looks选项组中的【去饱和度】选项组，即可在右侧查看其中各种效果的效果示意图。

用户只需将相应的【去饱和度】效果应用到素材中，即可查看该效果应用到视频中的画面效果。

2. 电影 >>>>

【电影】效果是根据常用电影画面效果来设定的颜色效果选项组。在该效果选项组中提供了8种不同电影色彩画面的效果。只要选中【效果】面板Lumetri Looks选项组中的【电影】选项组，即可在右侧查看其中各种效果的效果示意图。

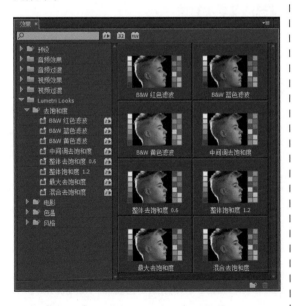

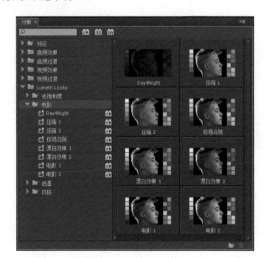

在【电影】效果选项组中，能够根据不同效果名称以及效果示意图，直观地了解每个效果的作用。用户只需将相应的【电影】效果应用到素材中，即可查看该效果应用到视频中的画面效果。

3. 色温 ▶▶▶▶

【色温】效果是根据颜色所表达的温度效果来设定的一组颜色效果选项组。在该效果选项组中提供了8种代表不同颜色温度的效果选项。只要选择【效果】面板Lumetri Looks选项组中的【色温】选项组，即可在右侧查看其中各种效果的效果示意图。

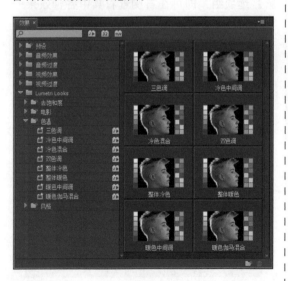

用户只需将相应的【色温】效果应用到素材中，即可查看该效果应用到视频中的画面效果。

4. 风格 ▶▶▶▶

【风格】效果是根据不同年代的色彩以及应用来设定的一组颜色效果选项组。在该效果选项组中提供了8种代表不同年代的效果选项。只要选项【效果】面板Lumetri Looks选项组中的【风格】选项组，即可在右侧查看其中各种效果的效果示意图。

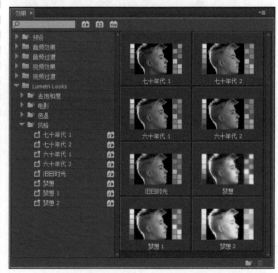

用户只需将相应的【风格】效果应用到素材中，即可查看该效果应用到视频中的画面效果。

8.5.2 导出Lumetri Looks

Lumetri Looks效果中的每个效果,在Premiere中只能够应用而不能进行再设置。要想设置应用在视频片段中的Lumetri Looks效果,首先要将视频所在的序列从Premiere Pro CC发送至Adobe SpeedGrade进行颜色分级,然后再导回Premiere Pro CC中。

在将视频所在的序列从Premiere Pro CC发送至Adobe SpeedGrade进行颜色分级之前,还需要将视频所在的序列进行导出。

首先,在Premiere中选中Lumetri Looks效果所应用的序列。执行【文件】|【导出】|EDL命令,弹出【EDL导出设置】对话框。在该对话

框中,可以导出1条视频轨道和最多4条音频声道,或导出2条立体声轨道。

当指定EDL文件的位置和名称后,单击【确定】按钮,在弹出的【将序列另存为EDL】对话框中,单击【保存】按钮,即可保存后缀名为.edl的文件。这时将该文件导入Adobe SpeedGrade中即可进行编辑。

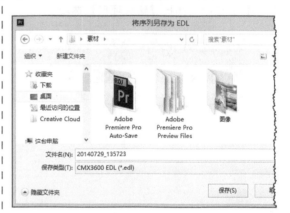

提示

Adobe SpeedGrade 是 Adobe 公司出品的专业的调色软件,是一款高性能数码电影调色和输出软件,支持立体声 3——RAW 处理以及数码调光。实时支持最高 8K 的电影级别分辨率。

8.6 制作旧电视效果

Premiere为用户提供了用于更改和替换素材画面内容颜色的图像控制特效。运用该效果不仅可以调节画面亮度和灰度,而且还可以改变画面的整体颜色,以达到突出画面内容的目的。在本练习中,将运用图形控制特效中的黑白效果,来制作一个旧式电视效果。

操作步骤：

STEP|01 新建项目。新建项目。启动Premiere，在弹出的【欢迎使用Adobe Premiere Pro CC 2014】界面中，选择【新建项目】选项。

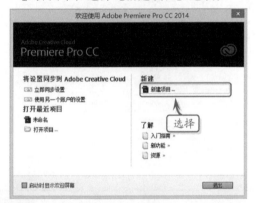

STEP|02 在弹出的【新建项目】对话框中，设置相应选项，并单击【确定】按钮。

STEP|03 导入素材。双击【项目】面板空白区域，在弹出的【导入】对话框中，选择素材文件，单击【打开】按钮。

STEP|04 在弹出的【导入分层文件：图层2旧式电视】对话框中，将【导入为】选项设置为【合并所有图层】，并单击【确定】按钮。

STEP|05 设置视频。将"猴子"素材添加到V1轨道中，右击素材执行【取消链接】命令，取消视频和音频之间的链接。

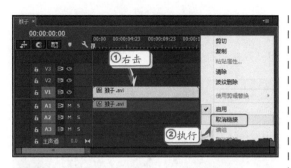

STEP|06 删除音频素材。选择视频素材，在【效果控件】面板的【运动】属性组中，设置视频的【位置】和【缩放】选项参数。

STEP|07 分割视频。将【当前时间指示器】调整至00:00:02:00位置处，使用【工具】面板中的【剃刀工具】单击素材，对其进行分割。

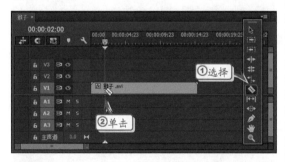

STEP|08 将【当前时间指示器】调整至00:00:03:22位置处，使用【工具】面板中的【剃刀工具】单击素材，对其进行再次分割。

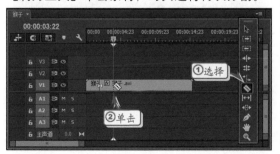

STEP|09 应用视频效果。选择第一段视频片段，在【效果】面板中，展开【视频效果】下的【扭曲】效果组，双击【镜头扭曲】效果，将其添加到所选视频片段中。

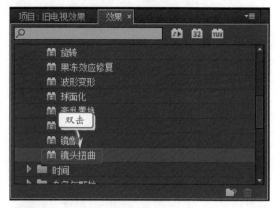

STEP|10 在【效果控件】面板中，设置【镜头扭曲】效果的各项效果选项。然后，右击效果名称，执行【复制】命令。

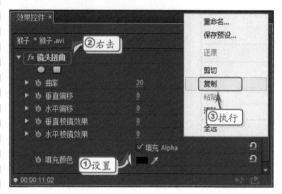

STEP|11 选择【时间轴】面板中的第2段视频片段，在【效果控件】面板中，右击执行【粘贴】命令，粘贴【镜头扭曲】效果。同样方法，将该效果复制到第3视频片段中。

STEP|12 选择第2个视频片段，在【效果】面板中，展开【视频效果】下的【扭曲】效果组，双击【位移】效果，将其添加到素材中。

STEP|13 将【当前时间指示器】调整至00：00：02：00位置处，在【效果控件】面板的【位移】属性组中，单击【将中心移位至】选项左侧的【切换动画】按钮，并设置其参数。

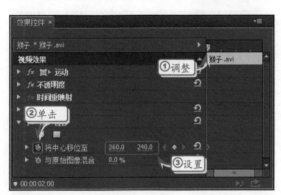

STEP|14 将【当前时间指示器】调整至00：00：02：03位置处，继续设置【将中心移位至】选项参数。使用同样方法，分别制作其他关键帧。

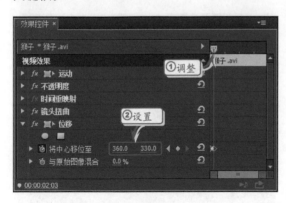

STEP|15 选择第2个视频片段，在【效果】面板中，展开【视频效果】下的【杂色与颗粒】效果组，双击【杂色】效果，将其添加到素材中。

STEP|16 将【当前时间指示器】调整至00：00：03：00位置处，在【效果控件】面板的【杂色】属性组中，单击【杂色数量】选项左侧的【切换动画】按钮，并设置其参数。

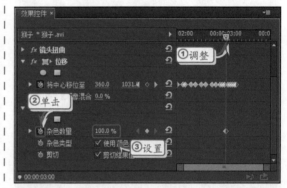

STEP|17 选择第3个视频片段，在【效果】面板中，展开【视频效果】下的【图像控制】效果组，双击【黑白】效果，将其添加到素材中。

STEP|18 在【效果】面板中，展开【视频效果】下的【杂色与颗粒】效果组，双击【杂色】效果，将其添加到素材中。

STEP|19 将【当前时间指示器】调整至00:00:04:00位置处，在【效果控件】面板的【杂色】属性组中，单击【杂色数量】选项左侧的【切换动画】按钮，并设置其参数。

STEP|20 将【当前时间指示器】调整至00:00:06:00位置处，在【效果控件】面板的【杂色】属性组中，设置【杂色数量】选项参数。

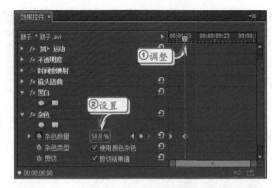

STEP|21 制作旧电视样式。将【项目】面板中的"图层2旧式电视"素材添加到V2轨道中，拖动素材右侧调整素材的持续播放时间。

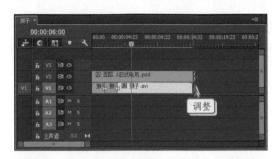

STEP|22 选择V2轨道中的素材，在【效果控件】面板的【运动】属性组中，禁用【等比缩放】复选框，并分别设置【位置】、【缩放高度】和【缩放宽度】选项参数。

8.7 制作光晕反相效果

在Premiere中，除了单纯使用视频效果中的颜色类效果来调整画面颜色，还可以配合生成、过时和通道特效，来制作光晕反相效果。在本练习中，将通过制作一段柯南动画宣传片，来详细介绍制作光晕反相效果的操作方法。

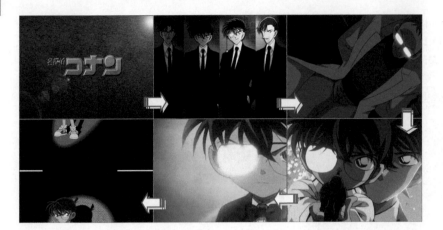

练习要点

- 新建项目
- 新建序列
- 导入素材
- 添加素材
- 应用镜头光晕效果
- 应用反转效果
- 应用光照效果
- 应用垂直定格效果

操作步骤：

STEP|01 新建项目。新建项目。启动Premiere，在弹出的【欢迎使用Adobe Premiere Pro CC 2014】界面中，选择【新建项目】选项。

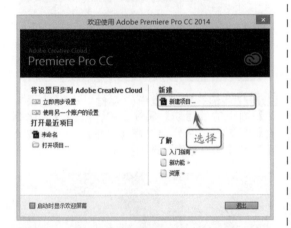

STEP|02 在弹出的【新建项目】对话框中，设置相应选项，并单击【确定】按钮。

STEP|03 新建序列。执行【文件】|【新建】|【序列】命令，在打开的【新建序列】对话框中激活【设置】选项卡，自定义序列选项，并单击【确定】按钮。

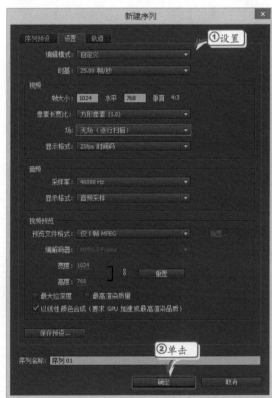

STEP|04 导入素材。双击【项目】面板空白区域，在弹出的【导入】对话框中，选择导入素材，单击【打开】按钮。

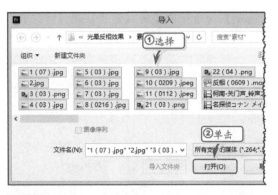

STEP|05 添加素材。将"1（07）"素材添加到V1轨道中，右击素材执行【速度/持续时间】命令。

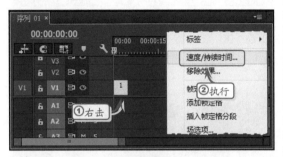

STEP|06 在弹出的【剪辑速度/持续时间】对话框中，设置素材的【持续时间】选项，并单击【确定】按钮。

提示

在添加视频素材时，还需要右击视频素材，执行【取消链接】命令，取消视频和音频的链接并删除音频素材。

STEP|07 在【效果控件】面板的【运动】属性组中，设置素材的【缩放】选项。使用同样的方法，添加其他图片和视频素材。

STEP|08 制作片头效果。选择V1轨道中的第1个素材，在【效果】面板中，展开【视频效果】下的【生成】效果组，双击【镜头光晕】效果，应用该效果。

STEP|09 将【当前时间指示器】调整至视频开头处，在【效果控件】面板的【镜头光晕】属性组中，单击【光晕中心】选项左侧的【切换动画】按钮，并设置其参数。

STEP|10 将【当前时间指示器】调整至00:00:02:00位置处，在【效果控件】面板的【镜头光晕】属性组中设置【光晕中心】选项参数。

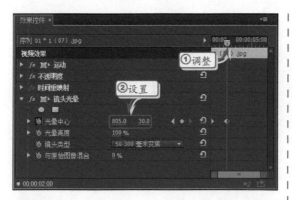

STEP|11 将【当前时间指示器】调整至00:00:03:00位置处，在【效果控件】面板的【镜头光晕】属性组中设置【光晕中心】选项参数。

STEP|12 选择V2轨道中的第1个素材，将【当前时间指示器】调整至00:00:01:00位置处，在【效果控件】面板的【运动】和【不透明度】属性组中，分别单击【缩放】、【旋转】和【不透明度】选项左侧的【切换动画】按钮，并设置其参数。

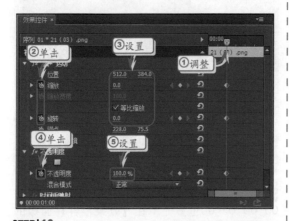

STEP|13 将【当前时间指示器】调整至00:00:02:00位置处，在【效果控件】面板的

【运动】属性组中设置【缩放】和【旋转】选项参数。

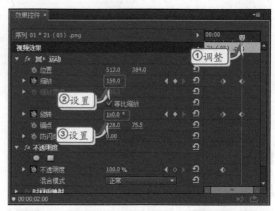

STEP|14 将【当前时间指示器】调整至00:00:02:15位置处，在【效果控件】面板的【不透明度】属性组中设置【不透明度】选项参数。

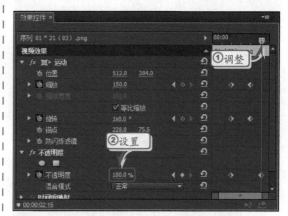

STEP|15 将【当前时间指示器】调整至00:00:02:23位置处，在【效果控件】面板的【不透明度】属性组中设置【不透明度】选项参数。

STEP|16 选择V2轨道中的第2个素材，将【当前时间指示器】调整至00:00:02:20位置处，在【效果控件】面板的【不透明度】属性组中单击【不透明度】选项左侧的【切换动画】按钮，并设置其参数。

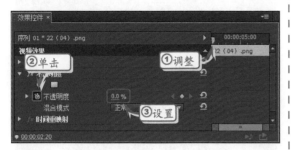

STEP|17 将【当前时间指示器】调整至00:00:03:02位置处，在【效果控件】面板的【不透明度】属性组中设置【不透明度】选项参数。

STEP|18 制作图片视频效果。选择V1轨道中的第2个素材，在【效果】面板中，展开【视频效果】下的【调整】效果组，双击【光照效果】效果。

STEP|19 在【效果控件】面板的【光照效果】属性组中设置基础参数，将【当前时间指示器】调整至00:00:08:00位置处，单击【角度】选项左侧的【切换动画】按钮，并设置其参数。

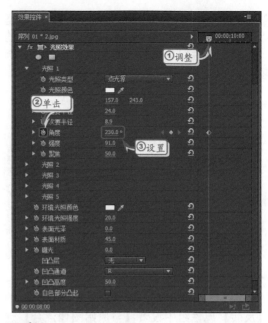

STEP|20 将【当前时间指示器】调整至00:00:10:00位置处，在【效果控件】面板的【光照效果】属性组中设置【角度】选项参数。

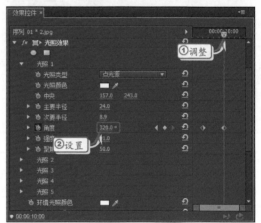

STEP|21 选择V1中的第8个素材，在【效果】面板中，展开【视频效果】下的【通道】效果组，双击【反转】效果，应用该效果。

STEP|22 将【当前时间指示器】调整至00：00：27：00位置处，在【效果控件】面板的【反转】属性组中单击【与原始图像混合】选项左侧的【切换动画】按钮，并设置其参数。

STEP|23 将【当前时间指示器】调整至00：00：31：15位置处，在【效果控件】面板的【反转】属性组中设置【与原始图像混合】选项参数。

STEP|24 将【当前时间指示器】调整至00：00：31：00位置处，在【效果控件】面板的【反转】属性组中设置【与原始图像混合】选项参数。

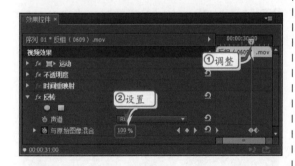

STEP|25 将【当前时间指示器】调整至00：00：32：00位置处，在【效果控件】面板的【反转】属性组中设置【与原始图像混合】选项参数。

STEP|26 将【当前时间指示器】调整至00：00：32：10位置处，在【效果控件】面板的【反转】属性组中设置【与原始图像混合】选项参数。

STEP|27 将【当前时间指示器】调整至00：00：32：20位置处，在【效果控件】面板的【反转】属性组中设置【与原始图像混合】选项参数。

STEP|28 选择V1中的第12个素材，在【效果】面板中，展开【视频效果】下的【过时】效果组，双击【垂直定格】效果，应用该效果。

STEP|29 制作音频素材。将音频素材分别添加到A1和A2轨道中。将【当前时间指示器】调整至00:00:41:03位置处。使用【剃刀工具】单击素材。分割音频素材。

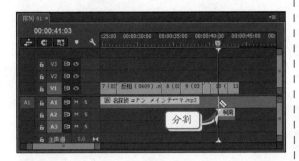

STEP|30 删除分割后右侧的音频素材。在【效果】面板中。展开【音频过渡】下的【交叉淡化】效果组。将【恒定功率】效果拖到A1轨道素材的末尾处。

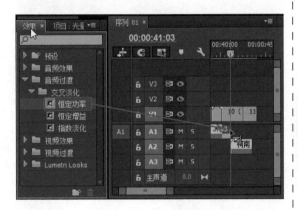

STEP|31 在【效果】面板中。展开【音频过渡】下的【交叉淡化】效果组。将【恒定功率】效果拖到A2轨道素材的开始处。

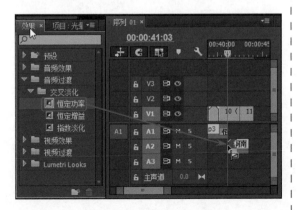

STEP|32 添加视频过渡效果。在【效果】面板中。展开【视频过渡】下的【溶解】效果组。将【渐隐为白色】效果拖动到V2视频图片中间。

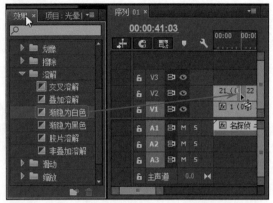

STEP|33 将【渐隐为白色】效果拖动到V2视频第2个图片的末尾处。并在【效果控件】面板的【渐隐为白色】属性组中设置【持续时间】选项。使用同样方法。分别为其他图片添加视频过渡效果。

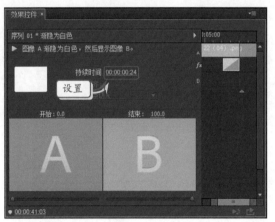

第9章 应用合成与遮罩

在影视节目的后期制作中,可以通过Premiere所提供的遮罩功能去除影片中单一颜色的图像,并添加一些合适的视频素材,从而完成一部色彩绚丽、内容丰富的影片。而利用视频效果中的合成技术,可以使一个场景中的人物出现在另一场景内,从而得到那些无法通过拍摄来完成的视频画面。在本章中将详细介绍遮罩与抠像的基础知识和使用技巧,以协助用户创建出能够让人感到奇特、炫目和惊叹的画面效果。

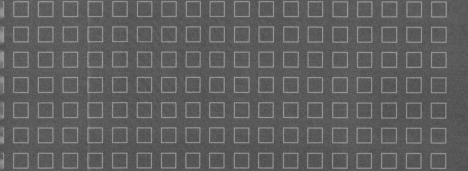

合成视频是非线性视频编辑类视频效果中的一个重要功能之一，而所有合成效果都具有的共同点，便是能够让视频画面中的部分内容成为透明状态，从而显露出其下方的视频画面。

9.1.1　调节素材的不透明度

在Premiere中，操作最为简单、使用最为方便的视频合成方式，便是通过降低顶层视频轨道中的素材透明度，从而显现出底层视频轨道上的素材内容。操作时，只需选择顶层视频轨道中的素材后，在【效果控件】面板的【不透明度】属性组中，直接降低【不透明度】选项的参数值。所选视频素材的画面将会呈现一种半透明状态，从而隐约透出底层视频轨道中的内容。

上述操作多应用于两段视频素材的重叠部分。也就是说，通过添加【不透明度】关键帧，影视编辑人员可以使用降低素材不透明度的方式来实现过渡效果。

9.1.2　导入含Alpha通道的PSD图像

Alpha通道是指图像额外的灰度图层，其功能用于定义图形或者字幕的透明区域。利用Alpha通道，可以将某一视频轨道中的图像素材、徽标或文字与另一视频轨道内的背景组合在一起。

首先在图像编辑程序中创建具有Alpha通道的素材。比如，在Photoshop内打开所要使用的图像素材。然后将图像主体抠取出来，并在【通道】面板内创建新通道后，使用白色填充主体区域。

接下来，将包含Alpha通道的图像素材添加至影视编辑项目内，并将其添加至"V2"视频轨道内。此时，可看出图像素材除主体外的其他内容都被隐藏了，而产生这一效果的原因便是之前我们在图像素材内创建的Alpha通道。

新版的Premiere为用户提供了视频遮罩功能，几乎涵盖了所有的视频效果。运用遮罩功能，不仅可以将视频效果界定在画面中的特定区域内，而且还可以使用跟踪遮罩功能，跟踪画面中运动的点。

9.2.1 添加遮罩

当用户在【效果】面板中的【视频效果】效果组中使用相应效果时，会在【效果控件】面板的【球面化】属性组中发现【创建椭圆形蒙版】和【创建4点多变形蒙版】两个按钮。

1. 创建蒙版 》》》》

当用户将某个视频效果应用到素材中时，在【效果控件】面板的【球面化】属性组中单击【创建椭圆形蒙版】按钮，即可在【节目】监视器面板中显示蒙版形状。

提示

部分视频效果在默认情况下不会改变画面效果，此时应用遮罩只会在【节目】监视器面板中显示一个蒙版形状。

此时，将鼠标移至蒙版形状中间，当鼠标变成 形状时，拖动鼠标即可移动蒙版形状的位置。

然后，将鼠标移至蒙版形状上4个控制点上，当鼠标变成三角形状时，拖动鼠标即可更改蒙版形状的大小。

2. 设置蒙版属性 》》》》

当用户为素材添加遮罩效果后，在【效果控件】面板的【球面化】属性组中将会显示相对应的属性选项。

其中，各蒙版属性选项的具体功能，如下所述。

▶▶ **蒙版路径** 用于跟踪所选蒙版。

▶▶ **蒙版羽化** 用于设置蒙版形状边界的羽化效果。

▶▶ **蒙版扩展** 用于调整蒙版在既定范围内的大小。

▶▶ **蒙版不透明度** 用于调整蒙版的透明性。

▶▶ **已反转** 启用该复选框，可以反转蒙版效果和原画面。

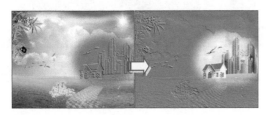

9.2.2 跟踪遮罩

跟踪遮罩功能是在运动素材中，通过为某点添加遮罩并实现跟踪的一种效果。在【效果控件】面板中，Premiere为用户提供了【向前跟踪所选蒙版】、【向后跟踪所选蒙版】，以及【向前跟踪所选蒙版1个帧】和【向后跟踪所选蒙版1个帧】4种跟踪方式。下面，通过为素材添加【马赛克】视频效果的方法，来介绍跟踪遮罩的操作方法。

1．创建遮罩 ▶▶▶

首先，将视频素材添加到【时间轴】面板中，并将【风格化】中的【马赛克】视频效果应用到该素材中。然后，在【效果控件】面板的【马赛克】属性组中，将【水平块】和【垂直块】参数值分别设置为"100"。

在【效果控件】面板的【马赛克】属性组中，单击【创建椭圆形蒙版】按钮，创建蒙版并在【节目】监视器面板中调整蒙版的大小和位置。

2．创建跟踪 ▶▶▶

创建蒙版之后，在【效果控件】面板的【马赛克】属性组中，单击【跟踪方法】按钮，在其列表中选择一种跟踪方法，在此选择【位置】选项。

然后，单击【向前跟踪所选蒙版】按钮，开始向前跟踪蒙版。此时，系统将弹出【正在跟踪】对话框，显示跟踪进度条。

当【节目】监视器面板中的蒙版形状跟不上播放进度时，也就是蒙版和所需要遮盖的区域产生差异时，需要在【正在跟踪】对话框中单击【停止】按钮，停止跟踪。然后，在【节目】监视器面板中手动调整蒙版位置，再次单击【向前跟踪所选蒙版】按钮，继续跟踪蒙版。

当用户完成向前跟踪蒙版之后，为了完善蒙版跟踪效果，还需要在【效果控件】面板的【马赛克】属性组中单击【向后跟踪所选蒙版】按钮，向后跟踪蒙版。

换（Space）】按钮，观看最终效果。

此时，便完成整个蒙版的跟踪操作了。在【节目】监视器面板中，单击【播放-停止切

> **提示**
>
> 创建蒙版跟踪效果之后，在【效果控件】面板的【马赛克】属性组中的【蒙版路径】属性选项右侧显示关键帧。

9.3 应用遮罩效果

在Premiere Pro中的【键控】效果组中包含了几乎所有的抠像效果，主要用于隐藏多个重叠素材中最顶层的素材中的部分内容，从而在相应位置处显现出底层素材的画面，实现拼合素材的目的。

9.3.1 无用信号遮罩效果

无用信号遮罩类视频效果的功能是在素材画面内设定多个遮罩点，并利用这些遮罩点所连成的封闭区域来确定素材的可见部分。

1．16点无用信号遮罩 >>>>

【16点无用信号遮罩】效果是通过调整画面中的16个遮罩点，来达到局部遮罩的效果。其中，16个遮罩点的分布情况如下图所示。

将该效果添加至素材后，在【节目】监视器面板中的素材周围将显示出16个遮罩点。

> **提示**
>
> 在【时间轴】面板中，分别在不同的轨迹中放置素材，并且将其放置在同一时间段。这样才能够在设置上方画面遮罩后，显示出下方画面，并且与之形成合成效果。

为素材添加【16点无用信号遮罩】视频效果后，在【效果控件】面板的【16点无用信号遮罩】属性组中调整上左顶点的坐标，或者直接拖动【节目】监视器面板中左上角坐标点，即可显现出下方素材的部分画面。

依次调整其他的遮罩点后，其素材内所需要保留的内容将继续保留，而非保留的内容将被隐藏起来。

不过，由于素材内待保留物体形状的原因，多数情况下此时的素材抠取效果还无法满足我们的需求。主体的很多细节部分往往还存在遗留或遮盖过多的情况。

2．8点与4点无用信号遮罩 >>>

【8点无用信号遮罩】、【4点无用信号遮罩】效果与【16点无用信号遮罩】的使用原理相同，只是遮罩点的数量不用。其中，8个遮罩点的分布情况如下图所示。

而4个遮罩点的分布情况，如下图所示。

对于复杂的画面，为其添加【16点无用信号遮罩】效果后，可能也无法完整地制作出遮罩形状。为此，可通过添加第2或第3个无用信号遮罩视频效果的方法，来修正这些细节部分的问题。

提示

无论是【16点无用信号遮罩】效果、【8点无用信号遮罩】效果还是【4点无用信号遮罩】效果，都可以重复使用与混合使用，只要将效果添加至素材中即可进行调整。

9.3.2　差异类遮罩效果

差异类遮罩效果不仅能够通过遮罩点来进行局部遮罩，而且还可以通过矢量图形、明暗关系等因素，来设置遮罩效果，比如亮度键、轨道遮罩键、差值遮罩等效果。

1．Alpha调整 ▷▷▷▷

【Alpha调整】效果的功能是控制图像素材中的Alpha通道，通过影响Alpha通道实现调整影片效果的目的。将该效果添加到素材中后，在【效果控件】面板的Alpha调整属性组中将显示该效果各属性选项。

其中，【不透明度】属性选项主要用于控制Alpha通道的透明程度，因此在更改其参数值后会直接影响相应图像素材在屏幕画面上的表现效果。

而启用【忽略Alpha】复选框后，序列将会忽略图像素材Alpha通道所定义的透明区域，并使用黑色像素填充这些透明区域。

启用【反转Alpha】复选框后，会反转

Alpha通道所定义透明区域的范围。因此，图像素材内原本应该透明的区域会变得不再透明，而原本应该显示的部分则会变成透明的不可见状态。

启用【仅蒙版】复选框后，图像素材在屏幕画面中的非透明区域将显示为通道画面（即黑、白、灰图像）。

2．亮度键 ▷▷▷▷

【亮度键】效果用于去除素材画面内较暗

的部分，用户可通过调整【效果控件】面板的
【亮度键】属性组中的【阈值】和【屏蔽度】
属性选项，来调整显示效果。

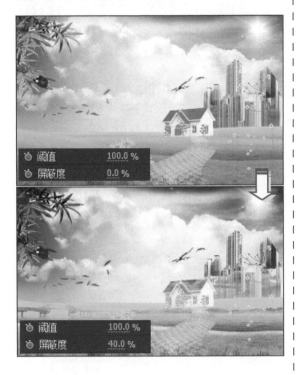

3. 差值遮罩 >>>

【差值遮罩】效果的作用是对比两个相似
的图像剪辑，并去除两个图像剪辑在屏幕画面
上的相似部分，而只留下有差异的图像内容。
因此，该效果在应用时对素材剪辑的内容要求
较为严格。但在某些情况下，能够很轻易地将
运动对象从静态背景中抠取出来。

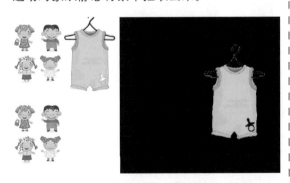

当在不同的轨迹中导入素材后，需要同时
选中这两个素材，并将【差值遮罩】效果同时
添加至两个素材中。然后在上方素材添加的效
果中，设置【差值图层】为【视频1】选项，即
可显示差异的图像。

其中，在【差值遮罩】视频效果的属性组
中，各个选项的作用如下。

>> **视图** 用于确定最终输出在【节目】监视
器面板中的画面内容。其中，【最终输
出】选项用于输出两个素材进行差异匹配后
的结果画面；【仅限源】选项用于输出应用
该效果的素材画面；【仅限遮罩】选项则用
于输出差异匹配后产生的遮罩画面。

>> **差值图层** 用于确定与源素材进行差异匹
配操作的素材位置，即确定差异匹配素材
所在的轨道。

>> **如果图层大小不同** 当源素材与差异匹配
素材的尺寸不同时，可通过该选项来确定
差异匹配操作将以何种方式展开。

>> **匹配容差** 该选项的取值越大，相类似的
匹配也就越宽松；其取值越小，相类似的
匹配也就越严格。

>> **匹配柔和度** 该选项会影响差异匹配结果
的透明度，其取值越大，差异匹配结果的
透明度也就越大；反之，匹配结果的透明
度也就越小。

>> **差值前模糊** 根据该选项取值的不同，
Premiere会在差异匹配操作前对匹配素材进
行一定程度的模糊处理。因此，【差异前
模糊】选项的取值将直接影响差异匹配的
精确程度。

4. 轨道遮罩键 >>>

【轨道遮罩键】效果通过一个素材（叠
加的剪辑）显示另一个素材（背景剪辑）。此
过程中使用第三个文件作为遮罩，在叠加的剪
辑中创建透明区域。此效果需要两个素材和一
个遮罩，每个素材位于自身的轨道上。遮罩中
的白色区域在叠加的剪辑中是不透明的，防止
底层剪辑显示出来；遮罩中的黑色区域是透明

的．而灰色区域是部分透明的。

首先．分别将不同作用的素材添加到3个不同的轨道中。此时．由于视频轨道叠放顺序的原因．【节目】监视器面板中只显示最上层的素材画面。

然后．选择3个轨道中的中间轨道．即【视频2】轨道。将【轨道遮罩键】效果添加到该轨道中的素材上。在【效果控件】面板的【图像遮罩键】属性组中将显示属性选项。将【遮罩】设置为【视频3】．同时将【合成方式】设置为【亮度遮罩】。此时．在【节目】监视器面板中．将显示遮罩后的效果。

提示

当启用【轨道遮罩键】效果中的【反向】选项，即可在【节目】面板中显示与之相反的显示效果。

---

5. 图像遮罩键 >>>>

【图像遮罩键】效果根据静止图像剪辑（充当遮罩）的明亮度值抠出剪辑图像的区域。透明区域显示下方轨道中的剪辑产生的图像。可以指定项目中要充当遮罩的任何静止图像剪辑．它不必位于序列中。

首先．分别在【视频1】和【视频2】中添加相应的素材．并选定用于遮罩的图像。

然后．将该效果添加到素材中．在【效果控件】面板的【图像遮罩键】属性组中单击【设置】按钮█▤。然后在弹出的【选择遮罩图形】对话框中．选择遮罩文件．并单击【打开】按钮。

接下来．在【效果控件】面板的【图像遮罩键】属性组中．将【合成使用】选项设置为【亮度遮罩】。这时图像素材内所有位于遮罩图像黑色区域中的画面都将被隐藏．只有位于白色区域内的画面仍旧是可见状态．并呈现出透明状态。

此时，如果启用【反向】复选框，则会颠倒所应用遮罩图像中的黑、白像素。

9.3.3　颜色类遮罩效果

在Premiere中，最常用的遮罩方式，是根据颜色来隐藏或显示局部画面。在【键控】效果组中，为用户提供了用于颜色遮罩的【非红色键】、【颜色键】等颜色类遮罩效果。

1．非红色键 >>>>

【非红色键】效果可以同时去除视频画面内的蓝色和绿色背景。将该效果应用到素材中，在【效果控件】面板的【非红色键】属性组中，设置各属性选项即可。

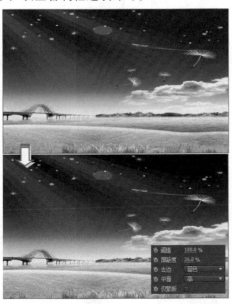

其中，【效果控件】面板的【非红色键】属性组中的各属性选项的具体含义，如下所述。

>> **阈值**　用于设置用于确定剪辑透明区域的蓝色阶或绿色阶。

>> **屏蔽度**　用于设置由【阈值】选项指定的不透明区域的不透明度。

>> **去边**　从剪辑不透明区域的边缘移除残余的绿屏或蓝屏颜色。

>> **平滑**　用于指定Premiere应用于透明和不透明区域之间边界的消除锯齿（柔化）量。

>> **仅蒙版**　启用该复选框，表示仅显示剪辑的Alpha通道。

2．颜色键 >>>>

【颜色键】效果的作用是抠取屏幕画面内的指定色彩，因此多用于屏幕画面内包含大量色调相同或相近色彩的情况。

首先，分别将相应的素材添加到相同时间内不同的轨道中，选择上层轨道中的素材，并添加该视频效果。然后，在【效果控件】面板的【颜色键】属性组中，单击【主要颜色】后面的【吸管】按钮，拾取屏幕中的颜色，并分别设置其他属性选项即可。

其中，【效果控件】面板的【颜色键】属性组中各属性选项的具体含义，如下所述。

>> **主要颜色**　用于指定目标素材内所要抠除的颜色。

➤➤ **颜色容差** 用于扩展所抠除色彩的范围，根据其选项参数的不同，部分与【主要颜色】选项相似的色彩也将被抠除。

➤➤ **边缘细化** 该选项能够在图像色彩抠取结果的基础上，扩大或减小【主要颜色】所

设定颜色的抠取范围。

➤➤ **羽化边缘** 当该参数的取值为负值时，Premiere将会减小根据【主要颜色】选项所设定的图像抠取范围；反之，则会进一步增大图像抠取范围。

9.4 制作望远镜效果

在影视作品中，经常采用望远镜等对比的手法来突出其主体内容，使观众的注意力集中在影片所需要表现的对象上。在本练习中，将通过使用Premiere进行影视后期特殊处理手法，来制作一个模拟望远镜的画面效果，从而达到突出人物的目的。

练习要点
- 新建项目
- 导入素材
- 设置不透明度
- 添加遮罩
- 跟踪遮罩

操作步骤：

STEP|01 新建项目。启动Premiere，在弹出的【欢迎使用Adobe Premiere Pro CC 2014】界面中，选择【新建项目】选项。

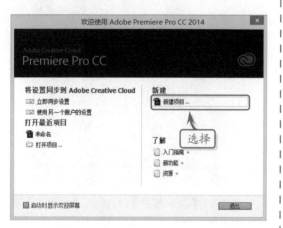

STEP|02 在弹出的【新建项目】对话框中，设置相应选项，并单击【确定】按钮。

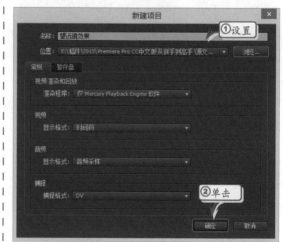

STEP|03 导入素材。双击【项目】面板空白区域，在弹出的【导入】对话框中，选择素材文件，单击【打开】按钮。

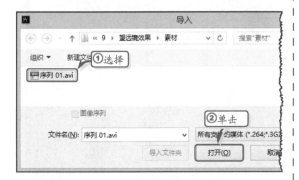

STEP|04 创建素材。在【项目】面板中，单击【新建项】按钮，在展开的列表中选择【黑场视频】选项。

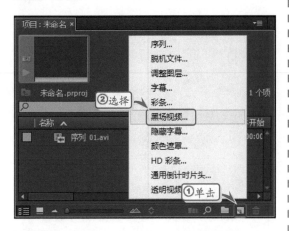

STEP|05 在弹出的【新建黑场视频】对话框中，设置视频选项，并单击【确定】按钮。

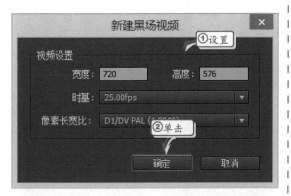

STEP|06 添加素材。将"序列01"素材添加到

V1轨道中，同时将"黑场视频"素材添加到V2轨道中。

STEP|07 将鼠标移至V2轨道素材的最右侧，当鼠标变成形状时，向右拖动鼠标调整素材的持续播放时间。

STEP|08 设置不透明度。选择V2轨道中的素材，在【效果控件】面板的【不透明度】属性组中，单击【不透明度】选项左侧的【切换动画】按钮，并将其参数设置为"55%"。

STEP|09 创建遮罩。单击【不透明度】属性组中的【创建椭圆形蒙版】按钮，创建椭圆形遮罩，并启用【已反转】复选框。

STEP|10 在【节目】面板中，通过拖动遮罩四周的控制点，调整遮罩的大小。

STEP|11 将鼠标移至遮罩中，当鼠标变成🖑形状时，拖动鼠标调整遮罩的具体位置。

STEP|12 跟踪遮罩。将【当前时间指示器】调整至视频的开始位置，在【效果控件】面板的

【不透明度】属性组中，单击【蒙版路径】选项中的【向前跟踪所选蒙版】按钮。

STEP|13 跟踪遮罩时，当出现遮罩位置不适合时，单击【停止】按钮，停止跟踪，并在【节目】面板中调整遮罩位置。

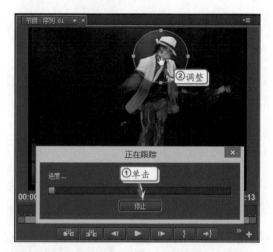

STEP|14 根据上述方法，跟随播放进度跟踪并调整遮罩位置，直至视频末尾处。然后，在【节目】面板中，单击【播放−停止切换（Space）】按钮，播放预览影片。

9.5 制作放大镜效果

　　放大镜效果主要运用【轨道遮罩键】视频效果，通过制作遮罩效果将画面的局部进行放大，并配以动画关键帧等功能，来凸显放大镜特效。在本练习中，将通过制作一个护肤品广告影片，来详细介绍键控视频效果的使用方法和操作技巧。

练习要点

● 新建项目
● 新建序列
● 导入素材
● 调整播放时间
● 应用键控视频效果
● 应用动画关键帧
● 应用过渡视频效果

操作步骤：

STEP|01 新建项目。启动Premiere，在弹出的【欢迎使用Adobe Premiere Pro CC 2014】界面中，选择【新建项目】选项。

STEP|02 在弹出的【新建项目】对话框中，设置相应选项，并单击【确定】按钮。

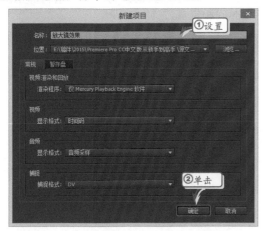

STEP|03 新建序列。执行【文件】|【新建】|【序列】命令，在弹出的对话框中保持默认设置，单击【确定】按钮。

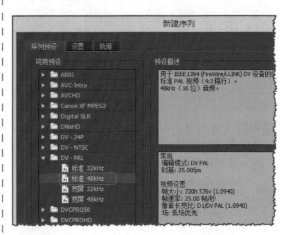

STEP|04 导入素材。在【项目】面板中，双击空白区域，在弹出的【导入】对话框中，选择导入素材，单击【打开】按钮。

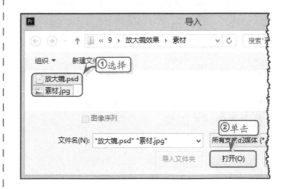

STEP|05 创建遮罩素材。执行【字幕】|【新建字幕】|【静态默认字幕】命令，在【字幕】面板中使用【椭圆工具】绘制一个椭圆形形状。

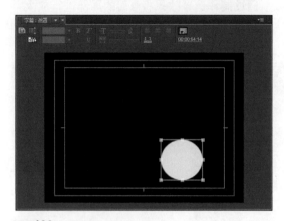

STEP|06 创建静态字幕。执行【字幕】|【新建字幕】|【静态默认字幕】命令，在【字幕】面板中输入广告语文本，并设置文本大小。

STEP|07 使用【选择工具】调整文本位置，并在【字幕属性】面板中的【属性】效果组中，设置文本的基本属性。

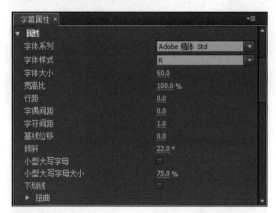

STEP|08 启用【填充】复选框，在该效果组中设置文本的填充效果。

STEP|09 启用【阴影】复选框，在该效果组中设置文本的阴影效果。使用同样的方法，分别制作其他字幕素材。

STEP|10 添加素材。将【项目】面板中的"素材"素材添加到V1轨道中，右击该素材执行【速度/持续时间】命令。

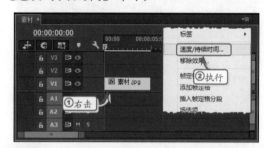

STEP|11 在弹出的【剪辑速度/持续时间】对话框中，设置素材的持续播放时间。使用同样的方法，分别添加其他素材并设置素材的播放持续时间和位置。

STEP|12 设置素材效果。选择V1轨道中的素材，在【效果控件】面板的【运动】属性组中设置【缩放】效果选项参数。

STEP|13 选择V2轨道中的素材，在【效果控件】面板的【运动】属性组中设置【缩放】效果选项参数。

STEP|14 在【效果】面板中，将【视频效果】下的【键控】效果组中的【轨道遮罩键】效果添加到素材中，并在【效果控件】面板的【轨道遮罩键】属性组中设置其效果参数。

STEP|15 设置遮罩效果。选择V3轨道中的素材，将【当前时间指示器】调整至视频开头处，在【效果控件】面板的【运动】属性组中，单击

【位置】选项左侧的【切换动画】按钮，并设置其选项参数。

STEP|16 将【当前时间指示器】调整至00：00：04：00位置处，在【效果控件】面板的【运动】属性组中设置【位置】选项参数。

STEP|17 将【当前时间指示器】调整至00：00：11：15位置处，在【效果控件】面板的【运动】属性组中设置【位置】选项参数。使用同样方法，添加其他位置关键帧。

STEP|18 将【当前时间指示器】调整至00：00：42：04位置处，在【效果控件】面板的【不透明度】属性组中设置【不透明度】选项参数。

STEP|19 将【当前时间指示器】调整至 00：00：44：14位置处，在【效果控件】面板的 【不透明度】属性组中设置【不透明度】选项 参数。

STEP|20 设置放大镜效果。选择V4轨道中的素 材，将【当前时间指示器】调整至00：00：00：00 位置处，在【效果控件】面板的【运动】属性组 中单击【位置】选项左侧的【切换动画】按钮， 并设置【位置】和【缩放】选项参数。

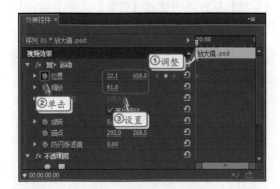

STEP|21 将【当前时间指示器】调整至 00：00：00：14位置处，在【效果控件】面板的 【运动】属性组中调整【位置】选项参数。使 用同样方法，根据遮罩运动路径设置其位置关 键帧。

STEP|22 将【当前时间指示器】调整至 00：00：41：24位置处，在【效果控件】面板的 【不透明度】属性组中设置【不透明度】选项 参数。

STEP|23 将【当前时间指示器】调整至 00：00：44：10位置处，在【效果控件】面板的 【不透明度】属性组中设置【不透明度】选项 参数。

STEP|24 设置字幕效果。选择V5轨道中的"广 告语"素材，将【视频效果】下【过渡】效果 组中的【百叶窗】效果添加到该素材中，并在 【效果控件】面板的【百叶窗】属性组中设置 选项参数。

STEP|25 将【当前时间指示器】调整至00:00:04:00位置处。在【效果控件】面板的【百叶窗】属性组中单击【过渡完成】选项左侧的【切换动画】按钮，并设置其选项参数。

STEP|26 将【当前时间指示器】调整至00:00:05:00位置处。在【效果控件】面板的【百叶窗】属性组中设置【过渡完成】选项参数。

STEP|27 将【视频效果】下【扭曲】效果组中的【波形变形】效果添加到该素材中。并在【效果控件】面板的【波形变形】属性组中设置选项参数。

STEP|28 将【视频效果】下【过渡】效果组中的【块溶解】效果添加到该素材中。并在【效果控件】面板的【块溶解】属性组中设置选项参数。

STEP|29 将【当前时间指示器】调整至00:00:12:00位置处。在【效果控件】面板的【块溶解】属性组中单击【过渡完成】选项左侧的【切换动画】按钮，并设置其选项参数。

STEP|30 将【当前时间指示器】调整至00:00:14:06位置处。在【效果控件】面板的【块溶解】属性组中设置【过渡完成】选项参数。

STEP|31 选择V5轨道中的"洁面乳"素材。将【视频效果】下【扭曲】效果组中的【旋转】效果添加到该素材中。并在【效果控件】面板的【旋转】属性组中设置选项参数。

STEP|32 将【视频效果】下【过渡】效果组中的【渐变擦除】效果添加到该素材中，并在【效果控件】面板的【渐变擦除】属性组中设置选项参数。

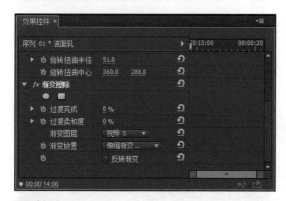

STEP|33 将【当前时间指示器】调整至00:00:19:00位置处，在【效果控件】面板的【渐变擦除】属性组中单击【过渡完成】选项左侧的【切换动画】按钮，并设置其选项参数。

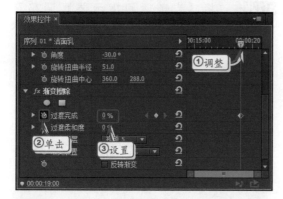

STEP|34 将【当前时间指示器】调整至00:00:20:14位置处，在【效果控件】面板的【渐变擦除】属性组中设置【过渡完成】选项参数。

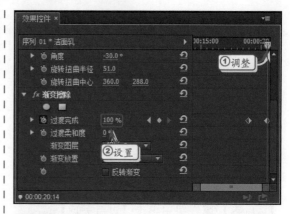

STEP|35 将【当前时间指示器】调整至00:00:14:08位置处，在【效果控件】面板的【运动】属性组中单击【位置】和【缩放】左侧的【切换动画】按钮，并设置其选项参数。

STEP|36 将【当前时间指示器】调整至00:00:16:20位置处，在【效果控件】面板的【运动】属性组中分别设置【位置】和【缩放】选项参数。使用同样的方法，分别设置其他字幕素材的视频效果和动画关键帧。

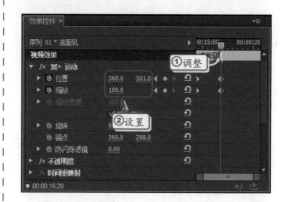

第10章 创建字幕

字幕是影视节目的重要组成部分，它主要是向用户传达视频画面所无法表达或难于表现的影视内容，以便观众能够更好地理解含义。在如今各式各样的广告中，精美的字幕不仅能够起到为影片增光添彩的作用，还能够快速、直接地向观众传达信息。在本章中，将详细介绍Premiere字幕创建工具、Premiere文本字幕的创建方法，以帮助用户更好地理解字幕的强大功能。

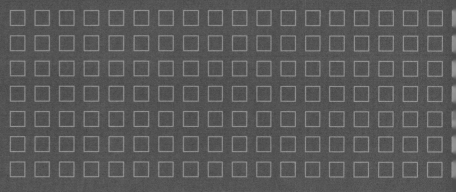

Premiere Pro CC

10.1　创建文本字幕

字幕是指在视频素材和图片素材之外，由用户自行创建的可视化元素，例如文字、图形等。在Premiere中，用户不仅可以创建静态文本字幕，而且还可以创建滚动式的动态字幕。

10.1.1　字幕工作区

Premiere为字幕准备了一个与音视频编辑区域完全隔离的字幕工作区，以便用户能够专注于字幕的创建工作。

执行【字幕】|【新建字幕】|【默认静态字幕】命令，在弹出的【新建字幕】对话框中，设置字幕尺寸和名称，单击【确定】按钮，即可弹出字幕工作区。

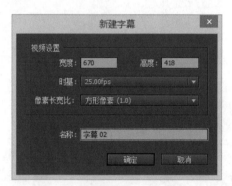

然后，在打开的工作区中，使用默认工具，在显示素材画面的区域内单击鼠标，即可输入文字内容。

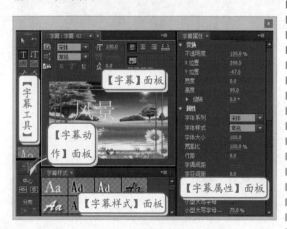

1.　【字幕】面板 ▶▶▶▶

【字幕】面板是创建、编辑字幕的主要工作场所，不仅可在该面板内直观地了解字幕应用于影片后的效果，还可直接对其进行修改。

【字幕】面板可分为"属性栏"和"编辑窗口"两部分。其中"编辑窗口"是创建和编辑字幕的区域，而"属性栏"内则包含【字体】、【字体样式】等字幕对象的常见属性设置项。

2.　【字幕工具】面板 ▶▶▶▶

【字幕工具】面板内放置着制作和编辑字幕时所要用到的工具，包括选择工具、旋转工具、钢笔工具等20种工具。

其中，每种工具的具体功能，如下表所述。

图标	名称	功能
▶	选择工具	用于选择文本对象
⟳	旋转工具	用于对文本进行旋转操作
T	文字工具	用于输入水平方向上的文字
IT	垂直文字工具	用于在垂直方向上输入文字
▤	区域文字工具	用于在水平方向上输入多行文字
▥	垂直区域文字工具	用于在垂直方向上输入多行文字
⟋	路径文字工具	可沿弯曲的路径输入平行于路径的文本
⟍	垂直路径文字工具	可沿弯曲的路径输入垂直于路径的文本

续表

图标	名称	功能
	钢笔工具	用于创建和调整路径
	删除锚点工具	用于减少路径上的节点
	添加锚点工具	用于添加路径上的节点
	转换锚点工具	通过调整节点上的控制柄，达到调整路径形状的作用
	矩形工具	用于绘制矩形图形，配合Shift键使用时可绘制正方形
	圆角矩形工具	用于绘制圆角矩形，配合Shift键使用后可绘制出长宽相同的圆角矩形
	切角矩形工具	用于绘制八边形，配合Shift键使用后可绘制出正八边形
	圆矩形工具	用于绘制形状类似于胶囊的图形，所绘图形与圆角矩形图形的差别在于：圆角矩形图形具有4条直线边，而圆矩形图形只有2条直线边
	楔形工具	用于绘制不同样式的三角形
	弧形工具	用于绘制封闭的弧形对象
	椭圆工具	用于绘制椭圆形
	直线工具	用于绘制直线

3. 【字幕动作】面板 >>>>

　　【字幕动作】面板中的工具用于对齐或排列【字幕】面板中编辑窗口中的所选对象。其中，各工具的具体作用，如下表所示。

名称		作用
对齐	水平靠左	所选对象以最左侧对象的左边线为基准进行对齐
	水平居中	所选对象以中间对象的水平中线为基准进行对齐
	水平靠右	所选对象以最右侧对象的右边线为基准进行对齐
	垂直靠上	所选对象以最上方对象的顶边线为基准进行对齐
	垂直居中	所选对象以中间对象的垂直中线为基准进行对齐
	垂直靠下	所选对象以最下方对象的底边线为基准进行对齐

续表

名称		作用
中心	水平居中	在垂直方向上，与视频画面的水平中心保持一致
	垂直居中	在水平方向上，与视频画面的垂直中心保持一致
分布	水平靠左	以左右两侧对象的左边线为界，使相邻对象左边线的间距保持一致
	水平居中	以左右两侧对象的垂直中心线为界，使相邻对象中心线的间距保持一致
	水平靠右	以左右两侧对象的右边线为界，使相邻对象右边线的间距保持一致
	水平等距离间隔	以左右两侧对象为界，使相邻对象的垂直间距保持一致
	垂直靠上	以上下两侧对象的顶边线为界，使相邻对象顶边线的间距保持一致
	垂直居中	以上下两侧对象的水平中心线为界，使相邻对象中心线的间距保持一致
	垂直靠下	以上下两侧对象的底边线为界，使相邻对象底边线的间距保持一致
	垂直等距离间隔	以上下两侧对象为界，使相邻对象的水平间距保持一致

注意

至少应选择两个对象后，【对齐】选项组内的工具才会被激活，而【分布】选项组内的工具则至少要在选择3个对象后才会被激活。

4. 【字幕样式】面板 >>>>

　　【字幕样式】面板存放着Premiere内的各种预置字幕样式，可应用于所有字幕对象，包括文本与图形。利用这些字幕样式，用户只需选择所创建的字幕文本，单击【字幕样式】面板中相应的样式，即可快速获得各种精美的字幕素材。

5. 【字幕属性】面板 ▶▶▶▶

　　【字幕属性】面板中放置了与字幕内各对象相关的选项，不仅放置了对字幕的位置、大小、颜色等进行调整的基本属性，而且还放置了为其定制描边与阴影效果的高级属性。

10.1.2　创建文本字幕

　　Premiere中的文本字幕分为多种类型，包括水平文字字幕、垂直文本字幕和路径文本字幕。

1. 创建水平文本字幕 ▶▶▶▶

　　水平文本字幕是指沿水平方向进行分布的字幕类型。首先，在【字幕工具】面板中，选择【文字工具】 。然后，在【字幕】面板中，单击编辑窗口中的任意位置，直接输入字幕文字，即可创建水平文本字幕。

　　在输入文本内容的过程中，用户可通过按下Enter键的方法，来实现换行操作，从而使接下来的内容另起一行。

　　此外，用户还可以选择【文本工具】面板中的【区域文字工具】 ，在编辑窗口内绘制文本框，输入文字内容后即可创建水平多行文本字幕。

　　在实际应用中，虽然使用【文本工具】时只须按下Enter键即可获得多行文本效果，但仍旧与【区域文字工具】 所创建的水平多行文本字幕有着本质的区别。例如，当使用【选择工具】 拖动文本字幕的角点时，字幕文字将会随角点位置的变化而变形；但在使用相同

方法调整多行文本字幕时，只是文本框的形状发生变化，从而使文本的位置发生变化，但文字本身却不会有什么改变。

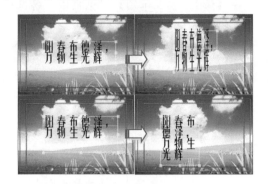

2. 创建垂直文本字幕 ▶▶▶

垂直类文本字幕的创建方法与水平类文本字幕的创建方法极为类似。用户可以使用【垂直文字工具】在编辑窗口内单击后，输入相应的文字内容即可；或者使用【垂直区域文字工具】在编辑窗口内绘制文本框后，输入相应文字即可。

提示

无论是普通的垂直文本字幕，还是垂直多行文本字幕，其阅读顺序都是从上至下、从右至左的顺序。

3. 创建路径文本字幕 ▶▶▶

路径文本字幕可以通过调整路径形状而改变文本字幕的整体形态。

首先，在【字幕工具】面板中，选择【路径文字工具】。然后单击字幕编辑窗口内的任意位置，创建路径中的第一个节点。使用相同方法创建路径中的第二个节点，并通过调整节点上的控制柄来修改路径形状。

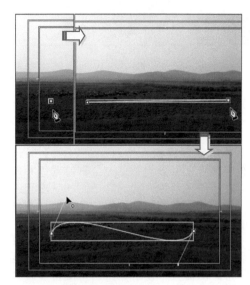

完成路径的绘制后，使用相同的工具在路径中单击，直接输入文本内容，即可完成路径文本的创建。

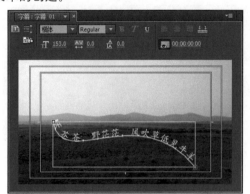

运用相同方法，使用【垂直路径文字工具】可创建出沿路径垂直方向的文本字幕。

注意

创建路径文本字幕时必须重新创建路径，无法在现有路径的基础上添加文本。

10.2 创建动态字幕

在Premiere内，除了可以创建静态字幕之外，还可以创建本身即可运动的动态字幕，包括游动字幕和滚动字幕两种类型。

10.2.1 创建游动字幕

游动字幕是指在屏幕上进行水平运动的动态字幕，它可分为"从左至右游动"和"从右至左游动"两种方式。其中，"从右至左游动"是游动字幕的默认设置，电视节目制作时多用于飞播信息。

在Premiere主界面中，执行【字幕】|【新建字幕】|【默认游动字幕】命令，在弹出【新建字幕】对话框中设置字幕素材的各项属性，并单击【确定】按钮。

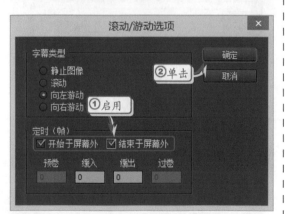

在打开的【字幕】面板中按照静态字幕的创建方法，创建静态字幕。然后，选择字幕文本，执行【字幕】|【滚动/游动选项】命令，在弹出的【滚动/游动选项】对话框中启用【开始于屏幕外】和【结束于屏幕外】复选框，单击【确定】按钮即可。

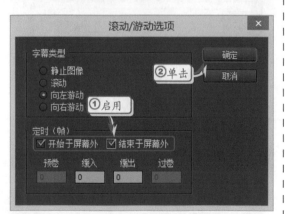

在【滚动/游动选项】对话框中，各选项的含义及其作用如下表所示。

选项组	选项名称	作用
字幕类型	静止图像	将字幕设置为静态字幕
	滚动	将字幕设置为滚动字幕
	向左游动	设置字幕从右向左运动
	向右游动	设置字幕从左向右运动
定时（帧）	开始于屏幕外	将字幕运动的起始位置设于屏幕外侧
	结束于屏幕外	将字幕运动的结束位置设于屏幕外侧
	预卷	字幕在运动之前保持静止的帧数
	缓入	字幕在到达正常播放速度之前，逐渐加速的帧数
	缓出	字幕在即将结束之时，逐渐减速的帧数
	过卷	字幕在运动之后保持静止的帧数

10.2.2 创建滚动字幕

滚动字幕的效果是从屏幕下方逐渐向上运动，在影视节目制作中多用于节目末尾演职员表的制作。

在Premiere中，执行【字幕】|【新建字幕】|【默认滚动字幕】命令，并在弹出的【新建字幕】对话框内设置字幕素材的属性，并单击【确定】按钮。

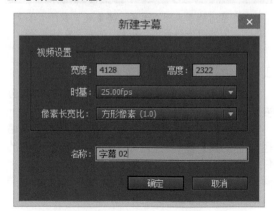

然后，参照静态字幕的创建方法，在字幕工作区内创建滚动字幕。然后执行【字幕】|【滚动/游动选项】命令，设置其选项即可。

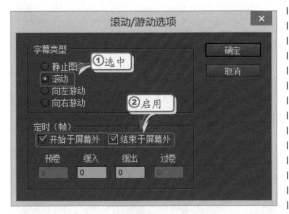

单击对话框内的【确定】按钮后，即可完成游动字幕的创建工作。此时，便可将其添加至【时间轴】面板内，并预览其效果。

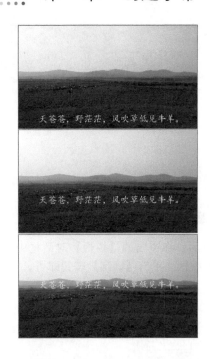

10.3　使用字幕模板

Premiere为用户提供了一套专业的字幕模板，帮助用户快速创建各种类型的文本字幕。但是，最新版本的Premiere并没有内置所有的字幕模板，用户还需要从相应网站中下载字幕模板，替换安装文件后才能查看字幕模板。

10.3.1　创建模板字幕

在Premiere中，既可以基于模板创建字幕，又可以为已创建的字幕应用模板样式。

1. 基于模板创建字幕 >>>>

执行【字幕】|【新建字幕】|【基于模板】命令，弹出【模板】对话框。展开左侧的【字幕设计器预设】选项组，在其列表中选择相应的字幕模板，即可在右侧预览区域中预览该模板。

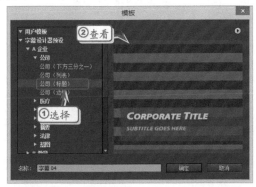

单击【确定】按钮之后，调整模板中的字幕文本，即可获得一个完整的字幕素材。

2. 为当前字幕应用模板 >>>>

Premiere不仅可以直接从字幕模板中创建字幕素材，而且还可以在编辑普通字幕的过程中应用模板字幕。

首先，打开已编辑好的字幕素材，在【字幕】面板中单击【模板】按钮。

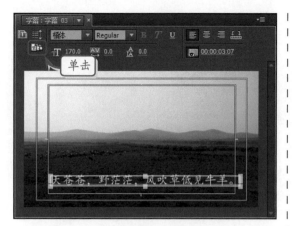

然后，在弹出的【模板】对话框中，选择相应的模板，单击【确定】按钮即可。

10.3.2 保存字幕模板

Premiere不仅可以应用字幕模板，而且还可以将常用的字幕素材保存为模板，以及将字幕文件保存为模板，以方便下次使用。

1. 将当前字幕素材保存为模板 ▶▶▶

完成字幕的编辑操作之后，在【字幕】面板中单击属性栏中的【模板】按钮。在弹出的【模板】对话框中，单击模板预览区上方的三角按钮，在打开的菜单中选择【导入当前字幕为模板】选项。

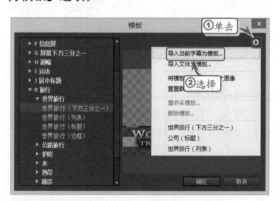

然后，在弹出的【另存为】对话框中，设置模板名称，单击【确定】按钮即可。此时，刚创建的字幕模板将出现在对话框的左侧列表中。

提示

选择所创建的字幕，单击三角按钮，在打开的菜单中选择【删除模板】选项，即可删除该模板。

2. 将当前字幕文件保存为模板 ▶▶▶

在【模板】对话框中，单击预览区域上的三角按钮，在打开的菜单中选择【导入文件为模板】选项。然后，在弹出的【导入字幕为模板】对话框中，选择字幕文件，单击【打开】按钮。

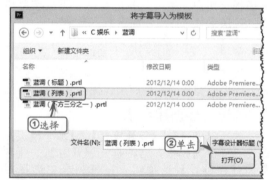

然后，在弹出的【另存为】对话框中，设置模板名称，单击【确定】按钮即可。

10.4 应用图形字幕对象

在Premiere中，图形字幕对象主要通过【矩形工具】▢、【圆角矩形工具】▢、【切角矩形工具】▢等绘图工具绘制而成。在本节中，将详细介绍创建图形对象，以及对图形对象进行变形和风格化处理时的操作方法。

10.4.1 绘制图形

任何使用Premiere绘图工具可直接绘制出来的图形，都称为基本图形。而且，所有Premiere基本图形的创建方法都相同，只需选择某一绘制工具后，在字幕编辑窗口内单击并拖动鼠标，即可创建相应的图形字幕对象。

在选择绘制的图形字幕对象后，还可在【字幕属性】面板内的【属性】选项组中，通过选择【绘图类型】下拉列表框内的选项，即可将一种基本图形转化为其他基本图形。

提示

默认情况下，Premiere会将之前刚刚创建字幕对象的属性应用于新创建字幕对象本身。

10.4.2 赛贝尔曲线工具

在创建字幕的过程中，仅仅依靠Premiere

所提供的绘图工具往往无法满足图形绘制的需求。此时，用户可通过变形图形对象，并配合使用【钢笔工具】、【转换定位点工具】等工具，实现创建复杂图形字幕对象的目的。

1. 新建遮罩素材 ▶▶▶▶

首先执行【文件】|【新建】|【颜色遮罩】命令，在弹出的【新建颜色遮罩】对话框中设置相应选项，并单击【确定】按钮。

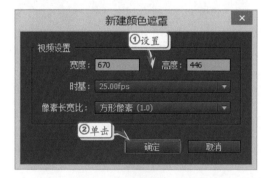

此时，系统会自动弹出【拾色器】对话框。在该对话框中，设置遮罩颜色，并单击【确定】按钮。

然后，在弹出的【选择名称】对话框中，设置遮罩名称，单击【确定】按钮，并将创建的颜色遮罩素材导入【时间轴】面板内的轨迹中。

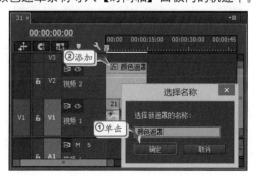

2．绘制字幕 >>>>

新建字幕，并在【字幕工具】面板中选择【钢笔工具】 。然后，在【字幕】面板的绘制区内创建第一个路径节点。

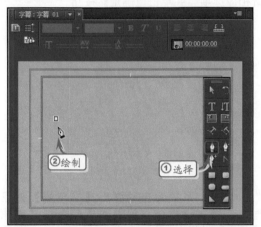

使用相同方法，连续创建多个带有节点控制柄的路径节点，并使其形成字幕图形的基本外轮廓。

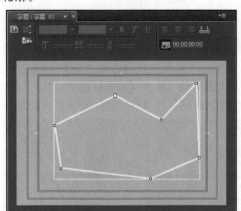

然后，在【字幕工具】面板内选择【转换定位点工具】 后，调整各个路径节点的节点控制柄，从而改变字幕对象外轮廓的形状。

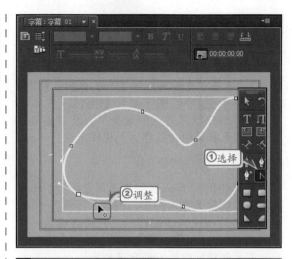

10.4.3 插入徽标

Premiere为了弥补其绘图功能的不足，特内置了导入标记元素功能，以方便用户将图形或照片导入字幕工作区内，并将其作为字幕的创作元素进行使用，从而满足用于创建精美字幕的需求。

首先，执行【文件】|【新建】|【字幕】命令，新建一个字幕。然后，右击【字幕】面板内的字幕编辑窗口区域，执行【图形】|【插入图形】命令。

在弹出的【导入图形】对话框中，选择所要添加的照片或图形文件，单击【打开】按

钮，即可将所选素材文件作为标记元素导入到字幕工作区内。

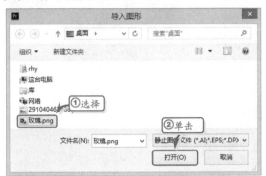

最后，添加字幕文本，并设置其属性即可。图形在作为标记导入Premiere后会遮盖其下方的内容。因此，当需要导入非矩形形状的标记时，必须将图形文件内非标记部分设置为透明背景，以便正常显示这些区域下的视频画面。

10.5　制作混合字幕效果

字幕是影视节目的重要组成部分，而混合字幕效果则是一种包含静态字幕和游动字幕类型的组合字幕。它们的完美组合不仅可以为影片增光添彩，而且还可以快速、直接地向观众传达信息。在本练习中，将通过制作一个有关丽江旅游的宣传片，来详细介绍制作混合字幕效果的操作方法和实用技巧。

练习要点

- 创建静态字幕
- 创建游动字幕
- 创建嵌套序列
- 应用视频效果
- 创建动画关键帧
- 应用视频过渡效果
- 应用音频过渡效果
- 分割音频

操作步骤：

STEP|01 新建项目。启动Premiere，在弹出的【欢迎使用Adoobe Premiere Por CC 2014】界面中，选择【新建项目】选项。

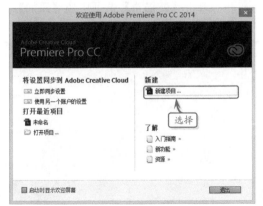

STEP|02 在弹出的【新建项目】对话框中，设置相应选项，并单击【确定】按钮。

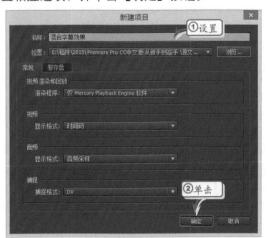

STEP|03 新建序列。执行【文件】|【新建】|【序列】命令，在弹出的对话框中激活【设置】选项卡，设置各项选项即可。

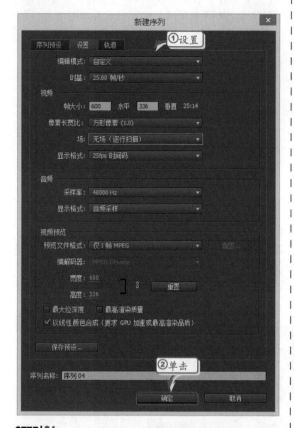

STEP|04 导入素材。在【项目】面板中，双击空白区域，在弹出的【导入】对话框中选择素材，并单击【打开】按钮。

STEP|05 制作静态字幕。执行【字幕】|【新建字幕】|【默认静态字幕】命令，在弹出的【新建字幕】对话框中，设置字幕属性，并单击【确定】按钮。

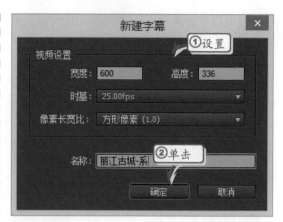

STEP|06 在【字幕】面板中，输入字幕文本，并在【字幕属性】面板中的【属性】效果选项组中，设置字幕的字体系列、字体样式等基本属性。

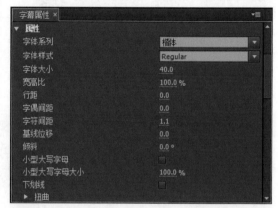

STEP|07 启用【填充】复选框，并设置字体的填充类型、填充颜色等填充效果。

STEP|08 单击【外描边】选项中的【添加】按钮，添加外描边效果并设置其各效果选项。

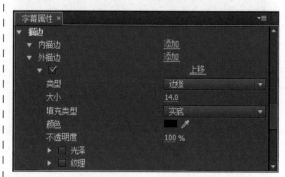

STEP|09 启用【阴影】复选框，设置字体的阴影颜色、不透明度、距离、大小等阴影选项。使用同样的方法，创建其他静态字幕。

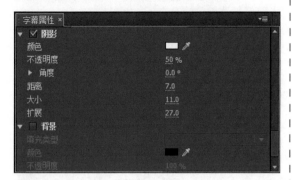

STEP|10 创建游动字幕。执行【字幕】|【新建字幕】|【默认游动字幕】命令，在弹出的【新建字幕】对话框中，设置字幕属性，并单击【确定】按钮。

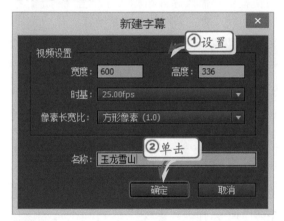

STEP|11 在【字幕】面板中，输入字幕文本，并在【字幕属性】面板中的【属性】效果选项组中，设置字幕的字体系列、字体样式等基本属性。

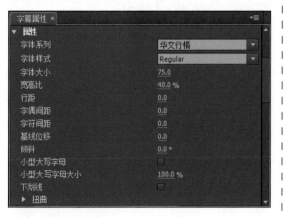

STEP|12 启用【填充】复选框，并设置字体的填充类型、填充颜色等填充效果。

STEP|13 单击【外描边】选项中的【添加】按钮，添加外描边效果并设置各效果选项。

STEP|14 启用【阴影】复选框，设置字体的阴影颜色、不透明度、距离、大小等阴影选项。使用同样的方法，创建其他游动字幕。

STEP|15 制作嵌套序列。将"丽江古城"、"丽江古城-系"和"边框"素材分别添加到V1~V3轨道中。

STEP|16 右击V2轨道中的素材，执行【取消链接】命令，取消视频和音频链接，并删除音频素材。

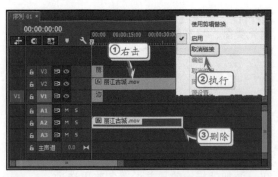

STEP|17 右击素材，执行【速度/持续时间】命令，在弹出的对话框中设置素材的持续播放时间。同样方法，设置其他素材的持续播放时间。

STEP|18 选择V2轨道中的素材，在【效果控件】面板的【运动】属性组中，设置【位置】和【缩放】选项参数。

STEP|19 选择V1轨道中的素材，在【效果控件】面板的【运动】属性组中，设置素材的【位置】、【缩放高度】、【缩放宽度】和【等比缩放】选项。

STEP|20 同时选择所有轨道中的素材，右击执行【嵌套】命令，在弹出的【嵌套序列名称】对话框中，输入序列名称，并单击【确定】按钮。同样方法，制作其他嵌套序列。

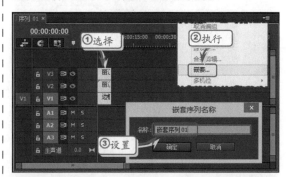

STEP|21 添加视频素材。将"背景"素材添加到V1轨道中，右击执行【取消链接】命令，取消视频和音频的链接状态，并删除音频素材。

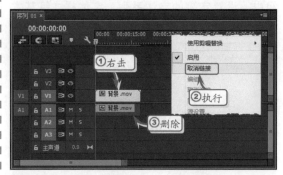

STEP|22 右击素材执行【速度/持续时间】命令，在弹出的【剪辑速度/持续时间】对话框中，设置素材的持续播放时间，并单击【确定】按钮。

STEP|23 使用同样的方法，依次添加其他素材，并设置素材的持续播放时间和具体位置。

STEP|24 设置效果选项。选择V1轨道中的第2个素材，在【效果控件】面板的【运动】属性组中设置其【缩放】和【位置】选项参数。使用同样方法，设置其他视频的缩放效果。

STEP|25 设置动画关键帧。选择V2轨道中的第1个素材，在【效果控件】面板的【运动】属性组中，单击【位置】选项左侧的【切换动画】按钮，并设置其选项参数。

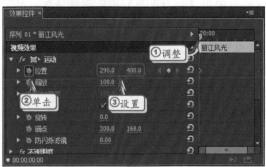

STEP|26 将【当前时间指示器】调整至00:00:02:00位置处，在【效果控件】面板的【运动】属性组中设置【位置】选项参数。

提示

在调整【当前时间指示器】时，除了使用鼠标拖动之外，还可以在【时间轴】面板中，单击【播放指示器位置】处，直接输入需要调整的位置时间即可。

STEP|27 在【效果】面板中，双击【视频效果】下【模糊与锐化】效果组中的【快速模糊】效果，将其添加到该素材中。

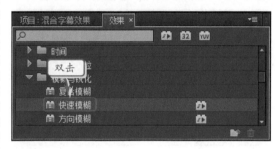

STEP|28 将【当前时间指示器】调整至00:00:00:00位置处，在【效果控件】面板的【快速模糊】属性组中单击【模糊度】选项左侧的【切换动画】按钮，并设置其参数。

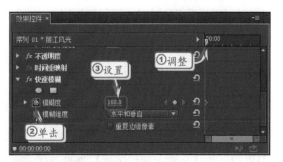

STEP|29 将【当前时间指示器】调整至00:00:02:00位置处，在【效果控件】面板的【快速模糊】属性组中设置【模糊度】选项参数。

STEP|30 选择V2轨道中的第2个素材，将【当前时间指示器】调整至00:00:03:00位置处。在【效果控件】面板的【不透明度】属性组中设置【不透明度】选项参数。

STEP|31 将【当前时间指示器】调整至00:00:04:00位置处。在【效果控件】面板的【不透明度】属于性组中设置【不透明度】选项参数。

STEP|32 将【当前时间指示器】调整至00:00:08:00位置处。在【效果控件】面板的【不透明度】属性组中设置【不透明度】选项参数。

STEP|33 将【当前时间指示器】调整至00:00:08:21位置处。在【效果控件】面板的【不透明度】属性组中设置【不透明度】选项参数。使用同样的方法，分别设置其他素材的动画关键帧。

STEP|34 添加视频过渡效果。在【效果】面板中，展开【视频过渡】下的【缩放】效果组，将【交叉缩放】效果拖动到V1轨道中第2和第3素材之间。

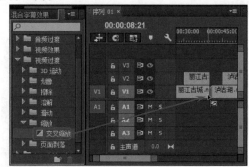

STEP|35 在【效果控件】面板的【交叉缩放】属性组中设置过渡效果的【持续时间】和【对齐】选项。使用同样的方法，分别为其他素材添加视频过渡效果。

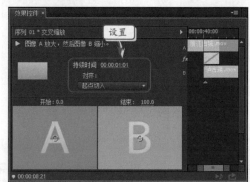

STEP|36 添加音频素材。将音频素材添加到A1轨道中，将【当前时间指示器】调整至视频结尾处，使用【剃刀工具】单击时间线处，分割音频并删除右侧音频片段。

STEP|37 在【效果】面板中，展开【音频过渡】下的【交叉淡化】效果组，将【指数淡化】效果拖到音频的末尾处。

STEP|38 在【效果控件】面板的【指数淡化】属性组中，设置【持续时间】选项。

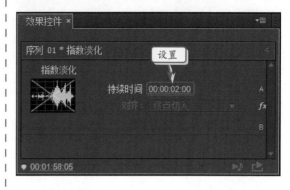

10.6 制作图片字幕效果

在Premiere中，除了可以制作常用的静态字幕、滚动字幕和游动字幕之外，还可以运用字幕的填充功能，来制作一些包含具体图片内容的字幕。在本练习中，将通过制作一个最佳电视剧片头，来详细介绍制作图片字幕效果的操作方法和实用技巧。

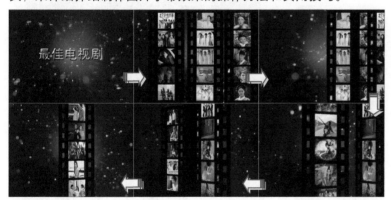

练习要点

● 分割音视频
● 应用音频过渡效果
● 设置动画关键帧
● 创建图片字幕
● 应用基本3D效果
● 应用斜面Alpha效果
● 应用镜头光晕效果

操作步骤：

STEP|01 新建项目。启动Premiere，在弹出的【欢迎使用Adobe Premiere Pro CC 2014】界面中，选择【新建项目】选项。

STEP|02 在弹出的【新建项目】对话框中，设置相应选项，并单击【确定】按钮。

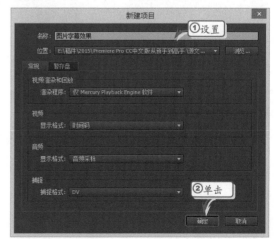

STEP|03 导入素材。执行【文件】|【导入】命令，在弹出的【导入】对话框中，选择素材文件，并单击【打开】按钮。

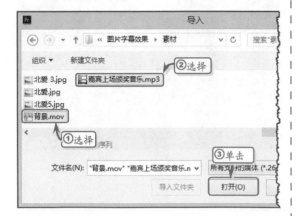

STEP|04 新建序列。执行【文件】|【新建】|【序列】命令，在弹出的【新建序列】对话框中，设置序列名称，保持默认设置，单击【确定】按钮即可。

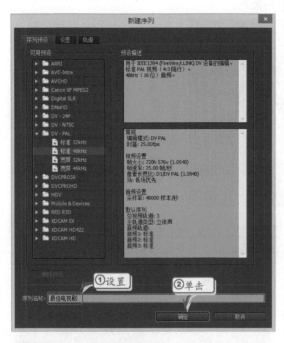

STEP|05 创建静态字幕。执行【字幕】|【新建字幕】|【默认静态字幕】命令，在弹出的【新建字幕】对话框中，设置选项参数，并单击【确定】按钮。

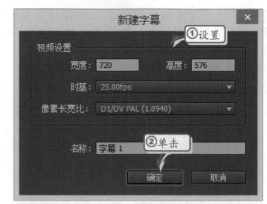

STEP|06 在【字幕】面板中输入字幕，并在【字幕属性】面板中的【属性】效果组中，设置文本的基本属性。

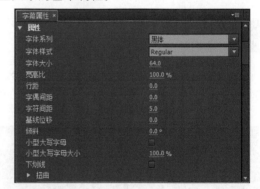

STEP|07 启用【填充】复选框，将【填充类型】选项设置为【四色渐变】，并将渐变颜色分别设置为"＃FBD008"、"＃B30BF1"、"＃09F541"和"＃EE0B36"。

STEP|08 单击【内描边】选项右侧的【添加】按钮，添加内描边，并设置内描边类型、大小和颜色参数。使用同样方法，添加外描边效果。

提示

内描边和外描边的描边颜色是一样的，其【高光颜色】和【阴影颜色】的颜色值为"＃AF8923"。

STEP|09 启用【阴影】复选框，设置各参数选项，并将【颜色】选项的颜色值设置为"#422307"。

STEP|10 添加素材。将"标题"素材添加到V2轨道中，同时将"背景"素材添加到V1轨道中，右击素材执行【取消链接】命令，取消音视频的链接状态，并删除音频素材。

STEP|11 将【当前时间指示器】调整到00:00:15:05位置处，使用【剃刀工具】单击该位置中的视频，分割视频并删除右侧多余的视频片段。

STEP|12 创建图片字幕。执行【字幕】|【新建字幕】|【默认静态字幕】命令，在弹出的【新建字幕】对话框中，设置选项参数，并单击【确定】按钮。

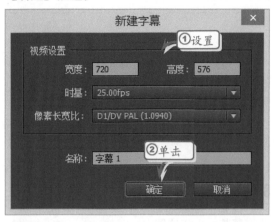

STEP|13 在【字幕】面板中，单击左侧的【矩形工具】按钮，绘制一个矩形形状，并调整形状的大小和位置。

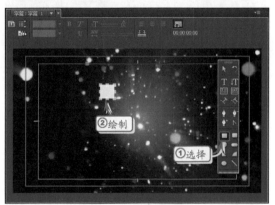

STEP|14 在【字幕属性】面板中，将【图形类型】设置为【图形】，并单击【图形路径】选项右侧的方框。

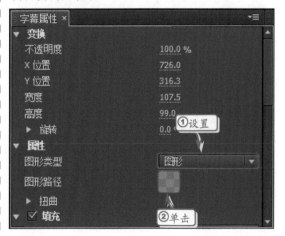

STEP|15 在弹出的【选择纹理图像】对话框中，选择图片文件，并单击【打开】按钮。使用同样的方法，分别制作其他矩形形状，并排列形状位置。

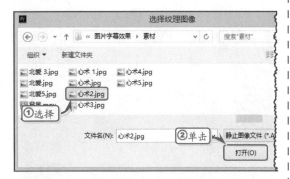

STEP|16 单击【字幕】面板左侧的【矩形工具】按钮，继续在面板中绘制一个矩形形状，并调整其大小和位置。

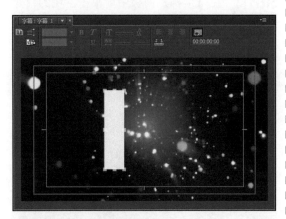

STEP|17 在【字幕属性】面板中，启用【填充】复选框，并将【填充类型】设置为【实底】，将【颜色】设置为【黑色】。

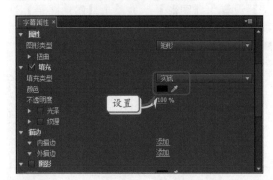

STEP|18 右击黑色填充的矩形形状，执行【排列】|【移到最后】命令，将该形状移动到图片字幕的下方。使用同样的方法，分别制作其他黑色矩形形状。

STEP|19 重复步骤（10）~（16），制作其他图片字幕，并将各个字幕素材添加到【时间轴】面板中的V2~V5轨道中。

STEP|20 设置素材效果。选择V1轨道中的素材，在【效果控件】面板的【运动】属性组中设置【缩放】选项参数。

STEP|21 选择V2轨道中的第1个素材，将【当前时间指示器】调整至视频开头处，在【效果控件】面板的【运动】属性组中设置【位置】选项参数，并单击【缩放】选项左侧的【切换动画】按钮，并设置其选项参数。

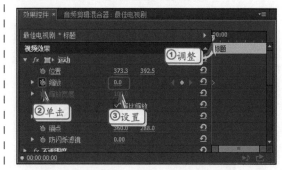

STEP|22 将【当前时间指示器】调整到00：00：02：00位置处，在【效果控件】面板的【运动】属性组中设置【缩放】选项参数。

STEP|23 在【效果】面板中，将【视频效果】下【透视】效果组中的【斜面Alpha】效果添加到该素材中，并在【效果控件】面板的【斜面Alpha】属性组中设置其选项参数。

STEP|24 将【视频效果】下【生成】效果组中的【镜头光晕】效果添加到该素材中，并在【效果控件】面板的【镜头光晕】属性组中设置其选项参数。

STEP|25 将【当前时间指示器】调整到00：00：01：16位置处，在【效果控件】面板的【镜头光晕】属性组中单击【光晕亮度】选项左侧的【切换动画】按钮，并设置其选项参数。

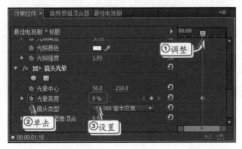

STEP|26 将【当前时间指示器】调整到00：00：02：02位置处，在【效果控件】面板的【镜头光晕】属性组中单击【光晕中心】选项左侧的【切换动画】按钮，并设置【光晕中心】和【光晕亮度】选项参数。

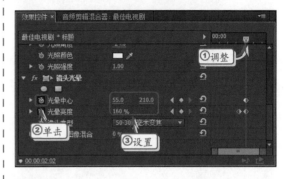

STEP|27 将【当前时间指示器】调整到00：00：02：14位置处，在【效果控件】面板的【镜头光晕】属性组中分别设置【光晕中心】和【光晕亮度】选项参数。

STEP|28 将【当前时间指示器】调整到00：00：02：23位置处，在【效果控件】面板的【镜头光晕】属性组中设置【光晕亮度】选项参数。

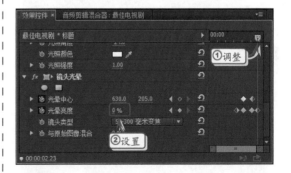

STEP|29 选择V5轨道中的素材，将【当前时间指示器】调整到00：00：08：15位置处，在【效果控件】面板的【运动】属性组中单击【位置】选项左侧的【切换动画】按钮，并设置【位置】和【缩放】选项参数。

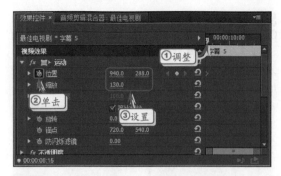

STEP|30 将【当前时间指示器】调整到 00：00：09：06位置处，在【效果控件】面板的 【运动】属性组中设置【位置】选项参数。

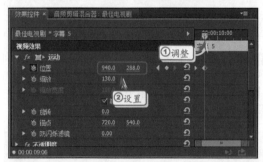

STEP|31 将【当前时间指示器】调整到 00：00：11：06位置处，在【效果控件】面板的 【运动】属性组中设置【位置】选项参数。

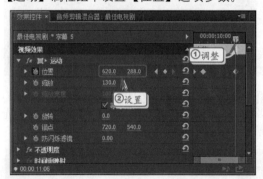

STEP|32 将【当前时间指示器】调整到 00：00：11：22位置处，在【效果控件】面板的 【运动】属性组中设置【位置】选项参数。

STEP|33 将【视频效果】下【透视】效果组中 的【基本3D】效果添加到该素材中，并在【效 果控件】面板的【基本3D】属性组中设置其选 项参数。使用同样的方法，分别为其他图片字 幕添加视频效果和动画关键帧。

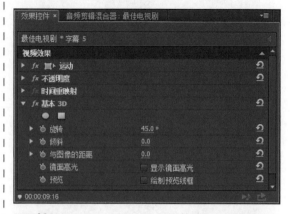

STEP|34 添加音频素材。将音频素材添加到A1 轨道中，并将【当前时间指示器】调整至视频 结尾处，使用【剃刀工具】分割音频素材，并 删除多余的音频片段。

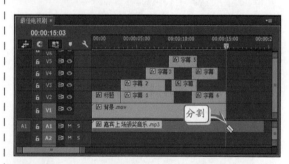

STEP|35 在【效果】面板中，展开【音频过 渡】下的【交叉淡化】效果组，将【指数淡 化】效果拖到音频的末尾处。

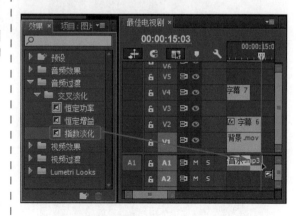

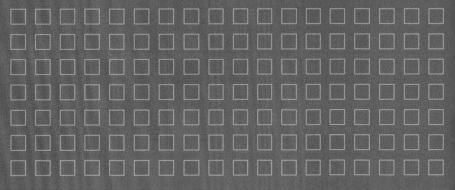

第11章 设置字幕

在Premiere创建字幕后，用户会发现所创建字幕的样式、格式和一些基本属性都是系统默认的，既不具有美观性也不具有凸显性。此时，用户可以通过设置字幕文本属性效果和样式，来增加字幕文本的绚丽性，从而达到丰富视频画面以及清晰地表达视频主题内容的目的。在本章中，将详细介绍设置字幕文本填充、描边、阴影等效果，以及应用字幕样式增加文本美观性的基础知识和使用技巧。

Premiere Pro CC

11.1 设置基本属性

基本属性包括【变换】和【属性】两种属性选项组，主要用于设置字幕文本的宽度、高度、字体样式等基础样式设置。

11.1.1 设置变换属性

在【字幕属性】面板中的【变换】选项组中，用户可以对字幕在屏幕画面中的位置、尺寸大小与角度等属性进行调整。

其中，【变换】选项组中各参数选项的作用，如下所述。

▶▶ **不透明度** 决定字幕对象的透明程度，为0时完全透明，100%时不透明。

▶▶ **X/Y位置** 【X位置】选项用于控制对象中心距画面原点的水平距离，而【Y位置】选项用于控制对象中心距画面原点的垂直距离。

▶▶ **宽度/高度** 【宽度】选项用调整对象最左侧至最右侧的距离，而【高度】选项则用调整对象最顶部至最底部的距离。

▶▶ **旋转** 用于控制对象的旋转对象，默认为0°，即不旋转。输入数值，或者单击下方的角度圆盘，即可改变文本显示角度。

11.1.2 设置文本属性

在【字幕属性】面板中的【属性】选项组中，用户可以调整字幕文本的字体类型、大小、颜色等基本属性。

其中，【字体系列】选项用于设置字体的类型，即可直接在【字体系列】列表框内输入字体名称，也可单击该选项的下三角按钮，在弹出的下拉列表框内选择合适的字体类型。

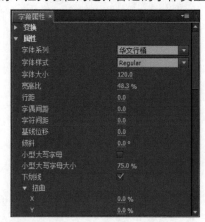

根据字体类型的不同，某些字体拥有多种不同的形态效果，而【字体样式】选项便用于指定当前所要显示的字体形态。其中，各样式选项的含义及作用如下表所示。

选项名称	含义	作用
Regular	常用	标准字体样式
Bold	粗体	字体笔画要粗于标准样式
Italic	斜体	字体略微向右侧倾斜
Bold Italic	粗斜体	字体笔画较标准样式要粗，且略微向右侧倾斜
Narrow	瘦体	字体宽高比小于标准字体样式，整体效果略"窄"

提示

其【字体颜色】选项并不是一成不变的，它会根据【字体系列】选项的改变而改变，但大多数字体仅拥有 Regular 样式。

【字体大小】选项用于控制文本的尺寸，取值越大，字体的尺寸越大；反之，则越小。而【宽高比】选项则是通过改变字体宽度来改变字体的宽高比，其取值大于100%时，字体将变宽；当取值小于100%时，字体将变窄。

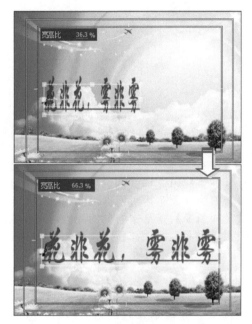

其中，【属性】选项组中其他选项的具体功能，如下所述。

➤➤ **行距**　用于设置文本行与文本行之间的距离。

➤➤ **字偶间距**　用于调整字与字之间的距离。

➤➤ **字符间距**　用于调整字与字之间位置的宽度。随着参数值的增大，字幕的右边界逐渐远离最右侧文字的右边界，而调整【字偶间距】选项却不会出现上述情况。

➤➤ **基线位移**　用于设置文字基线的位置，通常在配合【字体大小】选项后用于创建上标文字或下标文字。

➤➤ **倾斜**　用于调整字体的倾斜程度，其取值越大，字体所倾斜的角度也就越大。

➤➤ **小型大写字母**　启用该选项后，当前所选择的小写英文字母将被转化为大写英文字母。

➤➤ **小型大写字母大小**　用于调整转化后大写英文字母的字体大小。

➤➤ **下划线**　启用该复选框，可在当前字幕或当前所选字幕文本的下方添加一条直线。

➤➤ **扭曲**　在该选项中，分别通过调整X和Y选项的参数值，便可起到让文字变形的效果。其中，当X项的取值小于0时，文字顶部宽度减小的程度会大于底部宽度减小的程度，此时文字会呈现出一种金字塔般的形状；当X项的取值大于0时，文字则会呈现出一种顶大底小的倒金字塔形状。

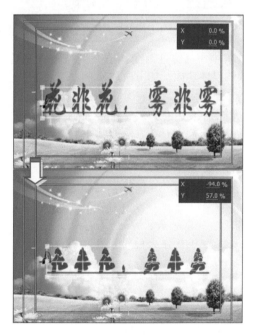

11.2　设置填充属性

在【字幕属性】面板中启用【填充】复选框，并对该选项内的各项参数进行调整，即可对字幕的填充颜色进行控制。开启字幕的填充效果后，单击【填充类型】下三角按钮，在其下拉列表框中选择填充样式即可。

11.2.1　渐变类填充

渐变类填充包括【线性渐变】、【径向渐变】和【四色渐变】3种类型，不同类型的渐变效果拥有不同种类的渐变颜色，其主要功能是从一种颜色渐变到另外一种或两种以上的颜色。

1. 线性渐变 ▶▶▶▶

【线性渐变】填充是从一种颜色逐渐过渡到另一种颜色的填充方式。用户可通过双击游标，在弹出的【拾色器】中设置不同渐变颜色，即可得到渐变效果。除此之外，用户还可以通过设置【角度】参数值，来调整渐变的方向。

其中，【线性渐变】填充类型中的各属性选项的具体功能，如下所述。

▶▶ **颜色** 该选项通过一条含有两个游标的色度滑杆来进行调整，色度滑杆的颜色便是字幕填充色彩。在色度滑杆上，游标的作用是确定线性渐变色彩在字幕上的位置分布情况。

▶▶ **色彩到色彩** 该选项的作用是调整线性渐变填充的颜色。在【颜色】色度滑杆上选择某一游标后，单击【色彩到色彩】色块，即可在弹出的对话框内设置线性渐变中的一种填充色彩；选择另一游标后，使用相同方法，即可设置线性渐变中的另一种填充色彩。

▶▶ **色彩到不透明** 用于设置当前游标所代表填充色彩的透明度，100%为完全不透明，0%为完全透明。

▶▶ **角度** 用于设置线性渐变填充中的色彩渐变方向。

▶▶ **重复** 用于控制线性渐变在字幕上的重复排列次数，其默认取值为0，表示仅在字幕上进行一次线性色彩渐变；在将其取值调整为1后，Premiere将会在字幕上填充两次线性色彩渐变；如果【重复】选项的取值为

2，则进行3次线性渐变填充，其他取值效果可依次类推。

2. 径向渐变 ▶▶▶▶

【径向渐变】填充也是从一种颜色逐渐过渡至另一种颜色的填充样式，但该填充效果会将某一点作为中心点后，然后向四周扩散到另一种颜色。

【径向渐变】填充的选项及选项含义与【线性渐变】填充样式的选项完全相同，因此其设置方法在此不再进行详细介绍。但是，由于【径向渐变】是从中心向四周均匀过渡的渐变效果，因而在此处调整【角度】选项不会影响径向渐变的填充效果。

3. 四色渐变 ▶▶▶▶

【四色渐变】填充类型具有4种渐变色彩，便于实现更为复杂的色彩渐变。其中，【颜色】颜色条4角的色块分别用于控制填充目标对应位置处的颜色，整体填充效果则由这4种颜色共同决定。

11.2.2 其他渐变类型

在Premiere的填充效果中，除了包含3种渐变填充类型之外，还包括【实底】、【斜

面】、【消除】和【重影】4种不同的填充样式。其中，不同的填充方式，所得到的显示效果也不尽相同。

1. 实底

【实底】又称单色填充，即字体内仅填充一种颜色。用户可通过单击【颜色】色块，在弹出的对话框内选择字幕的填充色彩。

2. 斜面

在【斜面】填充类型中，Premiere通过为字幕对象设置阴影色彩的方式，来模拟一种中间较高、边缘逐渐降低的三维浮雕效果。

其中，【斜面】填充类型中各属性选项的具体功能，如下所述。

» **高光颜色** 用于设置字幕文本的主体颜色，即字幕内"较高"部分的颜色。

» **高光不透明度** 用于调整字幕主体颜色的透明程度。

» **阴影颜色** 用于设置字幕文本边缘处的颜色，即字幕内"较低"部分的颜色。

» **阴影不透明度** 用于调整字幕边缘颜色的透明程度。

» **平衡** 用于控制字幕内"较高"部分与"较低"部分间的落差，效果表现为高光颜色与阴影颜色之间在过渡时的柔和程

度，其取值范围为−100~100。在实际应用中，【平衡】选项的取值越大，高光颜色与阴影颜色的过渡越柔和，反之则较锐利。

» **大小** 用于控制高光颜色与阴影颜色的过渡范围，其取值越大，过渡范围越大；取值越小，则过渡范围越小，其取值范围介于1~200之间。

» **变亮** 当启用该复选框时，可为当前字幕应用灯光效果，此时字幕文本的浮雕效果会更为明显。

» **光照角度** 用于调整灯光相对于字幕的照射角度。

» **光照强度** 用于控制灯光的光照强度。取值越小，光照强度越弱，阴影颜色在受光面和背光面的反差越小；反之，则光照强度越强，阴影颜色在受光面和背光面的反差也越大。

» **管状** 启用该复选框，字幕文本将呈现出一种由圆管环绕后的效果。

3. 消除与重影

【消除】与【重影】两种填充类型都能够实现隐藏字幕的效果。但【消除】填充类型能够暂时性地"删除"字幕文本，包括其阴影效果；而【电影】填充类型则只能隐藏字幕本身，而不会影响其阴影效果。

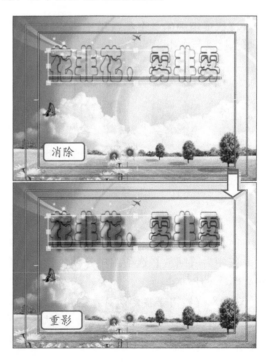

上图所展示的消除与重影填充效果对比图中，黑色轮廓线为描边效果，灰色部分为阴影效果。在消除模式的填充效果图中，灰色部分为黑色轮廓线的阴影，而字幕对象本身的阴影已被隐藏。

11.2.3 纹理

【纹理】属性选项的作用是隐藏字幕本身的填充效果，而显示其他纹理贴图的内容。在启用【纹理】复选框后，双击【纹理】选项右侧的图标，即可在弹出的【选择纹理图像】对话框中选择纹理图片。

在【纹理】属性选项组中，还包括【缩放】、【对齐】和【混合】选项组。

1. 缩放 ▶▶▶▶

该选项组内的各个参数用于调整纹理图像的长宽比例与大小。

其中，【缩放】选项组中各属性选项的具体功能，如下所述。

▶▶ **对象X/Y** 用于指定向对象应用纹理时沿X或Y轴拉伸纹理的方式。其中，【纹理】选项不拉伸纹理，而是将纹理应用于对象表面（从左上角到右下角）；【切面】选项拉伸纹理，以使其适合表面（不含内描边所涵盖的区域）；【面】选项拉伸纹理，以使其与面完全吻合；【扩展字符】选项会添加描边。

▶▶ **水平/垂直** 可将纹理拉伸到指定百分比。其单一值可能会产生不同的结果，取决于所选的其他缩放选项。范围是从1%~500%，默认值为100%。

▶▶ **平铺X/Y** 用于控制纹理在水平方向和垂直方向上的填充方式。

2. 对齐 ▶▶▶▶

该选项组内的各个参数用于调整纹理图像在字幕中的位置。

其中，【对齐】选项组中各属性选项的具体功能，如下所述。

▶▶ **对象X/Y** 用于指定与纹理对齐的对象部分。其中，【滤色】选项可将纹理与标题（而不是对象）对齐，使用户可以移动对象而不移动纹理；【切面】选项可将纹理与剪切的区域面（不含内描边的面）对齐；【面】选项可将纹理与常规面对齐，但计算范围时不考虑描边；【扩展字符】选项可将纹理与扩展面（不含外描边的面）对齐。

▶▶ **规则X/Y** 可将纹理与【对象X】和【对象Y】所指定对象的左上、中心或右下位置对齐。

▶▶ **偏移X/Y** 用于指定纹理与计算的应用程序点之间的水平和垂直偏移（以像素为单位）。应用程序点是基于【对象X/Y】和【规则X/Y】设置算出的，其范围介于−1000~1000之间，默认值为0。

3. 混合 >>>

默认情况下，Premiere会在字幕开启纹理填充功能后，忽略字幕本身的填充效果。不过，【混合】选项组内的各个参数能够在显示纹理效果的同时，使字幕显现出原本的填充效果。

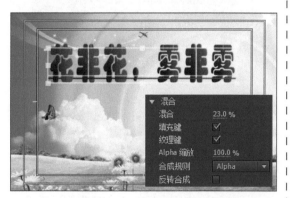

其中，【混合】选项组中各属性选项的具体功能，如下所述。

>> **混合** 用于指定渲染时纹理与常规填充的比例，取值范围介于−100~100之间。当值为−100时表示不使用纹理，而主要应用渐变；当值为100时表示只使用纹理；值为0时表示均衡使用对象的这两个方面。

>> **填充键** 启用该复选框，表示将使用填充键选项设置。

>> **纹理键** 启用该复选框，表示将使用纹理键选项设置。

>> **Alpha缩放** 用于重新调整纹理的整体Alpha值。通过此选项，可以轻松地将对象设为透明状态。如果Alpha通道的范围划分正确，则该选项的作用将类似于透明度滑块。

>> **合成规则** 用于指定用于确定透明度的进入纹理通道。大多数情况都是使用Alpha通道，如果使用黑红色纹理，则可能需要指定红色通道在红色区域中施加透明度。

>> **反转合成** 用于反转进入Alpha值。

11.2.4 光泽

【光泽】属性选项属于字幕填充效果内的通用选项。其功能是在字幕上叠加一层逐渐向两侧淡化的光泽颜色层，从而模拟物体表面的光泽感。

其中，【光泽】选项组内各个选项参数的作用，如下表所示。

选项	作用
颜色	用于设置光泽颜色层的色彩，可实现模拟有色灯光照射字幕的效果
不透明度	用于设置光泽颜色层的透明程度，可起到控制光泽强弱的作用
大小	用于控制光泽颜色层的宽度，其取值越大，光泽颜色层所覆盖字幕的范围越大；反之，则越小
角度	用于控制光泽颜色层的旋转角度
偏移	用于调整光泽颜色层的基线位置，与【角度】选项配合使用后即可使光泽效果出现在字幕上的任意位置

11.3 设置描边效果

在Premiere中，除了可以设置文本字幕的填充效果之外，还可以设置其描边效果，以增加字幕文本的凸显性。

11.3.1 添加描边

Premiere将描边分为【内描边】和【外描边】两种类型，【内描边】效果是从字幕边缘向内进行扩展，因此会覆盖字幕原有的填充效果；而【外描边】效果是从字幕文本的边缘向外进行扩展，因此会增大字幕所占据的屏幕范围。

1. 添加单个描边 ▶▶▶▶

展开【描边】选项组，单击【内描边】选项右侧的【添加】按钮，即可显示内描边属性，同时为当前所选字幕对象添加默认的黑色描边效果。

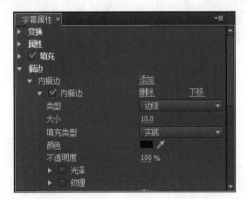

外描边的添加方法与内描边的添加方法相同，用户只需单击【外描边】选项右侧的【添加】按钮，即可显示外描边属性，同时为当前所选字幕对象添加默认的黑色描边效果。

2. 添加多重描边 ▶▶▶▶

Premiere为用户提供了多重描边效果，当用户已添加内描边属性之后，再次单击【内描边】选项右侧的【添加】按钮，即可添加第2个内描边属性。

添加多个描边属性之后，可通过单击每个属性顶部的【删除】按钮，来删除多余的描边属性。同时，还可以通过单击【上移】或【下移】按钮，来调整不同描边属性的上下顺序。

11.3.2 设置描边属性

添加描边效果之后，用户还需要通过设置内、外描边属性，来增加字幕文本的凸显性。描边中的属性选项除了固定的几项之外，其他的选项是跟随【类型】选项的改变而改变的。在【类型】下拉列表框中，Premiere根据描边方式的不同提供了【深度】、【边缘】和【凹进】3种不同选项。

其中，【内描边】和【外描边】属性选项的设置方法和内容是完全相同的。下面将以设置外描边为例，详细介绍描边效果的设置方法。

1. 深度 ▶▶▶▶

在【类型】下拉列表框中选择【深度】选项，创建可以产生凸出效果的描边效果。此时，系统将自动显示有关【深度】类型描边的属性选项。

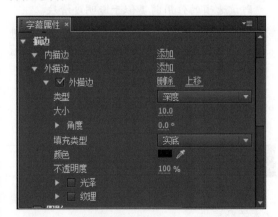

其中，【深度】描边类型下的各属性选项的具体功能，如下所述。

▶▶ **大小** 用于指定描边的大小。

➤➤ 角度 用于指定描边的偏移角度。

➤➤ 填充类型 用于指定描边的填充类型,包括【实底】、【线性渐变】、【径向渐变】等7种类型。

➤➤ 颜色 用于设置描边的填充颜色。

➤➤ 不透明度 用于设置描边的透明性。

提示

【描边】属性选项中的【纹理】和【光泽】选项组中各选项的具体含义,请参考【填充】属性中的【纹理】和【光泽】属性选项含义。

2. 边缘 ➤➤➤

在【类型】下拉列表框中选择【边缘】选项,创建包含对象内边缘或外边缘的描边效果。此时,系统将自动显示有关【边缘】类型描边的属性选项。该类型的属性选项包含了所有类型下的基础属性选项,用户只需要设置【填充类型】、【颜色】和【大小】选项即可。

3. 凹进 ➤➤➤

在【类型】下拉列表框中选择【凹进】选项,创建具有投影效果的描边效果。此时,系统将自动显示有关【边缘】类型描边的属性选项。

相对于【深度】描边类型来讲,【凹进】描边效果中的属性选项多出一项【强度】选项,而减少一项【大小】选项。其中,【强度】选项主要用于指定描边的高度,该参数值越大,其描边效果就越"远离"字幕文本,从而凸显描边中的投影效果。

11.4 设置阴影与背景效果

阴影和背景效果是一种可选效果,用户只需启用相应的复选框,即可为字幕文本添加该类型的效果。其中,阴影效果是通过为字幕文本添加投影的方式,来凸显字幕文本;而背景效果则是通过更改字幕文本的背景,来达到美化视频字幕的目的。

11.4.1 设置阴影效果

在【字幕属性】面板中,启用【阴影】复选框,即可激活并应用该效果。此时,字幕文本中所显示的阴影效果是系统默认的设置,用户可通过设置各属性选项的方法,来增加阴影的美观性。

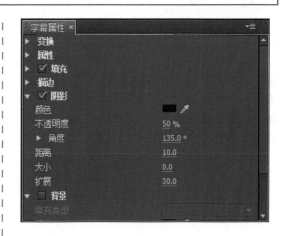

其中，【阴影】选项组中的各选项的具体功能，如下所述。

▶▶ **颜色** 用于控制阴影的颜色，用户可根据字幕颜色、视频画面的颜色，以及整个影片的色彩基调等多方面进行考虑，最终决定字幕阴影的色彩。

▶▶ **不透明度** 控制投影的透明程度。在实际应用中，应适当降低该选项的取值，使阴影呈适当的透明状态，从而获得接近于真实情形的阴影效果。

▶▶ **角度** 用于控制字幕阴影的投射位置。

▶▶ **距离** 用于确定阴影与主体间的距离，其取值越大，两者间的距离越远；反之，则越近。

▶▶ **大小** 默认情况下，字幕阴影与字幕主体的大小相同，而该选项的作用便是在原有字幕阴影的基础上，增大阴影的大小。

▶▶ **扩展** 用于控制阴影边缘的发散效果，其取值越小，阴影就越为锐利；取值越大，阴影就越为模糊。

11.4.2 设置背景效果

在【字幕属性】面板中，启用【背景】复选框，即可激活并应用该效果。此时，字幕文本中的背景将显示为系统默认的颜色。用户可通过设置各属性选项的方法，来设置字幕背景的显示效果。

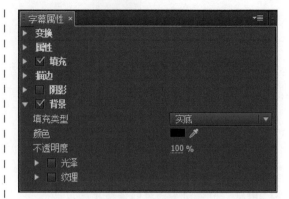

其中，【背景】选项组中的各选项类似于【填充】效果中的各选项，其具体选项将根据【填充类型】选项的改变而改变。当用户将【填充类型】设置为【径向渐变】选项时，其各属性选项的具体情况如下图所示。

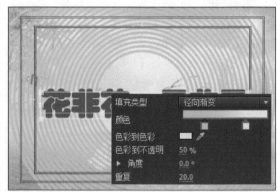

当用户将【填充类型】设置为【斜面】选项并设置各个选项参数后，其最终效果如下图所示。

11.5　设置字幕样式

字幕样式是Premiere预置的字幕属性设置方案，以方便用户快速设置各种样式的字幕属性。在【字幕】面板中，不仅能够应用预设的样式效果，还可以自定义文字样式。

11.5.1　应用样式

在Premiere中，字幕样式的应用方法极其简单，只需在输入相应的字幕文本内容后，在【字幕样式】面板内单击某个字幕样式的图标，即可将其应用于当前字幕。

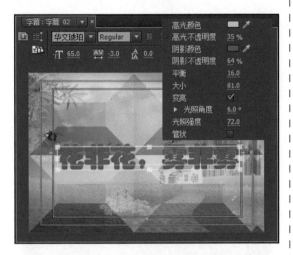

> **提示**
>
> 为字幕添加字幕样式后，可在【字幕属性】面板内设置字幕文本的各项属性，从而在字幕样式的基础上获取新的字幕效果。

如果需要有选择地应用字幕样式所记录的字幕属性，则可在【字幕样式】面板内右击字幕样式预览图，执行【应用带字体大小的样式】或【仅应用样式颜色】命令。

11.5.2　创建字幕样式

为了进一步提高用户创建字幕时的工作效率，Premiere还为用户提供了自定义字幕样式的功能，从而方便将常用的字幕属性配置方案保存起来，便于随后设置相同属性或相近属性的设置。

首先，新建字幕，使用【文字工具】在字幕编辑窗口内输入字幕文本。然后在【字幕属性】面板内调整字幕的字体、字号、颜色，以及填充效果、描边效果和阴影。

完成后，在【字幕样式】面板内单击【面板菜单】按钮，选择【新建样式】选项。在弹出的【新建样式】对话框中，输入字幕样式名称后，单击【确定】按钮，Premiere便会以该名称保存字幕样式。此时，即可在【字幕面板】内查看到所创建字幕样式的预览图。

11.6 制作特效字幕

在制作视频广告或影视节目片头时，动态的、光彩夺目的文字内容较普通文字更加能够吸引观众的注意力。为此，在本练习中将介绍运用Premiere内置滤镜制作光芒字幕，以及制作具有填充效果的光影字幕的操作方法和使用技巧。

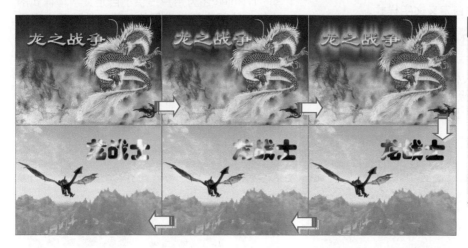

练习要点

- 设置缩放效果
- 创建静态字幕
- 设置字幕属性
- 应用Alpha发光效果
- 应用轨道遮罩效果
- 创建动画关键帧

操作步骤：

STEP|01 新建项目。启动Premiere，在弹出的【欢迎使用Adobe Premiere Pro CC 2014】界面中，选择【新建项目】选项。

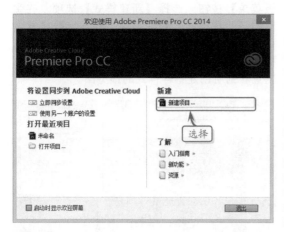

STEP|02 在弹出的【新建项目】对话框中，设置相应选项，并单击【确定】按钮。

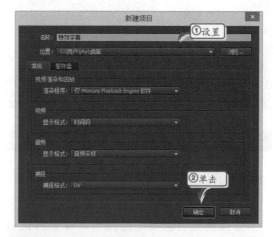

STEP|03 导入素材。执行【文件】|【导入】命令，在弹出的【导入】对话框中，选择素材文件，单击【打开】按钮。

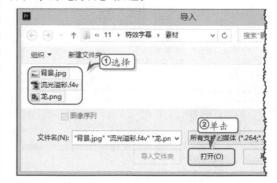

STEP|04 新建序列。执行【文件】|【新建】|【序列】命令，在弹出的【新建序列】对话框中，保持默认设置，单击【确定】按钮即可。

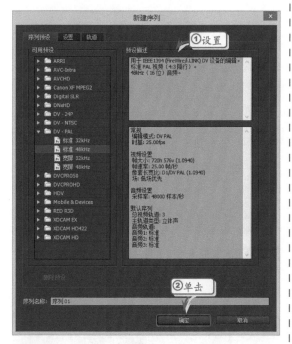

STEP|05 创建静态字幕。执行【字幕】|【新建】|【默认静态字幕】命令，在弹出的【新建字幕】对话框中，设置选项并单击【确定】按钮。

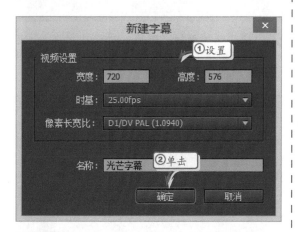

STEP|06 在【字幕】面板中输入字幕文本，并在【字幕属性】面板中的【属性】效果组中设置文本的基本属性。

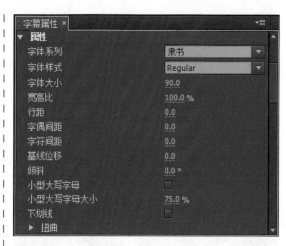

STEP|07 启用【填充】复选框，将【填充类型】设置为【斜面】，并分别设置各效果选项。

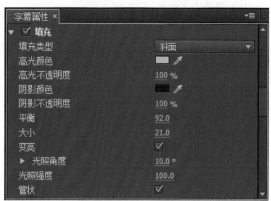

STEP|08 启用【光泽】复选框，在展开的效果组中设置各属性选项。

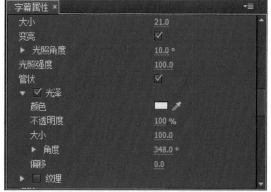

STEP|09 单击【外描边】选项右侧的【添加】

按钮，添加外描边效果并设置各选项参数。

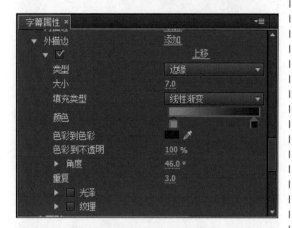

提示

线性渐变的填充颜色，左侧颜色值为"#E87707"，右侧的颜色值为"#461101"。

STEP|10 启用【阴影】复选框，并设置阴影效果下的各选项参数。

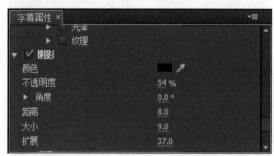

STEP|11 执行【字幕】|【新建字幕】|【默认静态字幕】命令，在弹出的【新建字幕】对话框中，设置选项并单击【确定】按钮。

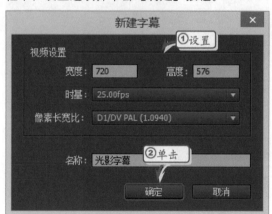

STEP|12 在【字幕】面板中输入字幕文本，并在【字幕属性】面板中的【属性】效果组中，设置文本的基本属性。

STEP|13 添加素材。将【项目】面板中的各素材，按照设计顺序分别添加到V1~V3轨道中，并设置第2段上下素材的持续播放时间。

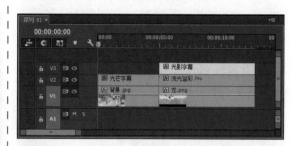

STEP|14 缩放素材。选择V1轨道中的第1个素材，在【效果控件】面板的【运动】属性组中设置素材的【缩放】效果选项。

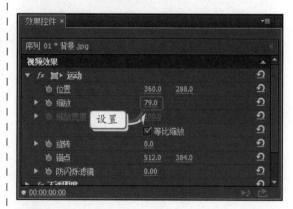

STEP|15 选择V1轨道中的第2个素材，在【效果控件】面板的【运动】属性组中设置素材的【缩放】效果选项。

STEP|16 设置特效字幕。选择V2轨道中的第1个素材，在【效果】面板中，双击【视频效果】下【风格化】效果组中的【Alpha发光】效果。

STEP|17 将【当前时间指示器】调整至视频开始处。在【效果控件】面板的【Alpha发光】属性组中，单击【发光】和【起始颜色】选项左侧的【切换动画】按钮，并分别设置其参数。

STEP|18 将【当前时间指示器】调整至00:00:02:12位置处。在【效果控件】面板的【Alpha发光】属性组中设置【发光】选项参数，并单击【起始颜色】选项颜色块，将颜色设置为"# FFBA00"。

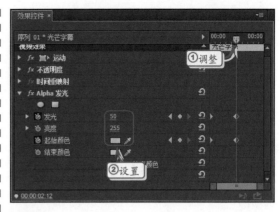

STEP|19 将【当前时间指示器】调整至00:00:05:00位置处。在【效果控件】面板的【运动】属性组中设置【发光】选项参数，并单击【起始颜色】选项颜色块，将颜色设置为"# C0C0C0"。

STEP|20 选择V2轨道中的第2个素材，在【效果控件】面板的【运动】属性组中调整素材的具体位置。

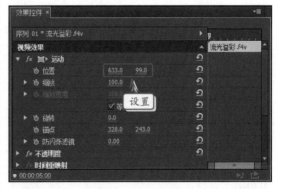

STEP|21 在【效果】面板中，双击【视频效果】下【键控】效果组中的【轨道遮罩键】效果。

STEP|22 在【效果控件】面板的【轨道遮罩键】属性组中，设置【遮罩】和【合成方式】选项即可。

STEP|23 选择V3轨道中的素材，在【效果控件】面板的【运动】属性组中，设置文本的显示位置。

提示

用户也可以先为V2轨道中的第2个素材应用【轨道遮罩键】效果，然后再根据"光影字幕"文本的具体位置来调整V2轨道第2个素材的具体位置。

11.7 制作绿色地球宣传片

在Premiere中，除了使用【字幕属性】面板中的各效果选项来美化字幕文本之外，还可以通过应用视频效果来增加字幕文本的活跃性和多样性。在本练习中，将通过制作一个绿色地球宣传影片，来详细介绍在配合使用视频效果的情况下，实现字幕文本多样性的操作方法和实用技巧。

练习要点

- 应用动画关键帧
- 创建字幕素材
- 应用基本3D效果
- 应用球面化效果
- 应用线性擦除效果
- 应用4点无用信号遮罩效果
- 应用音频过渡效果

操作步骤：

STEP|01 新建项目。启动Premiere，在弹出的【欢迎使用Adobe Premiere Pro CC 2014】界面中，选择【新建项目】选项。

STEP|02 在弹出的【新建项目】对话框中，设置相应选项，并单击【确定】按钮。

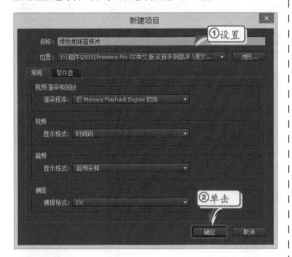

STEP|03 导入素材。执行【文件】|【导入】命令，在弹出的【导入】对话框中，选择素材文件，单击【打开】按钮。

STEP|04 新建序列。执行【文件】|【新建】|【序列】命令，在弹出的【新建序列】对话框中，保持默认设置，单击【确定】按钮即可。

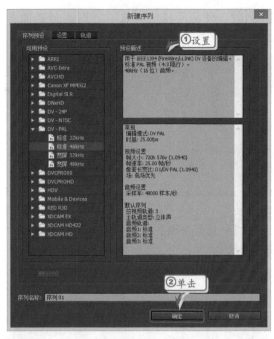

STEP|05 添加素材。将"背景"素材添加到V1轨道中，右击素材执行【速度/持续时间】命令。

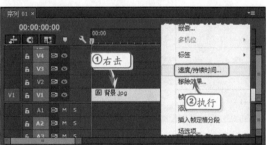

STEP|06 在弹出的【剪辑速度/持续时间】对话框中，设置【持续时间】选项，并单击【确定】按钮。

STEP|07 使用同样的方法，分别添加其他素材，并设置素材的位置和持续播放时间。

STEP|08 创建字幕素材。在【项目】面板中，单击【新建素材箱】按钮，创建素材箱并重命名素材箱。

STEP|09 展开素材箱，执行【字幕】|【新建字幕】|【默认静态字幕】命令。在弹出的【新建字幕】对话框中，设置字幕选项，并单击【确定】按钮。

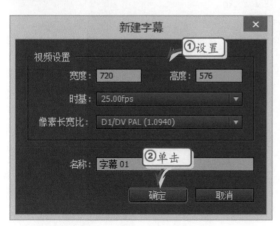

STEP|10 在【字幕】面板中输入字幕文本，并在【字幕属性】面板中的【属性】效果组中，设置文本的基本属性。

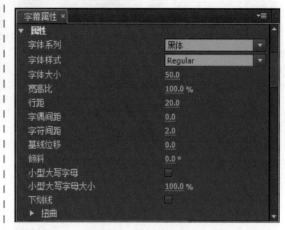

STEP|11 启用【填充】复选框，在【填充类型】下拉列表框中选择【四色渐变】，并将4种不同的颜色分别设置为"#FDE949"、"#FDE949"、"#F4AE36"和"#F4AE36"。

STEP|12 单击【外描边】选项右侧的【添加】按钮，添加外描边，设置描边选项并将描边颜色设置为"#E22D0B"。

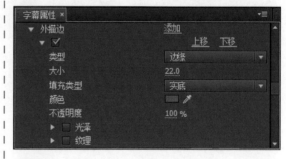

STEP|13 单击【外描边】选项右侧的【添加】按钮，添加外描边，设置描边选项并将描边颜色设置为"#F4F034"。

STEP|14 单击【外描边】选项右侧的【添加】
按钮，添加外描边。设置描边选项并将描边颜
色设置为"# 000000"。

STEP|15 启用【阴影】复选框。设置阴影效果
选项，并将阴影颜色设置为"#042300"。

STEP|16 使用同样的方法，制作其他字幕。并
将字幕素材添加到不同的轨道中。

STEP|17 设置动画关键帧。将【当前时间指示
器】调整至视频开始处，选择V2轨道中的第1
个素材。在【效果控件】面板的【运动】属性
组中单击【位置】选项左侧的【切换动画】按
钮，并设置其选项参数。

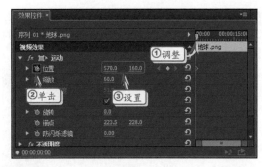

STEP|18 将【当前时间指示器】调整至
00:00:05:00位置处，在【效果控件】面板的
【运动】属性组中设置【位置】选项参数。使
用同样的方法，设置其他"位置"关键帧。

STEP|19 将【当前时间指示器】调整至
00:00:10:10位置处，在【效果控件】面板的
【运动】属性组中单击【缩放】选项左侧的
【切换动画】按钮，并设置其选项参数。

STEP|20 将【当前时间指示器】调整至
00:00:10:20位置处，在【效果控件】面板的
【运动】属性组中设置【缩放】选项参数。

STEP|21 将【当前时间指示器】调整至00:00:11:00位置处，在【效果控件】面板的【运动】属性组中设置【缩放】选项参数。

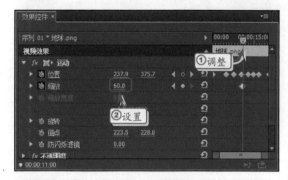

STEP|22 将【当前时间指示器】调整至00:00:14:22位置处，在【效果控件】面板的【运动】属性组中设置【缩放】选项参数。

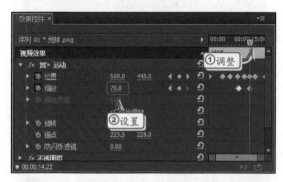

STEP|23 将【当前时间指示器】调整至00:00:00:00位置处，在【效果控件】面板的【运动】属性组中单击【旋转】选项左侧的【切换动画】按钮，并设置其选项参数。

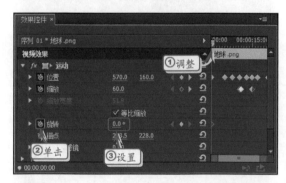

STEP|24 将【当前时间指示器】调整至00:00:05:00位置处，在【效果控件】面板的【运动】属性组中设置【旋转】选项参数。使用同样的方法，设置其他素材的动画关键帧。

STEP|25 设置视频效果。选择V3轨道中第1个素材，在【效果】面板中，双击【视频效果】下【透视】效果组中的【基本3D】效果。

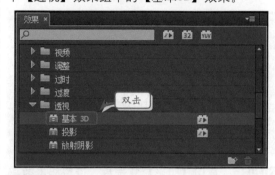

STEP|26 将【当前时间指示器】调整至00:00:00:00位置处，在【效果控件】面板的【基本3D】属性组中单击【旋转】选项左侧的【切换动画】按钮，并设置其选项参数。

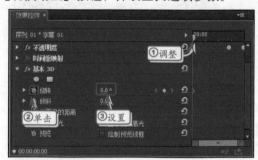

STEP|27 将【当前时间指示器】调整至00:00:01:10位置处，在【效果控件】面板的【基本3D】属性组中设置【旋转】选项参数。

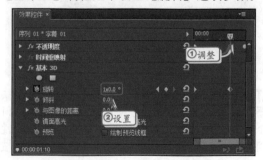

STEP|28 选择V3轨道中的第3个素材。在【效果】面板中，双击【视频效果】下【键控】效果组中的【4点无用信号遮罩】效果。

STEP|29 将【当前时间指示器】调整至00:00:05:00位置处。在【效果控件】面板的【4点无用信号遮罩】属性组中单击【下右】和【下左】选项左侧的【切换动画】按钮，并设置其各选项参数。

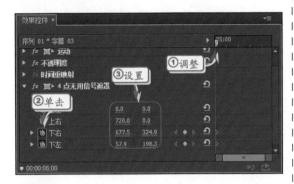

STEP|30 将【当前时间指示器】调整至00:00:06:10位置处。在【效果控件】面板的【4点无用信号遮罩】属性组中分别设置【下右】和【下左】选项参数。

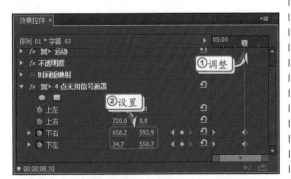

STEP|31 为该素材添加【球面化】视频效果。将【当前时间指示器】调整至00:00:06:10位置处。在【效果控件】面板的【球面化】属性组中单击【半径】和【球面中心】选项左侧的【切换动画】按钮，并设置其选项参数。

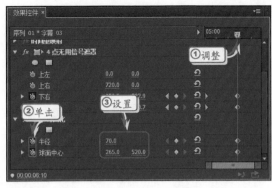

STEP|32 将【当前时间指示器】调整至00:00:07:00位置处。在【效果控件】面板的【球面化】属性组中分别设置【半径】和【球面中心】选项参数。

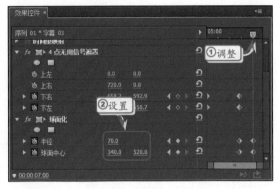

STEP|33 将【当前时间指示器】调整至00:00:07:05位置处。在【效果控件】面板的【球面化】属性组中分别设置【半径】和【球面中心】选项参数。使用同样方法，分别为其他素材添加视频效果。

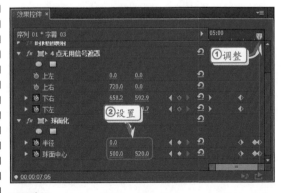

STEP|34 添加视频过渡效果。在【效果】面板中，展开【视频过渡】下【溶解】效果组，将【交叉溶解】效果拖到V3轨道中的00:00:53:10位置处，添加过渡效果。使用同样方法，添加其他视频过渡效果。

STEP|35 添加音频素材。将"主持人工艺2"和"向快乐出发 过渡2"音频素材分别添加到A1和A2轨道中，分割音频素材并删除多余的音频片段。

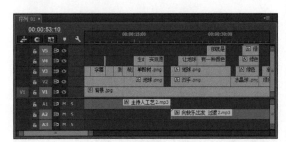

STEP|36 在【效果】面板中，展开【音频过渡】下的【交叉淡化】效果组，将【指数淡化】效果拖到A1轨道的末尾处。使用同样方法，为另外一个音频素材添加过渡效果。

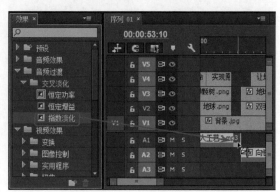

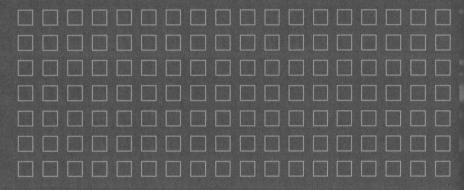

12

第12章　应用音频效果

在现代影视节目的制作过程中，所有节目都会在后期编辑时添加适合的背景音效，从而使节目具有震撼的冲击力和感染力。在Premiere中，用户不仅可以在多个音频素材之间添加视频过渡效果，而且还可以为音频素材添加音频过渡和特效，从而改变原始素材的声音效果，使视频画面和声音效果能够更加紧密地结合起来。在本章中，将详细介绍添加、编辑音频，以及音频过渡和音频效果的使用方法和操作技巧。

Premiere Pro CC

12.1 音频混合基础

音频是正常人耳所能听到的所有声音，相当于正弦声波的任何频率。一般情况下，具有声音的画面更有感染力，而声音素材的好坏则直接影响到整个影视节目的质量。在为影片应用音频效果之前，还需要先了解一下音频混合的基础知识。

12.1.1 音频概述

人类能够听到的所有声音都可被称为音频，如话语声、歌声、乐器声和噪声等。但由于类型的不同，这些声响都具有一些与其他类音频不同的特性。

声音通过物体振动所产生。正在发声的物体被称为声源。由声源振动空气所产生的疏密波在进入人耳后，会通过振动耳膜产生刺激信号，并由此形成听觉感受，这便是人们"听"到声音的整个过程。

1. 声音的类型 ▶▶▶▶

声源在发出声音时的振动速度称为声音频率，以Hz为单位进行测量。通常情况下，人类能够听到的声音频率在20Hz~20kHz范围之内。按照内容、频率范围和时间领域的不同，可以将声音大致分为以下几种类型。

- ▶▶ **自然音** 自然音是指大自然的声音，如流水声、雷鸣声或风的声音等。

- ▶▶ **纯音** 当声音只由一种频率的声波所组成时，声源所发出的声音便称为纯音。例如，音叉所发出的声音便是纯音。

- ▶▶ **复合音** 复合音是由基音和泛音结合在一起形成的声音，即由多个不同频率声波构成的组合频率。复合音的产生原因是由声源物体在进行整体振动的同时，其内部的组合部分也在振动而形成的。

- ▶▶ **协和音** 协和音由两个单独的纯音组合而成，但它与基音存在正比的关系。例如，当按下钢琴相差8度的音符时，二者听起来犹如一个音符，因此被称为协和音；若按下相邻2度的音符，则由于听起来不融合，因此会被称为不协和音。

- ▶▶ **噪声** 噪声是一种会引起人们烦躁或危害人体健康的声音，主要来源于交通运输、车辆鸣笛、工业噪声、建筑施工等。

- ▶▶ **超声波与次声波** 频率低于20Hz的音波信号称为次声波，而当音波的频率高于20kHz时，则被称为超声波。

2. 声音的三要素 ▶▶▶▶

在日常生活中我们会发现，轻轻敲击钢琴键与重击钢琴键时感受到的音量大小会有所不同；敲击不同钢琴键时产生的声音不同；甚至钢琴与小提琴在演奏相同音符时的表现也会有所差别。根据这些差异，人们从听觉心理上为声音归纳出响度、音高与音色这3种不同的属性。

- ▶▶ **响度** 又称声强或音量，用于表示声音能量的强弱程度，主要取决于声波振幅的大小，振幅越大响度越大。声音的响度采用声压或声强来计量，单位为帕（Pa），与基准声压比值的对数值称为声压级，单位为分贝（dB）。响度是听觉的基础，正常人听觉的强度范围在0~140dB之间，当声音的频率超出人耳可听频率范围时，其响度为0。

- ▶▶ **音高** 音高也称为音调，表示人耳对声音高低的主观感受。音调由频率决定，频率越高音调越高。一般情况下，较大物体振动时的音调较低，较小物体振动时的音调较高。

- ▶▶ **音色** 音色也称为音品，由声音波形的谐波频谱和包络决定。

12.1.2 音频信号的数字化处理技术

随着科学技术的发展，无论是广播电视、电影、音像公司、唱片公司，还是个人录音棚，都在使用数字化技术处理音频信号。数字化正成为一种趋势，而数字化的音频处理技术也将拥有广阔的前景。

1. 数字音频技术概述 ▶▶▶▶

所谓数字音频是指把声音信号数字化，并在数字状态下进行传送、记录、重放以及加工处理的一整套技术。它是随着数字音频信号处理技术、计算机技术、多媒体技术的发展而形成的一种全新的声音处理手段。

在数字音频技术中，将声音信号在模拟状态下进行加工处理的技术称为模拟音频技术。其中，模拟音频信号的声波振幅具有随时间连续变化的性质，音频数字化的原理就是将这种模拟信号按一定时间间隔取值，并将取值按照二进制编码表示，从而将连续的模拟信号变换为离散的数字信号的操作过程。

与模拟音频相比，数字音频拥有较低的失真率和较高的信噪比，能经受多次复制与处理而不会明显降低质量。在多声道音频领域中数字音频还能够消除通道间的相位差。不过，由于数字音频的数字量较大，因此会提高存储与传输数据时的成本和复杂性。

2. 数字音频技术的应用 >>>>

由于数字音频在存储和传输方面拥有很多模拟音频无法比拟的技术优越性，因此数字音频技术已经广泛地应用于如今的音频制作过程中。

>> **数字录音机** 数字录音机采用了数字化方式记录音频信号，因此能够实现很高的动态范围和极好的频率响应，抖晃率也低于可测量的极限。与模拟录音机相比，剪辑功能也有极大的增强与提高，还可以实现自动编辑。

>> **数字音轨混合器** 数字音轨混合器除了具有A/D和D/A转换器外，还具有DSP处理器。在使用及控制方面，音轨混合器附设有计算机磁盘记录、电视监视器，以及各种控制器的调校程序、位置、电平、声源记录分组等均具有自动化功能，包括推拉电位器运动、均衡器、滤波器、压限器、输入、输出、辅助编组等，均由计算机控制。

>> **数字音频工作站** 数字音频工作站，是一种计算机多媒体技术应用到数字音频领域后的产物。它包括了许多音频制作功能。多轨数字记录系统可以进行音乐节目录音、补录、搬轨及并轨使用，用户可以根据需要对轨道进行扩充，从而能够更方便地进行音频、视频同步编辑等后期制作。

12.2 添加与编辑音频

音频素材是指能够持续一段时间，含有各种乐器音响效果的声音。在影片制作过程中，优美的画面还需要搭配音色好的音频素材，才能真正制作出高质量的视频。

12.2.1 添加音频

在Premiere中，添加音频素材的方法与添加视频素材的方法基本相同，既可以添加单个音频素材又可以添加多个音频素材。

1. 添加单个音频素材 >>>>

在【项目】面板中，右击音频素材，执行【插入】命令，即可将相应素材添加到音频轨道中。

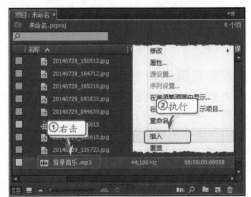

除此之外，用户将【项目】面板中的音频素材，直接拖至相应音频轨道，松开鼠标即可完成添加。

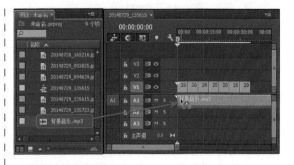

2. 添加多个音频素材 >>>>

用户还可在音频轨道中同时添加多个音频素材，并为其应用默认的音频过渡效果。在【项目】面板内同时选择多个音频素材，单击【自动匹配序列】按钮 。

然后，在弹出的【序列自动化】对话框中，禁用【应用默认视频过渡】复选框，单击【确定】按钮即可。

12.2.2 在时间轴中编辑音频

当源音频素材无法满足用户创建需求时，则可以通过【时间轴】面板来编辑音频素材。

1. 音频单位 ▶▶▶▶

对于视频来说，视频帧是其标准的测量单位，通过视频帧可以精确地设置入点或者出点。然而在Premiere中，音频素材应当使用毫秒或音频采样率来作为显示单位。

当用户想查看音频单位及音频素材的声波图形时，需要先将音频素材添加至【时间轴】面板中。然后展开音频轨道，单击【时间轴显示设置】按钮 🔧，选择【显示音频波形】选项，即可显示该素材的音频波形。

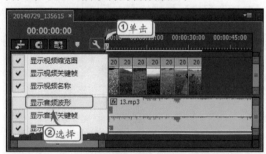

提示

用户可以调整音频轨道的宽度，以便查看音频素材的波形文件。

而当用户需要显示音频单位时，只需在【时间轴】面板中单击【面板菜单】按钮，在展开的菜单中选择【显示音频时间单位】选项，即可在时间标尺上显示相应的时间单位。

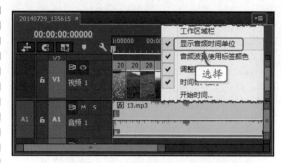

Premiere项目文件会采用音频采样率作为音频素材单位。用户可根据需要将其修改为毫秒。执行【项目】|【项目设置】|【常规】命令，在弹出的【项目设置】对话框中，单击【音频】选项组中的【显示格式】下三角按钮，在其下拉列表框中选择【毫秒】选项即可。

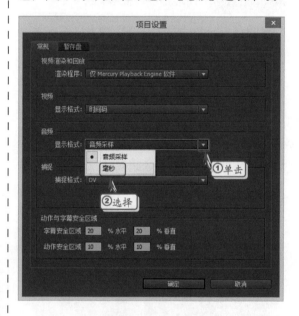

2. 调整音频素材的持续时间 ▶▶▶▶

音频素材的持续时间是指音频素材的播放长度。用户可以通过设置音频素材的入点和出点的方法，来调整其持续时间。除此之外，Premiere还允许用户通过更改素材长度和播放速度的方式来调整持续时间。

当用户需要通过更改其长度来调整音频素材的持续时间时，可在【时间轴】面板中，将鼠标置于音频素材的末尾，当光标变成◄形状时，拖动鼠标即可更改其长度。

单击【确定】按钮后，关闭【按钮编辑器】面板，所添加的功能按钮将显示在音频轨道头中。

音频轨道中的功能按钮操作起来非常简单。在播放音频的过程中，只要单击某个功能按钮，即可在音频中听到相应的变化。其中，每个功能按钮的名称及作用如下表所示。

提示

在调整素材长度时，向左拖动鼠标则持续时间变短，向右拖动鼠标则持续时间变长。但是当音频素材处于最长持续时间状态时，将不能通过向外拖动鼠标的方式来延长其持续时间。

使用鼠标拖动来延长或者缩短音频素材持续时间的方式，会影响到音频素材的完整性。因此，若要保证音频内容的完整性，还需要通过调整播放速度的方式来实现。

在【时间轴】面板中右击音频素材，执行【速度/持续时间】命令。在弹出的【剪辑速度/持续时间】对话框内调整【速度】参数值，即可改变音频素材【持续时间】的长度。

除了调整【速度】参数值之外，用户还可以通过更改【持续时间】参数值，精确控制素材的播放长度。

3. 设置轨道头

Premiere为【时间轴】面板中的轨道添加了自定义轨道头功能，以方便用户通过自定义编辑与控制音频的功能按钮，来快速地操作编辑音频素材。

单击【时间轴】面板中的【时间轴显示设置】按钮，选择【自定义音频头】选项，在打开的【按钮编辑器】面板中，将音频轨道中没有，或者需要的功能按钮拖入轨道头中即可。

名称	按钮	作用
静音轨道	M	单击该按钮，相对应轨道中的音频将无法播放出声音
独奏轨道	S	当两个或两个以上的轨道同时播放音频时，单击其中一个轨道中的该按钮即可禁止播放除该轨道以外其他轨道中的音频
启用轨道以进行录制	R	单击该按钮，能够启用相应的轨道进行录音。如果无法进行录音，只要执行【编辑】│【首选项】│【音频硬件】命令，在弹出的【首选项】对话框中单击【ASIO设置】按钮，弹出【音频硬件设置】对话框。在其中【输入】选项卡中，启用【麦克风】选项，连续单击【确定】按钮，即可开始录音
轨道音量		添加该按钮后以数字形式显示在轨道头。直接输入或者单击并左右拖动鼠标，即可降低或提高音频音量
左/右平衡		添加该按钮后以圆形滑轮形式显示在轨道头。单击并左右拖动鼠标，即可控制左右声道音量的大小
轨道计		将在音频轨道头处显示一个水平音频计
轨道名称	A1	添加该按钮后，将显示轨道名称

续表

名称	按钮	作用
显示关键帧		该按钮用来显示添加的关键帧，单击该按钮可以选择【剪辑关键帧】或者【轨道关键帧】选项
添加-移除关键帧		单击该按钮可以在轨道中添加关键帧
转到上一关键帧		当轨道中添加两个或两个以上关键帧时，可以通过单击该按钮选择上一个关键帧
转到下一关键帧		当轨道中添加两个或两个以上关键帧时，可以通过单击该按钮选择下一个关键帧

12.2.3　在效果控件中编辑音频

在Premiere中，除了可以在【时间轴】面板中快速地编辑音频外，还可以在【效果控件】面板中对音频素材进行精确的设置。

当选中【时间轴】面板中的音频素材后，在【效果控件】面板中将显示【音量】、【声道音量】以及【声像器】三个属性组。

1．音量 >>>>

展开【音量】属性组，用户可发现在该属性组中只包含了【旁路】和【级别】两个选项。其中，【旁路】选项用于指定是应用还是绕过合唱效果的可关键帧选项；而【级别】选项则用来控制总体音量的高低。

在【级别】选项中，可以通过添加关键帧的方法，使音频素材在播放时的音量出现时高时低的波动效果。首先，将【当前时间指示器】调整到合适位置，然后，在【效果控件】面板的【音量】属性组中单击【级别】选项左侧的【切换动画】按钮，即可创建第一个关键帧。

接下来，将【当前时间指示器】调整至新位置，在【效果控件】面板的【音量】属性组中直接调整【级别】选项的参数值，即可创建第二个关键帧。

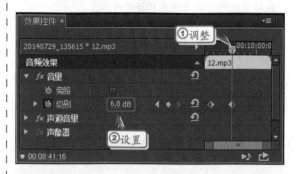

> **提示**
>
> 用户也可以通过单击【级别】选项右侧的【添加／移除关键帧】按钮，添加第二个关键帧。

使用同样的方法，添加其他关键帧。此时，用户可通过单击【转到上一关键帧】按钮或者【转到下一关键帧】按钮，来查看关键帧或修改关键帧中的【级别】选项参数值。

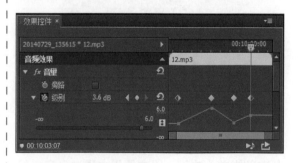

2．声道音量 >>>>

【声道音量】属性组中的选项是用来设置音频素材的左右声道的音量。在该属性组中既可以同时设置左右声道的音量，还可以分别设置左右声道的音量。其设置方法与【音量】属性组的设置方法相同。

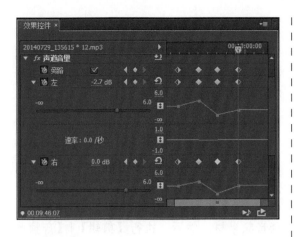

3. 声像器 >>>>

【声像器】属性组是用来设置音频的立体声声道。在该属性组中，只包含了一个【平衡】选项。用户可以为该选项创建多个关键帧，创建关键帧之后还可以通过拖动改变点与点之间线弧度的方法，来调整声音变化的缓急，以达到改变音频立体声效果的目的。

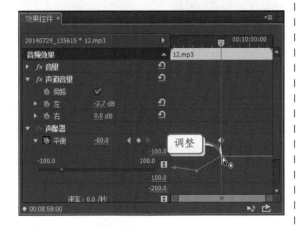

12.2.4 声道映射

声道是指录制或者播放音频素材时，在不同空间位置采集或回放的相互独立的音频信号。在Premiere中，不同的音频素材具有不同的音频声道，如左右声道、立体声道和单声道等。

1. 源声道映射 >>>>

在编辑影片的过程中，当遇到卡拉OK等双声道或多声道的音频素材时，可通过源声道映射功能，对音频素材中的声道进行转换，达到只使用其中一个声道声音的目的。

首先，将音频素材导入至Premiere项目中，双击该音频素材，在【源】面板中查看音频素材的声道情况。

然后，在【项目】面板中选择该音频素材，执行【剪辑】|【修改】|【音频声道】命令。在弹出的【修改剪辑】对话框中，上半部分显示了音频素材的所有轨道格式，而下半部分则列出了当前音频素材具有的源声道模式。

提示

在【修改剪辑】对话框中，所有选项的默认设置均与音频素材的属性相关。单击对话框底部的【播放】按钮 后，还可以对所选音频素材进行试听。

在【修改剪辑】对话框中的【源声道】列表中，单击【左侧】下三角按钮，在其下拉列表框中选择【无】选项，即可"关闭"音频素材的左声道，从而使音频素材仅留右声道中的声音。

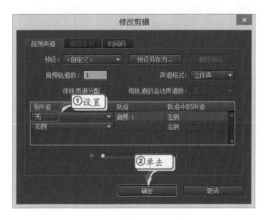

2. 拆分为单声道 >>>>

在Premiere中，用户还可以将音频素材中的各个声道分离为单独的音频素材，也就是将一个多声道的音频素材分离为多个单声道的音频素材。

首先，在【项目】面板中选择音频素材。然后，执行【剪辑】|【音频选项】|【拆分为单声道】命令，即可将原始素材分离为多个不同声道的音频素材。

3. 提取音频 >>>>

在编辑某些影视节目时，可能会遇到只使用某段视频素材中部分音频的现象。此时，用户可运用提取音频功能，将素材中的部分音频提取为独立的音频素材，从而满足用户的制作需求。

首先，在【项目】面板中选择相应的视频素材。然后，执行【剪辑】|【音频选项】|【提取音频】命令，稍等片刻后，Premiere便会利用提取出的音频部分生成独立的音频素材文件，并将其自动添加至【项目】面板中。

12.2.5　增益和均衡

在Premiere中，音频素材内音频信号的声调高低称为增益，而音频素材内各声道间的平衡状况被称为均衡。

1. 调整增益 >>>>

调整增益是为了避免整体音频素材出现声调过高或过低的情况，而影响整个影片的制作效果。

首先，在【项目】或【时间轴】面板中选择音频素材。然后，执行【剪辑】|【音频选项】|【音频增益】命令，在弹出的【音频增益】对话框中，选中【将增益设置为】选项，并在右侧文本框内输入增益值，单击【确定】按钮即可。

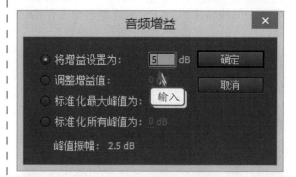

注意

当设置的参数大于0dB时，表示增大音频素材的增益；当其参数小于0dB时，则为降低音频素材的增益。

2. 均衡立体声 >>>>

在Premiere中，可以在【时间轴】面板上通过【钢笔工具】为音频素材添加关键帧的方法，来调整关键帧位置上的音量大小，从而达到均衡立体声的目的。

首先，将音频素材添加到【时间轴】面板中，并在音频轨道内展开音频素材。然后，右击音频素材，执行【显示剪辑关键帧】|【声像器】|【平衡】命令，即可将【时间轴】面板中的关键帧控制模式切换至【平衡】音频效果方式。

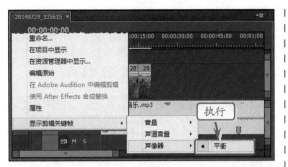

单击该音频轨道中的【添加-移除关键帧】按钮，同时使用【工具】面板中的【钢笔工具】调整关键帧调节线，即可调整立体声的均衡效果。

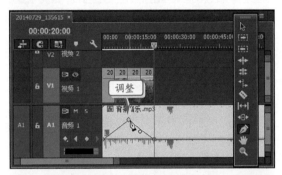

提示

使用【工具】面板中的【选择工具】，也可以调整关键帧调节线。

3. 设置渐变音频 >>>>

渐变音频可以使音频产生一种由高到低或由低到高的音效，由此形成一种意犹未尽的影视意境。

渐变音频效果主要是通过调整音频中的关键帧来实现，至少应当为音频素材添加两个关键帧。其中一个关键帧应位于声音开始淡化的起始阶段，而另一处位于淡化效果的末尾阶段。

然后，在【工具】面板中选择【钢笔工具】，并使用钢笔工具降低淡化效果末尾关键帧的增益，即可实现相应音频素材的逐渐淡化至消失的效果。

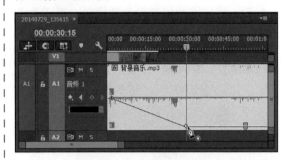

对两段音频素材分别应用音量逐渐降低和音量逐渐增大的设置，即能够创建出两段音频素材交叉淡出与淡入的效果。

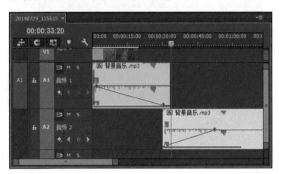

12.3 音频过渡和音频效果

Premiere不仅为用户内置了多种视频过渡和视频效果，而且还为用户内置了多种音频过渡和音频效果，以用来保证音频素材间的连接更为自然、融洽，从而提高影片的整体质量。

12.3.1 应用音频过渡

与视频切换效果相同，音频过渡也位于【效果】面板中。在【效果】面板中依次展开【音频过渡】中的【交叉淡化】选项组，即可显示Premiere内置的3种音频过渡效果。

1．添加音频过渡效果 ▶▶▶

【交叉淡化】选项组中不同的音频过渡类型可以实现不同的音频处理效果。若要为音频素材应用过渡效果，首先将音频素材添加至【时间轴】面板。然后，将相应的音频过渡效果拖动至音频素材的开始或末尾位置即可。

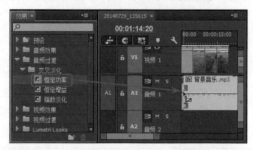

提示

【恒定功率】音频过渡可以使音频素材以逐渐减弱的方式过渡到下一个音频素材；【恒定增益】能够让音频素材以逐渐增强的方式进行过渡。

2．设置默认音频效果 ▶▶▶

在【效果】面板中右击任意一个音频过渡效果，执行【将所选过渡设置为默认过渡】命令，即可将该音频过渡设置为默认的音频过渡。

默认情况下，所有音频过渡的持续时间均为1s。用户可以在【时间线】面板中单击默认音频过渡特效，在【效果控件】面板的【恒定功率】属性中设置【持续时间】选项。

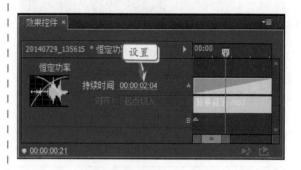

12.3.2 添加音频效果

Premiere为用户提供了大量音频特效滤镜。利用这些滤镜，用户可以非常方便地为影片添加混响、延时、反射等声音特技。

由于Premiere将音频素材根据声道数量划分为不同类型，其内置的音频特效也被分为5.1声道、立体声和单声道3大类型，并被集中放置在【效果】面板内的【音频特效】文件夹中。

在应用音频特效时，不同类型的音频特效必须应用于对应的音频素材。例如，5.1音频特效就必须应用于5.1轨道内的音频素材上。其添加音频特效的方法与添加视频特效的方法相同，用户既可通过【时间轴】面板来完成，也可通过【效果控件】面板来完成。

1. 通过【时间轴】添加 ▶▶▶▶

通过【时间轴】面板添加音频效果，只需在【效果】面板中选择音频特效后，将其拖动至相应的音频素材上即可。

2. 通过【效果控件】添加 ▶▶▶▶

通过【效果控件】面板添加音频效果，只需在【时间轴】面板中选择音频素材后，将【效果】面板内的音频特效拖动至【效果控件】面板中即可。

12.3.3　相同的音频效果

尽管Premiere音频效果被统一放置在一起，但是由于声道类型的不同有些音频效果适用于所有类型的声道，而有些音频效果只特定用于某个类型的声道。下面这些音频效果则适用于所有类型的声道。

1. 多功能延迟 ▶▶▶▶

该音频效果能够对音频素材播放时的延迟进行更高层次的控制，对于在电子音乐内产生同步、重复的回声效果非常有用。

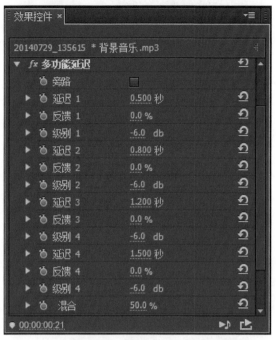

在【效果控件】面板中，【多功能延迟】音频效果的属性参数名称及其作用如下表所示。

名称	作用
延迟	该音频特效的【效果控制】面板中，含有4个【延迟】选项，用于设置原始音频素材的延时，最大的延时为2s
反馈	该选项用于设置有多少延时音频反馈到原始声音中
级别	该选项用于设置每个回声的音量大小
混合	该选项用于设置各回声之间的融合状况

2. EQ（均衡器） ▶▶▶▶

该音频效果用于实现参数平衡效果，可对音频素材中的声音频率、波段和多重波段均衡等进行设置。

在【效果控件】面板的EQ属性组中，单击【编辑】按钮，可在弹出的【剪辑效果控制器】对话框中，分别启动Low、Mid和High复选框，并使用鼠标拖动相应的控制点即可。

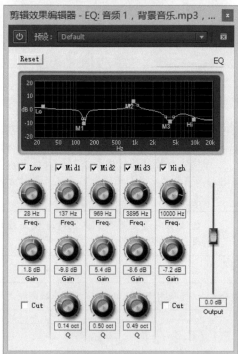

其中，EQ属性组中部分重要参数的功能与作用如下表所示。

名称	作用
Low、Mid 和High	用于显示或隐藏自定义滤波器
Gain	该选项用于设置常量之上的频率值
Cut	启用该复选框，即可设置从滤波器中过滤掉的高低波段

续表

名称	作用
Frequency	该选项用于设置波段增大和减小的次数
Q	该选项用于设置各滤波器波段的宽度
Output	用于补偿过滤效果之后造成频率波段的增加或减少

3. 低通和低音 >>>>

【低通】音频效果的作用是去除高于指定频率的声波。该音频效果仅有【屏蔽度】一项选项，其作用在于指定可通过声音的最高频率。

【低音】音频效果主要调整音频素材中的低音部分。该音频效果仅有【提升】一项选项，主要用于对声音的低音部分进行提升或降低，其取值范围为−24~24。当【提升】选项的参数为正时，表示提升低音，负值则表示降低低音。

4. Reverb（混响） >>>>

Reverb音频效果用于模拟在室内播放音乐时的效果，从而能够为原始音频素材添加环境音效。也就是说，该音频特效能够添加家庭环绕式立体声效果。

在【效果控件】面板的Reverb属性组中，用户可通过调整各属性选项参数值，来设置音频效果。除此之外，单击【编辑】按钮，可在弹出的对话框中通过拖动图形控制器中的控制点，来调整房间大小、混音、衰减、漫射以及音色等内容。

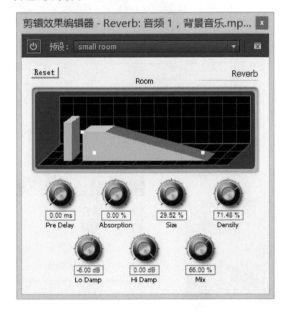

5．延迟 ▶▶▶

该效果用来设置原始音频和回声之间的时间间隔声道的高音部分。为素材添加【延迟】效果后，在【效果控件】面板中，展开【延迟】效果，出现【延迟】、【反馈】、【混合】3个选项。

其中，【效果控件】面板的【延迟】属性组中各选项的具体功能，如下所述。

▶▶ **延迟**　用于指定在回声播放之前的时间量，最大值为2s。

▶▶ **反馈**　用于指定往回添加到延迟（以创建多个衰减回声）的延迟信号百分比。

▶▶ **混合**　用于控制回声的量。

12.3.4　不同的音频效果

根据声道类型的不同，Premiere还具有一些独特的音频特效，这些音频特效只能应用于对应的音频轨道内。

1．平衡 ▶▶▶

【平衡】音频效果是立体声音频轨道独有的音频效果，其作用在于平衡音频素材内的左右声道。在【效果控件】面板的【平衡】属性组中，调节【平衡】滑块，可以设置左右声道的效果。向右调节【平衡】滑块，使音频均衡向右声道倾斜，向左调节，则音频均衡向左声道倾斜。

而当【平衡】音频效果的参数值为正值时，Premiere将对右声道进行调整，而为负值时则会调整左声道。

2．使用右声道 ▶▶▶▶

【使用右声道】音频效果仅用于立体声轨道中，功能是将右声道中的音频信号复制并替换左声道中的音频信号。另外，该音频效果并不包含参数。

> **提示**
>
> 与【使用右声道】音频效果相对应的是，Premiere还提供了一个【使用左声道】的音频效果，两者的使用方法虽然相同，但功能完全相反。

3．互换声道 ▶▶▶▶

【互换声道】音频效果，可以使立体声音频素材内的左右声道信号相互交换。由于功能的特殊性，该音频效果多用在原始音频的录制、处理过程中。

由于该音频效果不包含参数，因此用户直接应用该效果即可实现声道互换效果。

4．声道音量 ▶▶▶▶

【声道音量】音频效果适用于5.1和立体声音频轨道，其作用是控制音频素材内不同声道的音量大小。

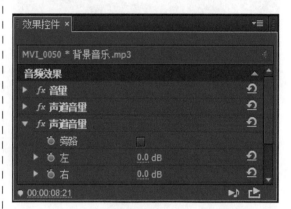

12.4　制作混合音效

在一些影视作品中，经常可以听到讲解和背景音乐都有回音，或者左右声道变换的效果。在Premiere中能够轻松方便地完成这样的效果制作。本案例为用户介绍制作影视作品中音频混合的特效效果的方法。

> **练习要点**
>
> ● 新建项目
> ● 导入素材
> ● 设置声道音量关键帧
> ● 应用延迟音频效果

操作步骤：

STEP|01 新建项目。启动Premiere，在弹出的【欢迎使用Adobe Premiere Pro CC 2014】界面中，选择【新建项目】选项。

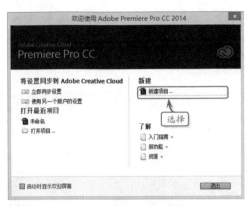

STEP|02 在弹出的【新建项目】对话框中，设置相应选项，并单击【确定】按钮。

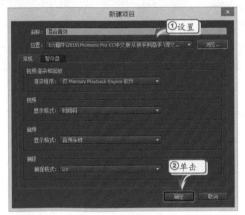

STEP|03 导入素材。执行【文件】|【导入】命令，在弹出的【导入】对话框中，选择素材文件，单击【打开】按钮。

STEP|04 取消链接。将素材添加到【时间轴】面板中，右击素材执行【取消链接】命令，取消音视频之间的链接。

STEP|05 设置音量关键帧。选择音频素材，将【当前时间指示器】调整至00:00:02:00位置处，在【效果控件】面板的【声道音量】属性组中，设置【左】和【右】选项参数。

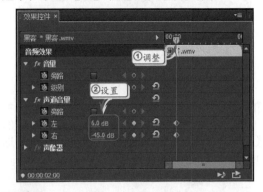

STEP|06 将【当前时间指示器】调整至00:00:03:00位置处，在【效果控件】面板的【声道音量】属性组中，设置【左】和【右】选项参数。

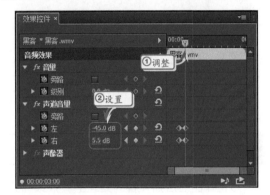

STEP|07 将【当前时间指示器】调整至00:00:08:00位置处，在【效果控件】面板的【声道音量】属性组中，设置【左】和【右】选项参数。

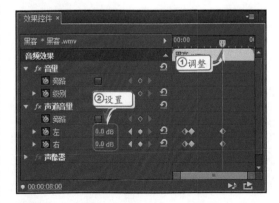

STEP|08 应用音频效果。在【效果】面板中，展开【音频效果】效果组，双击【延迟】效果，将其添加到音频素材中。

STEP|09 将【当前时间指示器】调整至 00:00:08:00位置处，在【效果控件】面板的 【延迟】属性组中，单击【延迟】和【反馈】选 项左侧的【切换动画】按钮，并设置其选项。

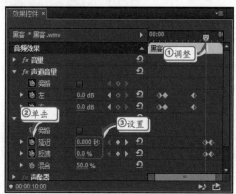

STEP|10 将【当前时间指示器】调整至 00:00:11:00位置处，在【效果控件】面板的 【延迟】属性组中，设置【延迟】和【反馈】 选项参数。

12.5 制作音频特效

影视作品在后期声音的处理上，效果和方法有很多，如音质调整、延迟、高音低音等。而在 Premiere中进行音频特效处理的方法主要是使用音频转场和音频特效两种。本案例就为用户介绍在 Premiere中使用音频转场制作影视作品特效的方法。

练习要点

- 新建项目
- 导入素材
- 分割素材
- 应用音频过渡效果
- 应用低通效果
- 应用高通效果
- 应用高音效果
- 应用关键帧

操作步骤：

STEP|01 新建项目。启动Premiere，在弹出的【欢迎使用Adobe Premiere Pro CC 2014】界面中，
选择【新建项目】选项。

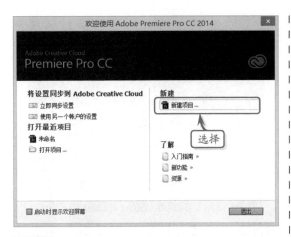

STEP|02 在弹出的【新建项目】对话框中，设置相应选项，并单击【确定】按钮。

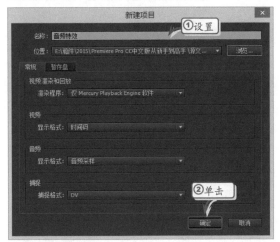

STEP|03 导入素材。执行【文件】|【导入】命令，在弹出的【导入】对话框中，选择素材文件，单击【打开】按钮。

STEP|04 分割视频。将【当前时间指示器】调整至00:00:20:00位置处，使用【剃刀工具】单击该位置处，分割视频并删除左侧的视频片段。

STEP|05 将【当前时间指示器】调整至00:01:49:00位置处，使用【剃刀工具】单击该位置处，分割视频并删除右侧的视频片段。

STEP|06 取消链接。将视频的中间部分拖至00:00:00:00位置，右击素材执行【取消链接】命令，取消音视频之间的链接。

STEP|07 应用音频过渡。在【效果】面板中，展开【音频过渡】下【交叉淡化】效果组，将【指数淡化】效果拖到音频素材的开始处。

STEP|08 在【效果控件】面板的【指数淡化】属性组中，将【持续时间】选项设置为00:00:03:00。使用同样方法，在音频末尾处添加该音频过渡效果。

STEP|09 应用音频效果。选择音频素材，在【效果】面板中，展开【音频效果】效果组，双击【低通】效果，将其添加到音频素材中。

STEP|10 将【当前时间指示器】调整至00:00:09:24位置处，在【效果控件】面板的【低通】属性组中单击【屏蔽度】选项左侧的【切换动画】按钮，并设置其选项参数。

STEP|11 将【当前时间指示器】调整至00:00:10:00位置处，在【效果控件】面板的【低通】属性组中设置【屏蔽度】选项参数。

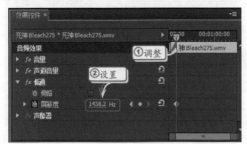

STEP|12 将【当前时间指示器】调整至00:00:11:10位置处，在【效果控件】面板的【低通】属性组中设置【屏蔽度】选项参数。

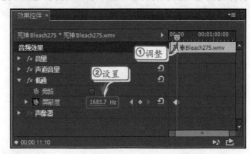

STEP|13 将【当前时间指示器】调整至00:00:12:20位置处，在【效果控件】面板的【低通】属性组中设置【屏蔽度】选项参数。

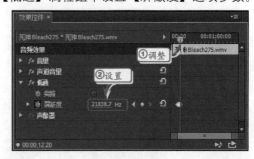

STEP|14 在【效果】面板中，展开【音频效果】效果组，双击【高音】效果，将其添加到音频素材中。

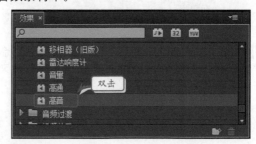

STEP|15 将【当前时间指示器】调整至00:00:53:13位置处，在【效果控件】面板的【高音】属性组中单击【提升】选项左侧的【切换动画】按钮，并设置其选项参数。

STEP|16 将【当前时间指示器】调整至00:00:54:00位置处，在【效果控件】面板的【高音】属性组中设置【提升】选项参数。

STEP|17 将【当前时间指示器】调整至00:00:54:12位置处，在【效果控件】面板的【高音】属性组中设置【提升】选项参数。

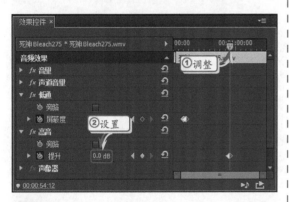

STEP|18 在【效果】面板中，展开【音频效果】效果组，双击【高通】效果，将其添加到音频素材中。

STEP|19 将【当前时间指示器】调整至00:01:15:00位置处，在【效果控件】面板的

【高通】属性组中单击【屏蔽度】选项左侧的【切换动画】按钮，并设置其选项参数。

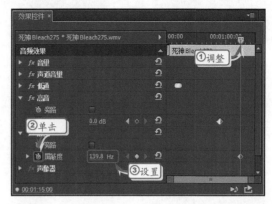

STEP|20 将【当前时间指示器】调整至00:01:20:00位置处，在【效果控件】面板的【高通】属性组中设置【屏蔽度】选项参数。

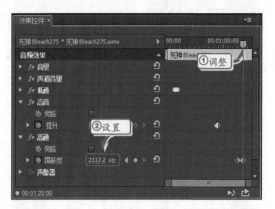

STEP|21 将【当前时间指示器】调整至00:01:23:00位置处，在【效果控件】面板的【高通】属性组中设置【屏蔽度】选项参数。

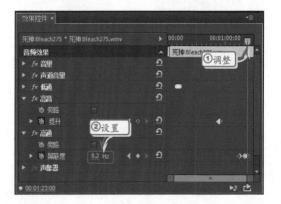

13

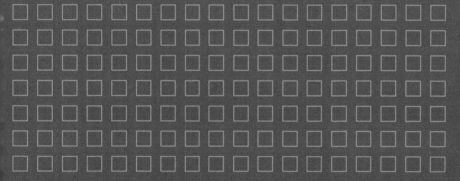

第13章　音频混合器

音频混合器是播送和录制节目时必不可少的重要设备之一，具有对多路输入信号进行放大、混合、分配、音质的修饰及音响效果的加工等功能，能够最终实现一个独特的音频效果。Premiere中的音频混合器类似于实际工作中的调音台，同样可以调整素材的音量大小、渐变效果、均衡立体声、录制旁白等。在本章中，将详细介绍Premiere中各种音频混合器的具体功能及使用方法。

Premiere Pro CC

13.1 音轨混合器

Premiere中的【音轨混合器】面板，可在听取音频轨道和查看视频轨道时调整设置。其中，每条音频轨道混合器轨道均对应于活动序列时间轴中的某个轨道，并会在音频控制台布局中显示时间轴音频轨道。

13.1.1 音轨混合器概述

音轨混合器是Premiere为用户制作高质量音频所准备的多功能音频素材处理平台，方便用户在现有音频素材的基础上创建复杂的音频效果。

执行【窗口】|【音轨混合器】命令，即可打开【音轨混合器】面板。其中，【音轨混合器】面板是由若干音频轨道控制器和播放控制器所组成，而每个轨道控制器内又由对应轨道的控制按钮和音量控制器等控件组成。

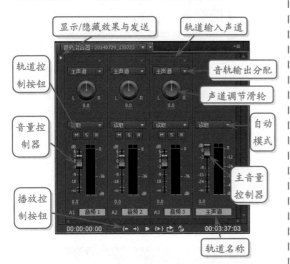

提示

默认情况下，【音轨混合器】面板内仅显示当前所激活序列的音频轨道。因此，如果希望在该面板内显示指定的音频轨道，就必须将序列嵌套至当前被激活的序列内。

1．自动模式 ▶▶▶

在【音轨混合器】面板中，自动模式控件对音频的调节作用主要分为调节音频素材和调节音频轨道两种方式。当调节对象为音频素材时，音频调节效果仅对当前素材有效，且调节

效果会在用户删除素材后一同消失。如果是对音频轨道进行调节，则音频效果将应用于整个音频轨道内，即所有处于该轨道的音频素材都会在调节范围内受到影响。

首先，将音频素材添加至【时间轴】面板中的音频轨道。然后，在【音轨混合器】面板中单击相应轨道中的【自动模式】下三角按钮，即可选择所要应用的自动模式选项。

提示

【音轨混合器】面板中的轨道数量与【时间轴】面板内的音频轨道数量相对应，当用户在【时间轴】面板中添加或删除音频轨道时，【音轨混合器】面板也会自动做出相应的调整。

2．轨道控制按钮 ▶▶▶

在【音轨混合器】面板中，【静音音轨】M、【独奏轨道】S、【启用轨道以进行录制】R等按钮的作用是在用户预听音频素材时，让指定轨道以完全静音或独奏的方式进行播放。

例如在"音频1"、"音频2"和"音频3"轨道都存在音频素材的情况下，单击【播放-停止切换（Space）】按钮，在预听播放时的【音轨混合器】面板中相应轨道中均会显示素材的波形变化。此时，单击"音频2"轨道中的【静音音轨】按钮M后再预听音频素材，则"音频2"轨道内将不再显示素材波形，这表示该音频轨道已被静音。

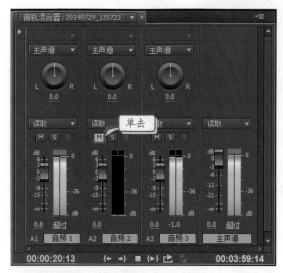

在包含众多音频轨道的情况下，在预听音频前在【音轨混合器】面板中单击相应轨道中的【独奏轨道】按钮，即可只试听某一音频轨道中的素材播放效果。

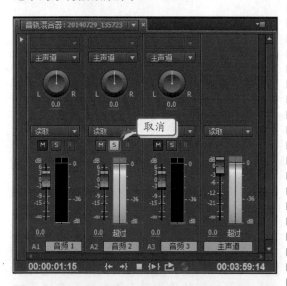

提示

再次单击【静音轨道】或【独奏轨道】按钮，即可取消音频轨道中素材的静音或者独奏效果。

3. 声道调节滑轮 ▶▶▶▶

当音频素材只存在左、右两个声道时，声道调节滑轮则可用来切换音频素材的播放声道。此时，向左拖动声道调节滑轮，相应轨道音频素材的左声道音量将会得到提升，而右声道音量会降低；而向右拖动声道调节滑轮时，右声道音量得到提升，左声道音量降低。

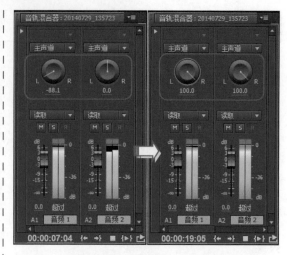

技巧

除了拖动声道调节滑轮设置音频素材的播放声道外，还可以通过直接输入数值的方式进行设置。

4. 音量控制器 ▶▶▶▶

音量控制器用于调节相应轨道内的音频素材播放音量，由左侧的VU仪表和右侧的音量调节滑杆所组成，根据类型的不同分为主音量控制器和普通音量控制器。其中，普通音量控制器的数量由相应序列内的音频轨道数量所决定，而主音量控制器只有一个。

在预览音频素材播放效果时，VU仪表会显示音频素材音量大小的变化。此时，利用音量调节滑标即可调整素材的声音大小，向上拖动滑块可增大素材音量，反之则可降低素材音量。

5. 播放控制按钮 ►►►►

播放控制按钮位于【音轨混合器】面板的正下方，其功能是控制音频素材的播放状态。其中，各个控制按钮的具体作用，如下表所述。

按钮	名称	作用
	转到入点	将当前时间指示器移至音频素材的开始位置
	转到出点	将当前时间指示器移至音频素材的结束位置
	播放—停止切换	播放音频素材，单击后该按钮图案将变为"方块"形状
	从入点播放到出点	播放音频素材入点与出点间的部分
	循环	使音频素材不断进行循环播放
	录制	单击该按钮后，即可开始对音频素材进行录制操作

13.1.2 摇动和平衡

在为影片创建背景音乐或旁白时，可以通过为声音添加摇动或平衡效果，来实现突出指定声道中的声音或均衡音频播放效果的目的。

1. 摇动/平衡单声道及立体声 ►►►►

在对某个单声道/立体声道进行摇动或平衡操作时，可将其输出目标设置为【主声道】选项，并使用声道调节滑轮来调整效果。另外，用户也可在调整音频素材的效果之后，单击【音轨输出分配】下三角按钮，选择将音频效果输出到子混合音轨内。

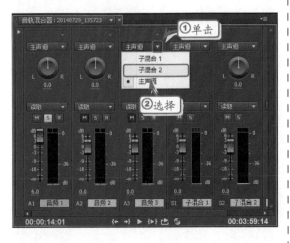

2. 摇动5.1声道素材 ►►►►

在Premiere中，只有当序列的主音轨为5.1声道时，才能够创建5.1声道的摇动和平衡效果。此时，用户在创建序列时，需要在【新建序列】对话框【轨道】选项卡内，将【音频】选项组的【主】音轨选项设置为5.1。

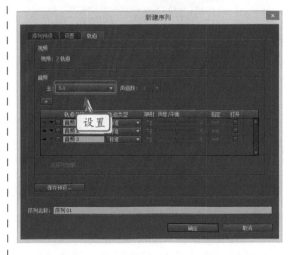

由于声道类型的差异，5.1声道【音轨混合器】内的声道调节滑轮将被摇动/平衡托盘所代替。

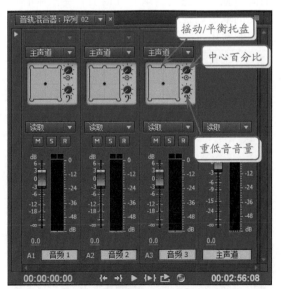

在摇动/平衡托盘中,沿着边缘分别放置了5个环绕声扬声器。调整时只需要将摇动/平衡托盘中心位置的黑色控制点置于不同的位置,即可产生不同的音频效果。预览时,还可在【音轨混合器】面板内通过主音轨下的VU仪表来查看其变化。

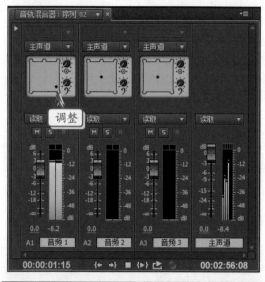

提示

在摇动/平衡托盘中,可以将黑色控制点移动到托盘内的任意位置。

另外,使用摇动/平衡托盘右侧的【中心百分比】旋钮,可以快速调整音频素材的中间通道。调整时,向左拖动旋钮可减小其取值,而向右拖动旋钮则会增大其取值。完成中心百分比的取值调整后,同样可通过VU仪表来查看波形的变化。

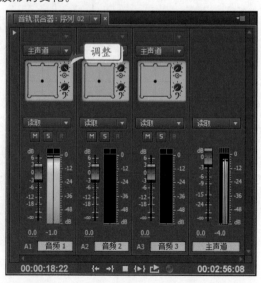

提示

当调整【中心百分比】旋钮的值时,将鼠标置于该控件之上,即可查看当前取值的大小。

13.1.3 设置效果与发送

默认情况下,效果与发送选项被隐藏在【音轨混合器】面板中。用户可通过单击【显示/隐藏效果与发送】按钮▶,来显示效果与发送选项。

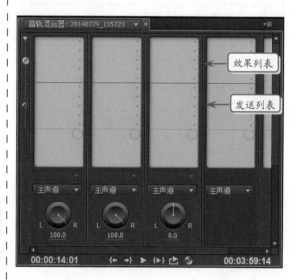

1. 添加效果与发送 ▶▶▶▶

在为音频素材添加特效或创建发送时,只需单击效果列表或发送列表右侧的任务中的下三角按钮,在弹出的列表内选择所需选项即可。

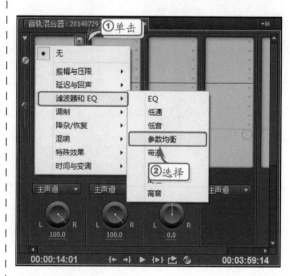

在为音频轨道内的素材设置合适的效果与发送后，效果与发送调整区域内便会显示相应的名称，以及发送至音频的轨道信息。

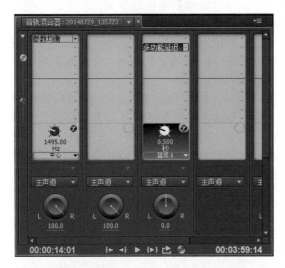

2. 设置和删除效果 ▶▶▶

在音频效果的参数控件中，即可通过单击参数值的方式来更改选项参数，也可通过拖动控件上的指针来更改相应的参数值。

如果需要更改音频滤镜内的其他参数，只需单击控件下方的下三角按钮后，在其下拉列表框内选择相应的选项即可。

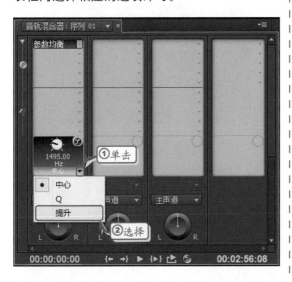

当用户需要在效果与发送区域内清除音频效果时，只需单击音频效果右侧的下三角按钮，在其下拉列表框中选择【无】选项即可。

3. 绕开效果 ▶▶▶

绕开效果的作用就是在不删除音频效果的情况下，暂时屏蔽音频轨道内的指定音频效果。设置绕开效果时，只需在【音轨混合器】面板中，单击音频效果参数控件右上角的【绕开】按钮即可。

13.2 音频剪辑混合器

音频剪辑混合器是Premiere Pro中混合音频的新方式,不仅可以控制混合器界面中的单个剪辑,而且还可以创建更为平滑的音频淡化效果。

13.2.1 音频剪辑混合器概述

执行【窗口】|【音频剪辑混合器】命令,即可弹出【音频剪辑混合器】面板,它与【音轨混合器】面板之间是相互关联的,既可以监视并调整序列中剪辑的音量和声响,又可以监视【源】监视器中的剪辑。

默认情况下,【音频剪辑混合器】面板是处于监视序列的状态。当用户选择【源】监视器面板中的音频素材时,【音频剪辑混合器】面板将自动切换到监视【源】监视器中的剪辑状态。

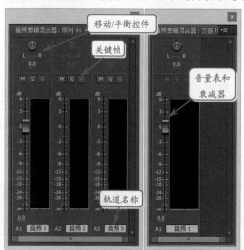

Premiere中的【音频剪辑混合器】具有检查器的作用。其增益调节器会映射至剪辑的音量水平,而声像控制会映射至剪辑声像器。

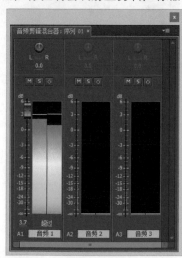

当【时间轴】面板处于焦点状态时,播放指示器会将当前位置下方的每个剪辑都映射到【音频剪辑混合器】的声道中。例如,【时间轴】面板的A1轨道上的剪辑,会映射到剪辑混合器的A1声道。

只有当播放指示器下存在音频剪辑时,【音频剪辑混合器】才会显示剪辑音频。而当轨道包含间隙时,如果间隙在播放指示器下方,则剪辑混合器中相应的声道将不会显示音频剪辑。

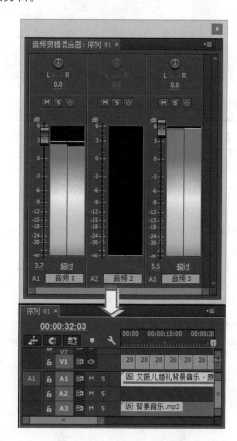

13.2.2 声道音量与关键帧

在【音频剪辑混合器】面板中,除了可以进行音量的设置外,还可以进行声道音量以及关键帧的设置。

1. 设置声道音量 ▷▷▷▷

通过【音频剪辑混合器】面板,用户不仅可以设置音频轨道中的总体音量,而且还可以单独设置声道音量。

默认情况下，系统禁用了声道音量。此时，用户可右击音量表，在弹出的菜单中选择【显示声道音量】选项，即可显示出声道衰减器。

当用户需要在不同的时间段中设置不同的音量时，首先需要在【时间轴】面板中，调整【当前时间指示器】所显示的位置。然后，在【音频剪辑混合器】面板中单击【写关键帧】按钮◇。

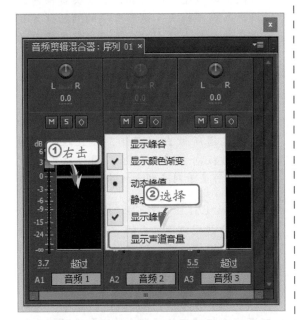

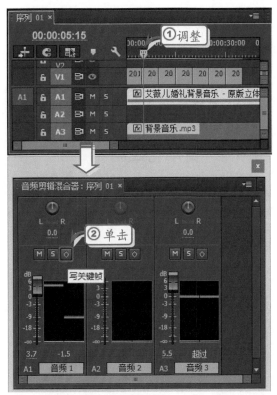

此时，将鼠标指向【音频剪辑混合器】面板中的音量表时，衰减器则会变成按钮形式。上下拖动衰减器，即可单独控制声道音量。

按Space键继续播放音频片段，并在不同的时间段中拖动控制音量的衰减器，从而创建关键帧，设置音量高低。

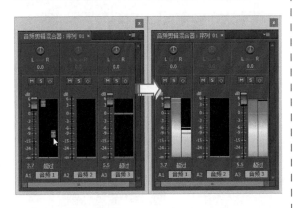

2. 设置关键帧 ▶▶▶

运用【音频剪辑混合器】面板中的关键帧按钮不仅可以设置音频轨道中音频总体音量与声道音量，而且还可以设置不同时间段的音频音量，从而达到更改音量性质的目的。

当再次播放音频时，用户会发现声音时高时低，并且【音频剪辑混合器】面板中的衰减器会跟随【时间轴】面板中的关键帧来回移动。

13.3 实现高级混音

混合音频是【音轨混合器】面板的重要功能之一。该功能可以让用户实时混合不同轨道内的音频素材，从而实现单一素材无法实现的特殊音频效果。

制作混音是可以让我们将多个轨道内的音频信号发送至一个混合音频轨道内，并对该混合音频应用音频效果。在处理方式上，混音轨与普通音轨没有什么太大的差别，输出的音频信号也会被并入主音轨内，这样便解决了为普通音轨创建相同效果时的重复操作。

13.3.1 自动化控制

在Premiere中，自动模式的设置直接影响着混合音频效果的制作是否成功。在认识【音轨混合器】面板的各控件时，我们已经了解到每个音频轨的自动模式列表中，各包含了5种模式。

其中，5种自动模式的具体功能，如下所述。

>> **关** 选择该选项后，Premiere将会忽略当前音频轨道中的音频效果，而只按照默认设置来输出音频信号。

>> **读取** 这是Premiere的默认选项，作用是在回放期间播放每个轨道的自动模式设置。例如，在调整某个音频素材的音量级别后，我们即能够在回放时听到差别，又能够在VU仪表内看到波形变化。

>> **闭锁** 【闭锁】模式会保存用户对音频素材做出的调整，并将其记录在关键帧内。用户每调整一次，调节滑块的初始位置就会自动转为音频素材在进行当前编辑前的参数。

>> **触动** 该模式与【闭锁】模式相同，也是将做出的调整记录到关键帧。

>> **写入** 【写入】模式可以立即保存用户对音频轨道所做出的调整，并且在【时间轴】面板内创建关键帧。通过这些关键帧，即可查看对音频素材的设置。

13.3.2 创建子混音轨道

为混音效果创建独立的混音轨道是编辑音频素材时的良好习惯。这样做能够使整个项目内的音频编辑工作看起来更具条理性，从而便于进行修改或其他类似操作。

执行【序列】|【添加轨道】命令，在弹出对话框内将【音频子混合轨道】选项组内的【添加】选项设置为1，单击【确定】按钮。

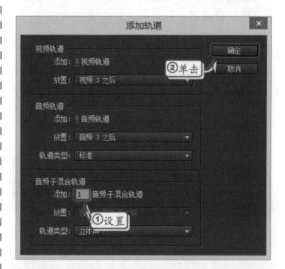

提示

在创建子混合音频轨道时，也可以选择创建单声道子混合音轨或者5.1声道子混合音轨。

在【添加轨道】对话框中，单击【确定】按钮。此时，在【音轨混合器】面板内将会多出一条名为"子混合1"的混合音频轨道。

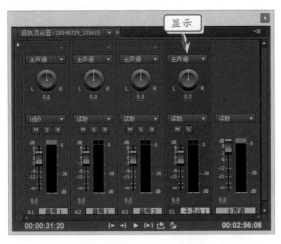

创建子混合音频轨道后，即可将其他轨道内的音频信号发送至混音轨道内。

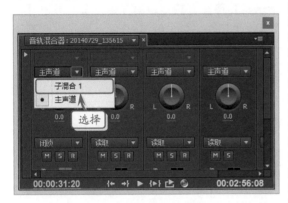

在混音轨道包含至少两条音频轨道内的信号后，Premiere便会自动对其进行混音处理。与此同时，用户还可为混合音轨添加各种音频特效。

13.3.3　混合音频

在了解自动模式列表内各个选项的作用后，即可开始着手进行音频素材的混音处理工作。

首先需要将待合成的音频素材分别放置在不同音频轨道内，并将【当前时间指示器】移至音频素材的开始位置。

然后在【音轨混合器】面板中为音频轨道选择相应的自动模式，如【写入】模式。这时，音频轨道底部将显示信号被发送到的位置。默认情况下，音轨输出会发送到主音轨中。

提示

要制作混合音频效果，【时间轴】面板内至少应当包括两个音频轨道。而根据制作需要，用户也可以将音轨输出发送到子混合音频轨道中。

单击【音轨混合器】面板内的【播放-停止切换（Space）】按钮▶后，即可在播放音频素材的同时对相应控件进行设置，例如调整音频轨道中的素材音量。

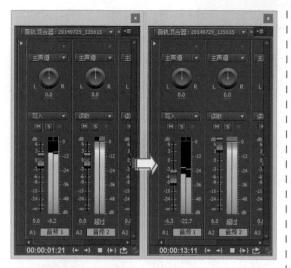

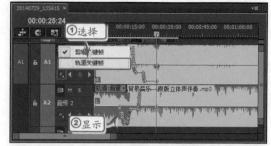

在完成对音频轨道的设置后，单击【播放
－停止切换（Space）】按钮。然后，在【时间
轴】面板中，单击【显示关键帧】按钮，在其
列表中选择【轨道关键帧】选项。

提示

在使用【音轨混合器】面板制作混合音效时，若
要撤销某操作，可以利用【历史记录】面板恢复
之前的操作记录。

完成混合音效的制作之后，将【当前时间
指示器】移至音频素材的开始位置，单击【播
放－停止切换（Space）】按钮，即可试听制作
完成的混音效果。

13.4 制作超重低音效果

在Premiere中，可通过设置音频的入点和出
点，调整音频素材的播放时间，以及为素材添
加【低通】音频效果，并设置效果参数，来制
作超重低音效果。

操作步骤：

STEP|01 新建项目。启动Premiere，在弹出的
【欢迎使用Adobe Premiere Pro CC 2014】界面
中，选择【新建项目】选项。

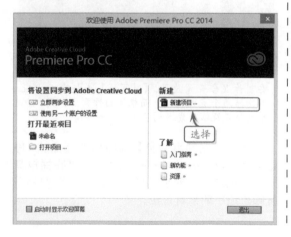

STEP|02 在弹出的【新建项目】对话框中，设
置相应选项，并单击【确定】按钮。

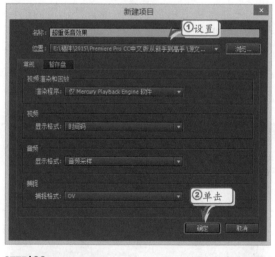

STEP|03 新建序列。执行【文件】|【新建】|
【序列】命令，在弹出的【新建序列】对话框
中，保持默认设置，并单击【确定】按钮。

STEP|04 导入素材。执行【文件】|【导入】命令，在弹出的【导入】对话框中，选择素材文件，单击【打开】按钮。

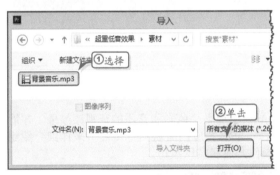

STEP|05 设置出入点。在【项目】面板中双击素材，打开【源】监视器面板。将【当前时间指示器】调整至00:00:12:00位置处，单击【标记入点】按钮。

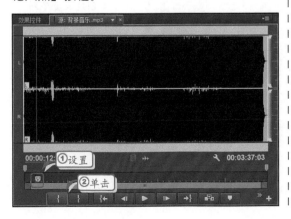

STEP|06 将【当前时间指示器】调整至00:01:12:00位置处，单击【标记出点】按钮。

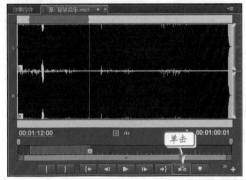

STEP|07 插入素材。在【源】监视器面板中，单击【插入】按钮，将音频素材插入到【时间轴】面板中。

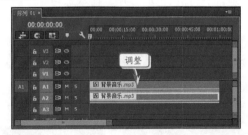

STEP|08 在【时间轴】面板中，将A1轨道中的素材移动到A2轨道中，同时在【源】监视器面板中，再次单击【插入】按钮，插入并调整音频素材。

STEP|09 重命名素材。右击A2轨道中的音频素材，执行【重命名】命令，在弹出的【重命名剪辑】对话框中设置音频素材名称。

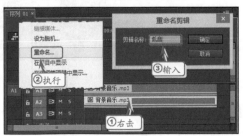

STEP|10 应用低通效果。在【效果】面板中，展开【音频特效】效果组，双击【低通】效果，将其添加到A2轨道的音频素材上。

STEP|11 在【效果控件】面板的【低通】属性组中，将【屏蔽度】选项设置为"300"。

STEP|12 音频增益。在【时间轴】面板中，右

击A2轨道中的素材，执行【音频增益】命令。

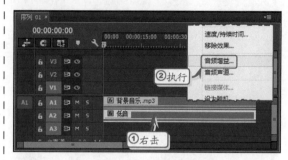

STEP|13 然后在弹出的【音频增益】对话框中，将【将增益设置为】选项设置为"10"，并单击【确定】按钮。

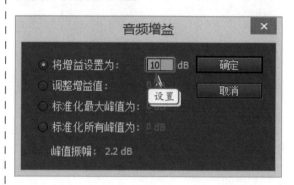

13.5 制作旅游宣传片

在Premiere中，只有将视频和音频完美结合，并配以增加影片色彩和音质的音视频效果，才能够创作出一部出色的影片。在本练习中，将通过制作一部有关厦门旅游的宣传片，来详细介绍组合视频、音频和字幕，以及应用各类音视频效果的操作方法和实用技巧。

练习要点

- 创建静态字幕
- 创建滚动字幕
- 创建嵌套序列
- 应用视频效果
- 应用音频过渡效果
- 分割素材
- 归类素材
- 应用动画关键帧

操作步骤：

STEP|01 新建项目。启动Premiere，在弹出的【欢迎使用Adobe Premiere Pro CC 2014】界面中，选择【新建项目】选项。

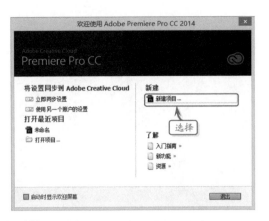

STEP|04 导入素材。执行【文件】|【导入】命令，在弹出的【导入】对话框中，选择素材文件，单击【打开】按钮。

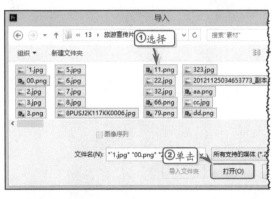

STEP|02 在弹出的【新建项目】对话框中，设置相应选项，并单击【确定】按钮。

STEP|05 归类素材。在【项目】面板中，单击【新建素材箱】按钮，创建素材箱，将所有的图片添加到素材箱中并重命名素材箱。

STEP|03 新建序列。执行【文件】|【新建】|【序列】命令，在弹出的【新建序列】对话框中，保持默认设置，并单击【确定】按钮。

STEP|06 创建静态字幕。执行【字幕】|【新建字幕】|【默认静态字幕】命令，在弹出的【新建字幕】对话框中，设置字幕选项并单击【确定】按钮。

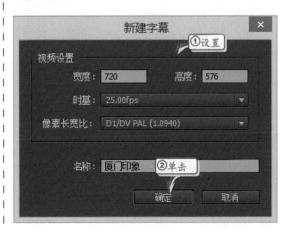

STEP|07 在【字幕】面板中输入字幕文本，并在【字幕属性】面板中的【属性】效果组中，设置文本的基本属性。

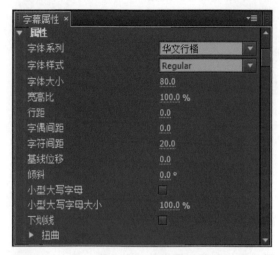

STEP|08 启用【填充】复选框，将【填充类型】设置为【实底】，将【颜色】设置为"#DEFF02"。

STEP|09 启用【阴影】复选框，将【颜色】设置为"# FD1F00"，并设置其他阴影效果选项。使用同样的方法，制作其他静态字幕。

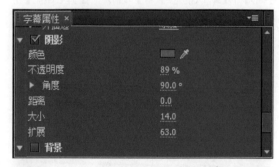

STEP|10 创建动态字幕。执行【字幕】|【新建字幕】|【默认滚动字幕】命令，在弹出的【新建字幕】对话框中，设置字幕选项并单击【确定】按钮。

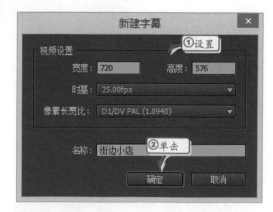

STEP|11 在【字幕】面板中输入字幕文本，并在【字幕属性】面板中的【属性】效果组中，设置文本的基本属性。

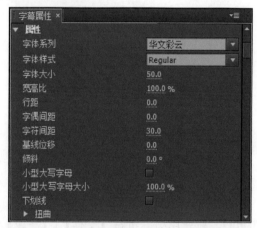

STEP|12 启用【填充】复选框，设置填充选项并将【颜色】设置为【白色】。

STEP|13 启用【阴影】复选框，将【颜色】设置为"# FD1F00"，并设置其他阴影效果选项。

STEP|14 此时，执行【字幕】|【滚动/游动选项】命令，在弹出的【滚动/游动选项】对话框中，设置相应选项，并单击【确定】按钮。使用同样的方法，制作其他静态字幕。

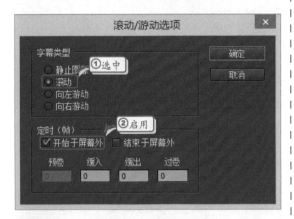

STEP|15 创建嵌套序列。将【项目】面板中【图片】素材箱中的"5"、"6"、"7"、"8"素材添加到轨道V1~V4中。

STEP|16 选择V3轨道中的素材，右击执行【速度/持续时间】命令，在弹出的对话框中设置素材的持续时间。

STEP|17 调整V3轨道中素材的播放位置，使用同样的方法调整V4轨道中素材的持续播放时间和播放位置。

STEP|18 选择V1轨道中的素材，将【当前时间指示器】调整至00:00:03:00位置处，单击【效果控件】面板的【运动】属性组中【位置】选项左侧的【切换动画】按钮，并设置【位置】和【缩放】选项参数。

STEP|19 将【当前时间指示器】调整至00:00:03:05位置处，在【效果控件】面板的【运动】属性组中设置【位置】选项参数。

STEP|20 在【效果】面板中，展开【视频效果】下的【通道】效果组，双击【反转】效果，将其添加到V1轨道素材中。

STEP|21 将【当前时间指示器】调整至 00:00:01:03位置处，单击【效果控件】面板的 【反转】属性组中【与原始图像混合】选项左 侧的【切换动画】按钮，并设置其选项参数。

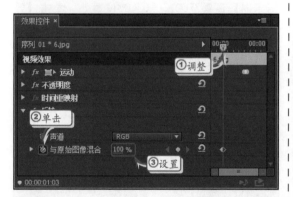

STEP|22 将【当前时间指示器】调整至 00:00:01:15位置处，在【效果控件】面板的 【反转】属性组中设置【与原始图像混合】选 项参数。

STEP|23 将【当前时间指示器】调整至 00:00:01:24位置处，在【效果控件】面板的 【反转】属性组中设置【与原始图像混合】选 项参数。

STEP|24 选择V2轨道中的素材，在【效果 控件】面板的【运动】属性组中设置【位置】 和【缩放】选项参数。

STEP|25 将【当前时间指示器】调整至 00:00:00:00位置处，在【效果控件】面板的 【不透明度】属性组中设置【不透明度】选项 参数。

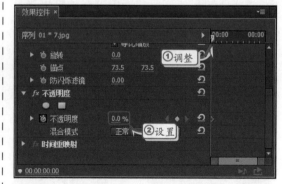

STEP|26 将【当前时间指示器】调整至 00:00:00:24位置处，在【效果控件】面板的 【不透明度】属性组中设置【不透明度】选项 参数。

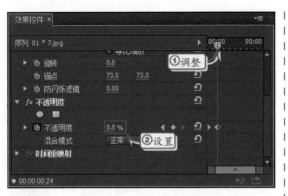

STEP|27　将【当前时间指示器】调整至00：00：01：06位置处，在【效果控件】面板的【不透明度】属性组中设置【不透明度】选项参数。

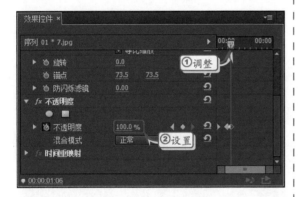

STEP|28　选择V3轨道中的素材，将【当前时间指示器】调整至00：00：00：15位置处，在【效果控件】面板的【运动】属性组中单击【位置】选项左侧的【切换动画】按钮，并设置【位置】和【缩放】选项参数。

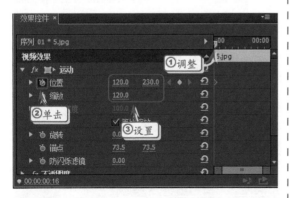

STEP|29　将【当前时间指示器】调整至00：00：02：10位置处，在【效果控件】面板的【运动】属性组中设置【位置】选项参数。

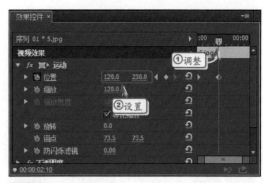

STEP|30　将【当前时间指示器】调整至00：00：02：14位置处，在【效果控件】面板的【运动】属性组中设置【位置】选项参数。

STEP|31　将【视频效果】下【调整】效果组中的【色阶】效果添加到该素材中，并在【效果控件】面板的【色阶】属性组中设置各选项参数。

STEP|32 选择V4轨道中的素材，在【效果控件】面板的【运动】属性组中设置【位置】和【缩放】选项参数。

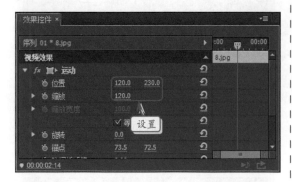

STEP|33 将【当前时间指示器】调整至00:00:01:05位置处，在【效果控件】面板的【不透明度】属性组属性组中设置【不透明度】选项参数。

STEP|34 将【当前时间指示器】调整至00:00:02:00位置处，在【效果控件】面板的【不透明度】属性组中设置【不透明度】选项参数。使用同样的方法，制作其他嵌套序列。

STEP|35 添加素材。将【项目】面板中的图片素材、视频素材、字幕素材和嵌套序列素材，

按照设计顺序和位置，依次添加到【时间轴】面板中，并设置其持续播放时间。

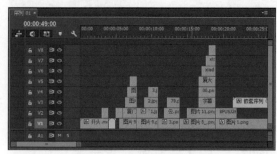

提示

在添加"开头"素材时，还需要取消音频和视频之间的链接，并删除其音频素材。

STEP|36 调整素材。选择V1轨道中的第1个素材，在【效果控件】面板的【运动】属性组中，设置素材的【缩放】选项参数。使用同样的方法，设置其他素的缩放选项。

STEP|37 分割素材。将【当前时间指示器】调整至00:00:15:00位置处，使用【剃刀工具】单击该位置处，分割图片素材。使用同样方法，分割其他素材。

STEP|38 设置动画关键帧。选择V1轨道中的图片8素材的左侧片段，将【当前时间指示器】调整至00：00：14：00位置处。在【效果控件】面板的【运动】属性组中单击【位置】和【旋转】选项左侧的【切换动画】按钮，并设置其选项参数。

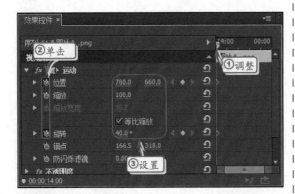

STEP|39 将【当前时间指示器】调整至00：00：14：24位置处。在【效果控件】面板的【运动】属性组中设置【位置】和【旋转】选项参数。使用同样的方法，设置其他素材的动画关键帧。

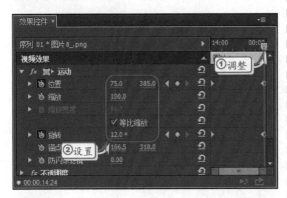

STEP|40 应用视频效果。选择V1轨道中的图片8素材的右侧片段，将【RGB差值键】效果应用到该素材中，并在【效果控件】面板的【RGB差值键】属性组中设置效果选项。使用同样的方法，为其他素材应用视频效果。

STEP|41 添加音频效果。将音频素材分别添加到A1和A2轨道中，分割A2轨道中的素材，删除多余素材并调整素材的播放位置。

STEP|42 在【效果】面板中，展开【音频过渡】下的【交叉淡化】效果组，将【指数淡化】效果拖到A2轨道素材的末尾处。

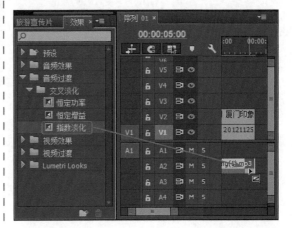

14

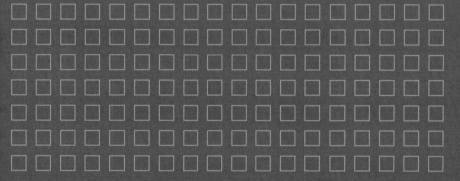

第14章 输出影片

  输出是影视节目制作的最后一个阶段，当用户在Premiere中将影片编辑完成后，可将其输出为AVI、WMV等格式的文件，并将其刻录成光盘，以便用户进行欣赏与保存。在本章中，将详细介绍影片输出格式、输出参数等基础知识和操作技巧，使用户掌握更加丰富的视频编辑知识，在影视节目的后期创作过程中如鱼得水。

Premiere Pro CC

14.1　设置影片参数

在完成整个影视项目的编辑操作后，便可以将项目内所用到的各种素材整合在一起输出为一个独立的、可直接播放的视频文件。在输出影片之前，用户还需要先了解一下影片的各种输出参数和视频参数。

14.1.1　设置输出范围

执行【文件】|【导出】|【媒体】命令（快捷键Ctrl+M），在弹出的【导出设置】对话框中，需要设置视频文件的最终尺寸、文件格式和编辑方式等参数。

1．调整输出内容 >>>>

【导出设置】对话框的左半部分为视频预览区域，右半部分为参数设置区域。在左半部分的视频预览区域中，可分别在【源】和【输出】选项卡内查看项目的最终编辑和最终输出画面。

在视频预览区域的底部，调整滑杆上方的滑块可控制当前画面在整个影片中的位置，而调整滑杆下方的两个"三角"滑块则能够控制导出时的入点与出点，从而起到控制导出影片持续时间的作用。

2．调整画面大小 >>>>

在【导出设置】对话框中，激活【源】选项卡，单击【裁剪】按钮。此时，在预览区域四周将出现4个锚点，用户可拖动锚点或在【裁剪】按钮右侧直接调整相应参数，来达到更改画面输出范围的目的。

完成裁剪操作后，切换至【输出】选项卡，即可在【输出】选项卡内查看到调整结果。

提示

调整画面的输出范围后，由于画面的长宽比例出现了变化，且仍旧与输出长宽比例不匹配。因此，画面内出现黑边的位置及大小会出现一定的变化。

14.1.2 设置输出参数

设置输出范围之后，用户还需要根据导出需求来设置影片的输出格式、输出方案等一些基本参数。

1. 设置输出格式 >>>>

在【导出设置】对话框的右半部分中，启用【与序列设置匹配】复选框，系统将直接使用与序列相匹配的导出设置。而当用户禁用【与序列设置匹配】复选框后，则需要单击【格式】下三角按钮，在其下拉列表框中选择相应的文件格式即可。

2. 设置预设方案 >>>>

根据导出影片格式的不同，用户还需要单击【预设】下三角按钮，在其下拉列表框中，选择一种Premiere内置的预设导出方案，完成后即可在【导出设置】选项组内的【摘要】区域内查看部分导出设置内容。

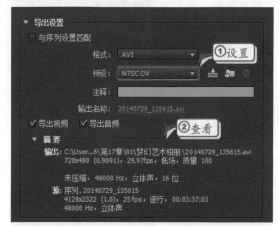

提示

用户还可以在【注释】文本框中，输入对该影片的描述性文本。

3. 设置输出名称 >>>>

在【导出设置】对话框的右半部分中，单击【输出名称】选项右侧的文件名称，在弹出的【另存为】对话框中，设置保存名称和保存位置，单击【保存】按钮即可。

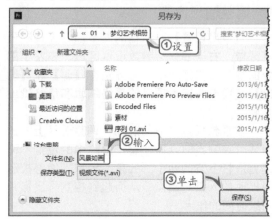

14.1.3 设置视频和音频参数

在【导出设置】对话框中，除了基本参数之外，用户还需要设置视频和音频参数，以避免在输出时占用大量的输出时间，或者输出影片后产生无法正常播放的情况。

1. 设置视频参数 >>>>

在输出影片时，用户可以在【导出设置】对话框的【视频】选项卡中，更改视频设置，从而改善影片的色彩度和输出速度。

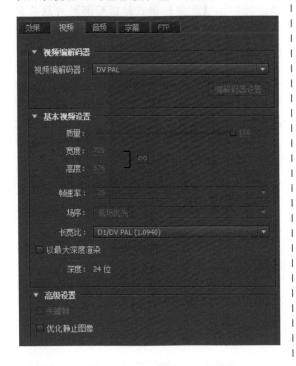

由于视频文件的格式众多，因此输出不同类型视频文件时，其设置方法也各不相同。

2. 设置音频参数 >>>>

一部优秀的影片不但需要优质的画面，还要具备合适的音频与其进行组合。在输出项目时，在【导出设置】对话框中，激活【音频】选项卡设置输出影片的音频，从而实现更好的音频效果。

音频的设置方式与视频基本类似，不同的音频格式有着不同的设置方法。

14.2 设置常用视频格式参数

由于Premiere根据不同类型内置了不同的设置参数，因此在导出影片时，用户还需要根据自身所设置的输出文件类型，来调整相应的视频输出选项，以确保影片输出的质量。

14.2.1 输出DVPAL文件

在【导出设置】对话框中，单击右侧的【格式】下三角按钮，在其下拉列表框中选择DV PAL选项。此时，相应的视频输出设置将显示在下方的【基本视频设置】选项组中。

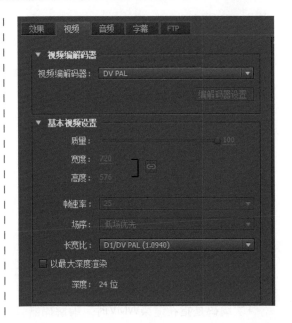

在AVI视频输出选项中，并不是所有的参数都需要调整。通常情况下，所需调整部分的选项功能和含义如下。

▶▶ **视频编解码器** 在输出视频文件时，压缩程序或者编解码器（压缩/解压缩）决定了计算机该如何准确地重构或者剔除数据，从而尽可能地缩小数字视频文件的体积。

▶▶ **场序** 该选项决定了所创建视频文件在播放时的扫描方式，即采用隔行扫描式的【高场优先】、【低场优先】，还是采用逐行扫描进行播放的"逐行"。

14.2.2 输出WMV文件

WMV是由微软推出的视频文件格式。由于具有支持流媒体的特性，因此也是较为常用的视频文件格式之一。

在【导出设置】对话框中，单击右侧的【格式】下三角按钮，在其下拉列表框中选择Windows Media Video 9选项。此时，相应的视频输出设置将显示在下方的【基本视频设置】选项组中。

1．1次编码时的参数设置 ▶▶▶▶

1次编码是指在渲染WMV时，编解码器只对视频画面进行1次编码分析，优点是速度快，缺点是往往无法获得最为优化的编码设置。

当选择1次编码时，【比特率模式】会提供【固定】和【可变品质】两种选项供用户选择。其中，【固定】模式是指整部影片从头至尾采用相同的比特率设置，优点是编码方式简单，文件渲染速度较快。

至于【可变品质】模式，则是在渲染视频文件时，允许Premiere根据视频画面的内容来随时调整编码比特率。这样一来，便可以在画面简单时采用低比特率进行渲染，从而降低视频文件的体积；在画面复杂时采用高比特率进行渲染，从而提高视频文件的画面质量。

2．2次编码时的参数设置 ▶▶▶▶

与1次编码相比，2次编码的优势在于能够通过第1次编码时所采集到的视频信息，在第2次编码时调整和优化编码设置，从而以最佳的编码设置来渲染视频文件。

在使用2次编码渲染视频文件时，比特率模式将包含【CBR，1次】、【VBR，1次】、【CBR，2次】、【VBR，2次约束】与【VBR，2次无约束】5种不同模式。

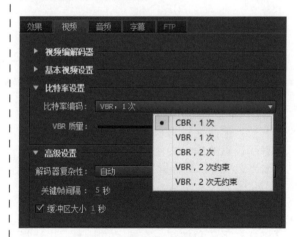

14.2.3 输出MPEG文件

作为业内最为重要的一种视频编码技术，MPEG为多个领域不同需求的使用者提供了多种样式的编码方式。

在【导出设置】对话框中，单击右侧的【格式】下三角按钮，在其下拉列表框中选择MPEG2 Blu-ray选项。此时，相应的视频输出设置将显示在下方的【基本视频设置】选项组中。

其中，【视频】选项卡中，部分常用选项的功能及含义如下所述：

>> **质量** 所渲染视频文件的画面质量，取值越高，画面质量越高，但文件体积也会相应增加。

>> **视频尺寸** 设定画面尺寸，预置有720×576、1280×720、1440×1080和1920×1080四种尺寸供用户选择。

>> **比特率编码** 确定比特率的编码方式，共包括CBR、VBR 1次和VBR 2次3种模式。其中，CBR指固定比特率编码，VBR指可变比特率编码方式。

此外，根据所采用编码方式的不同，编码时所采用比特率的设置方式也有所差别。

>> **比特率** 当设置【比特率编码】选项为CBR时，会出现【比特率】选项，它用于确定固定比特率编码所采用的比特率。

>> **最小比特率** 仅当【比特率编码】选项为VBR 1次或2次时出现，用于在可变比特率范围内限制比特率的最低值。

>> **最大比特率** 该选项与【最小比特率】选项相对应，作用是设定比特率所采用的最大值。

14.3 导出为交换文件

现如今，一档高品质的影视节目往往需要多个软件共同协作后才能完成。为此，Premiere在为用户提供强大的视频编辑功能的同时，还具体了输出多种交换文件的功能，以便用户能够方便地将Premiere编辑操作的结果导入至其他非线性编辑软件内，从而在多款软件协同编辑后获得高质量的影音播放效果。

14.3.1 输出EDL文件

EDL（Edit Decision List）是一种广泛应用于视频编辑领域的编辑交换文件，其作用是记录用户对素材的各种编辑操作。这样一来，用户便可在所有支持EDL文件的编辑软件内共享编辑项目，或通过替换素材来实现影视节目的快速编辑与输出。

1. 了解EDL文件 >>>

EDL最初源自于线性编辑系统的离线编辑操作。这是一种用源素材备份替代源素材进行初次编辑，而在成品编辑时使用源素材进行输出，从而保证影片输出质量的编辑方法。在非线性编辑系统中，离线编辑的目的已不再是为了降低素材的磨损，而是通过使用高压缩率、

低质量的素材提高初次编辑的效率，并在成品输出替换为高质量的素材，以保证影片的输出质量。为了完成这一目的，非线性编辑软件需要将初次编辑时的各种编辑操作记录在一种被称为EDL的文本类型文件内，以便在成品编辑时快速确立编辑位置与编辑操作，从而加快编辑速度。

不过，EDL文件在非线性编辑系统内的使用仍有一些限制。下面是一些经常会出现的问题及其解决方法。

>> 部分轨道的编辑信息丢失

EDL文件在存储时只保留两轨的初步信息，因此在用到两轨以上的视频时，两轨以上的视频信息便会丢失。

要解决此问题，只能在初次编辑时将视频素材尽量安排在两轨以内，以便EDL文件所记录的信息尽可能地全面。

>> 部分内容的播放效果与初次编辑不符

当初次编辑内包含多种效果与过渡效果时，EDL文件将无法准确记录这些编辑操作。例如，在初次编辑时为素材添加慢动作，并在每

个素材间添加叠化效果后，编辑软件会在成品编辑时从叠化部分将素材切断，从而形成自己的长度，最终造成镜头跳点和混乱的情况。

要解决此问题，只能是在保留叠化所切断素材片段的基础上，分别从叠化部分的前后切点处向外拖动素材，直至形成原来的素材长度与序列的原貌。

2．输出EDL文件 ▶▶▶

执行【文件】|【导出】|EDL命令，在弹出【EDL导出设置】对话框中，调整EDL所要记录的信息范围后，单击【确定】按钮。

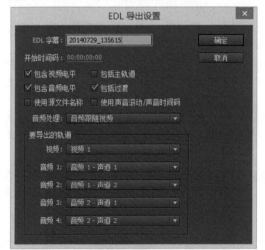

此时，系统将自动弹出【将序列另存为EDL】对话框，设置保存名称和位置，并单击【保存】按钮。

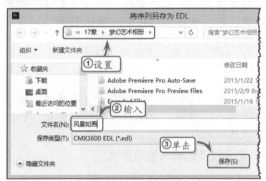

14.3.2　输出其他格式文件

在Premiere中，除了可以输出为EDL文件之外，还可以将影片项目输出为OMF、AAF等其他格式。

1．输出OMF文件 ▶▶▶

OMF（Open Media Framework）是一种音频封装格式，能够被多种专业的音频编辑与处理软件所读取。

执行【文件】|【导出】|OMF命令，在打开的【OMF导出设置】对话框中，设置各项选项，单击【确定】按钮。

此时，系统将自动弹出【将序列另存为OMF】对话框，设置保存名称和位置，并单击【保存】按钮。

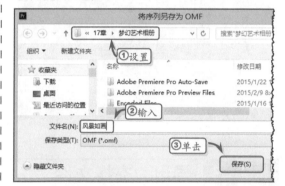

2．输出AAF文件 ▶▶▶

执行【文件】|【导出】|AAF命令，系统会自动弹出【将转换的序列另存为-AAF】对话框，用户只需设置保存名称和位置，单击【保存】按钮即可。

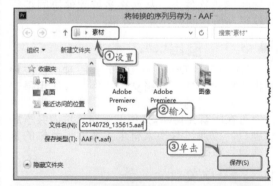

提示

用户还可以执行【文件】|【导出】|【将选择项导出为 Premiere 项目】命令，将影片导出为 Premier 项目文件。

14.4 制作梦幻艺术相册

Premiere是一款常用于视频组合和拼接的非线性视频编辑软件。除了可以组合视频和音频素材之外，还可以运用静态图片来制作梦幻般的电子相册。在本练习中，将通过为图片素材添加音频和视频效果、过渡效果，以及创建字幕等功能，来制作一个具有梦幻色彩的电子相册。

练习要点

- 新建项目
- 应用视频过渡效果
- 应用音频过渡效果
- 分割素材
- 设置动画关键帧
- 应用视频效果

操作步骤：

STEP|01 新建项目。启动Premiere，在弹出的【欢迎使用Adobe Premiere Pro CC 2014】界面中，选择【新建项目】选项。

STEP|02 在弹出的【新建项目】对话框中，设置相应选项，并单击【确定】按钮。

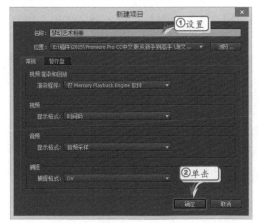

STEP|03 新建序列。执行【文件】|【新建】|【序列】命令，在弹出的【新建序列】对话框中，保持默认设置，并单击【确定】按钮。

STEP|04 导入素材。执行【文件】|【导入】命令，在弹出的【导入】对话框中，选择素材文件，单击【打开】按钮。

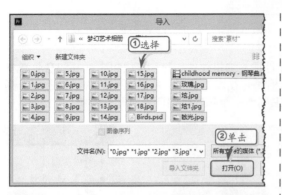

STEP|05 创建字幕。执行【字幕】|【新建】|【默认静态字幕】命令，在弹出的【新建字幕】对话框中，设置字幕选项，并单击【确定】按钮。

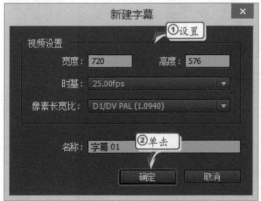

STEP|06 在【字幕】面板中，输入垂直字幕文本并调整其位置。然后，在【字幕属性】面板中的【属性】效果组中，设置字幕文本的基本属性。

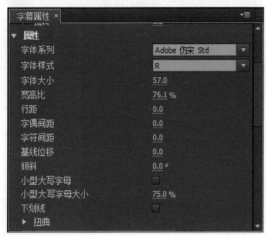

STEP|07 启用【填充】复选框，将【填充类型】设置为【实底】，将【颜色】设置为"#960000"。

STEP|08 启用【阴影】复选框，设置各阴影效果选项，并将【颜色】设置为"#180020"。使用同样的方法，制作竖排英文文本。

STEP|09 使用【直线工具】在竖排文本中间绘制一条直线，在【字幕属性】面板中的【属性】和【填充】效果组中，设置形状的基本属性。

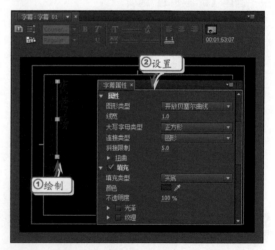

STEP|10 启用【阴影】复选框，设置各阴影效果选项，并将【颜色】设置为"#180020。

STEP|11　添加视频素材。将【项目】面板中的各个素材，按照播放顺序分别添加到V1~V3轨道中，并设置其持续播放时间。

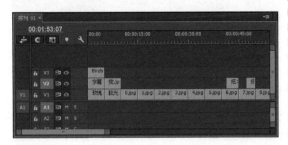

STEP|12　设置缩放属性。选择V1轨道中的第1个素材，在【效果控件】面板的【缩放】属性组中设置【缩放】选项参数。使用同样方法，设置其他素材的缩放属性。

STEP|13　设置【不透明度】属性。选择V2轨道中的第1个素材，将【当前时间指示器】调整至00：00：00：00位置处，在【效果控件】面板的【不透明度】属性组中设置【不透明度】选项参数。

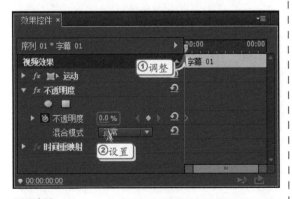

STEP|14　将【当前时间指示器】调整至00：00：05：00位置处，在【效果控件】面板的【不透明度】属性组中设置【不透明度】选项参数。使

用同样方法，设置其他素材的不透明度属性。

STEP|15　设置位置属性。选择V3轨道中的素材，将【当前时间指示器】调整至00：00：01：00位置处，在【效果控件】面板的【不透明度】属性组中单击【位置】选项左侧的【切换动画】按钮，并设置其选项参数。

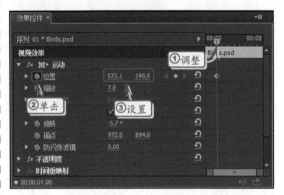

STEP|16　将【当前时间指示器】调整至00：00：03：00位置处，在【效果控件】面板的【运动】属性组中，设置【位置】选项参数。

STEP|17　将【当前时间指示器】调整至00：00：04：05位置处，在【效果控件】面板的【运动】属性组中，设置【位置】选项参数。

侧的【切换动画】按钮，并设置其选项参数。

STEP|18 将【当前时间指示器】调整至00:00:04:15位置处，在【效果控件】面板的【运动】属性组中，设置【位置】选项参数。使用同样方法，设置其他素材的位置属性。

STEP|21 将【当前时间指示器】调整至00:00:13:20位置处，在【效果控件】面板的【曝光过度】属性组中，设置【阈值】选项参数。

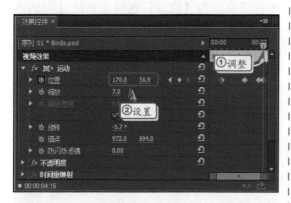

STEP|19 应用视频效果。选择V3轨道中的素材，在【效果】面板中，展开【视频效果】下的【变化】效果组，双击【水平翻转】效果，将其应用到所选素材中。

STEP|22 将【当前时间指示器】调整至00:00:14:24位置处，在【效果控件】面板的【曝光过度】属性组中，设置【阈值】选项参数。

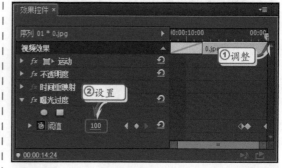

STEP|20 选择V1轨道中的第3个素材，为其添加【曝光过度】效果。将【当前时间指示器】调整至00:00:13:10位置处，在【效果控件】面板的【曝光过度】属性组中单击【阈值】选项左

STEP|23 选择V1轨道中的"3"素材，为其添加【快速模糊】效果。将【当前时间指示器】调整至00:00:28:00位置处，在【效果控件】面板的【快速模糊】属性组中单击【模糊度】选项左侧的【切换动画】按钮，并设置其选项参数。

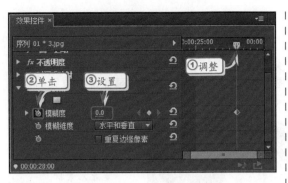

STEP|24 将【当前时间指示器】调整至
00：00：30：00位置处，在【效果控件】面板的
【快速模糊】属性组中，设置【模糊度】选项
参数。使用同样的方法，应用其他视频效果。

STEP|25 应用视频过渡效果。在【效果】面板
中，展开【视频过渡】下的【溶解】效果组，
将【交叉溶解】效果拖到V1轨道中第1个和第2
个素材中间。

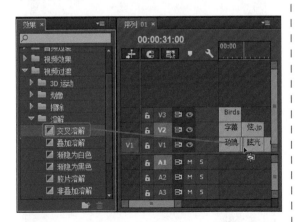

STEP|26 在【效果控件】面板的【交叉溶解】
属性组中设置【持续时间】和【对齐】选项。

使用同样的方法，分别为其他素材添加视频过
渡效果。

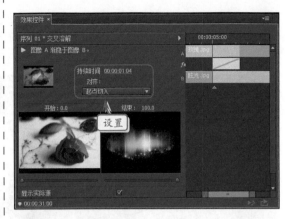

STEP|27 添加音频素材。将音频素材添加到A1
轨道中，将【当前时间指示器】调整至视频末
尾处，使用【剃刀工具】单击该位置，分割音
乐素材。

STEP|28 删除右侧的素材片段，在【效果】
面板中，展开【音频过渡】下的【交叉淡化】
效果组，将【指数淡化】效果拖到音频的末
尾处。

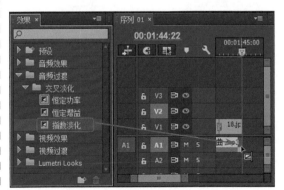

14.5 输出定格效果

在影视作品中，经常会看到正在播放的画面突然静止，停留一段时间后继续播放，这就是定格画面效果。在本练习中，将通过一个输出单帧图片效果，来详细介绍制作画面定格效果的操作方法。

练习要点

- 新建项目
- 导入素材
- 分割素材
- 导出静止图片
- 导入媒体文件
- 应用视频效果

操作步骤：

STEP|01 新建项目。启动Premiere，在弹出的【欢迎使用Adobe Premiere Pro CC 2014】界面中，选择【新建项目】选项。

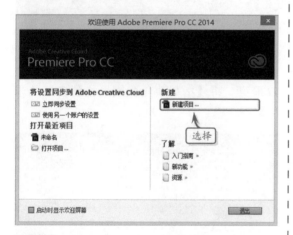

STEP|02 在弹出的【新建项目】对话框中，设置相应选项，并单击【确定】按钮。

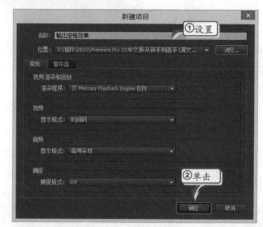

STEP|03 导入素材。执行【文件】|【导入】命令，在弹出的【导入】对话框中，选择素材文件，单击【打开】按钮。

STEP|04 添加素材。将【项目】面板中的"小女孩"素材直接添加到【时间轴】面板中，添加素材并创建序列。

STEP|05 导出静止素材。执行【文件】|【导出】|【媒体】命令，在弹出的【导出设置】对话框中，将【格式】设置为Targa，并单击【输出名称】选项。

STEP|06 在弹出的【另存为】对话框中，设置保存名称和位置，并单击【保存】按钮。

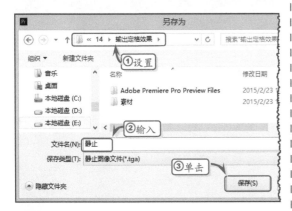

STEP|07 在【导出设置】对话框中，将【当前时间指示器】调整至00:00:06:06位置处，单击【设置入点】按钮。

STEP|08 将【当前时间指示器】调整至00:00:06:07位置处，单击【设置出点】按钮，同时单击【导出】按钮。

STEP|09 添加静止素材。在【时间轴】面板中，将【当前时间指示器】调整至00:00:06:06位置处，使用【剃刀工具】单击该位置处，分割视频。

STEP|10 使用【移动工具】移动右侧的视频片段，并将静止图片导入并添加到中间位置处。

STEP|11 添加视频效果。选择静止图素材，在【效果】面板中，双击【视频效果】下【图像控制】效果组中的【颜色平衡（GRB）】效果。

STEP|12 在【效果控件】面板的【颜色平衡（RGB）】属性组中，分别将【红色】、【绿色】和【蓝色】选项设置为"200"。

STEP|13 导出影片。执行【文件】|【导出】|【媒体】命令，在弹出的【导出设置】对话框中，设置【格式】为AVI，单击【导出】按钮，导出视频。

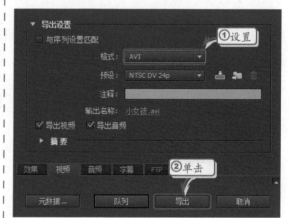